高等院校计算机类课程"十二五"规划教材

Java Web 程序设计

主　编　郑　刚　徐立新
副主编　孙国春　郭　辉　夏政伟　吴　燕
参　编　夏敏捷　邓　华　刘　兵　张西广

合肥工业大学出版社
HEFEI UNIVERSITY OF TECHNOLOGY PRESS

内容提要

本书介绍了 Java Web 开发中的主要相关技术及相关知识。全书分为 12 章，内容包括 Java Web 开发概述、搭建 Java Web 开发环境、Servlet 技术、JSP 技术、跟踪会话、过滤器 Filter、监听器 Listener、JSTL 标签库、自定义标签、数据库概述、JDBC 使用以及在 Java Web 开发中经常遇到的问题与解决的方法。

本书内容全面，结构清晰，语言通俗流畅，重难点突出，例题丰富，所有程序都能够直接运行。本书可作为大中专院校的计算机及相关专业的 Java Web 程序设计教材，也可作为计算机软件开发人员的参考书。

图书在版编目(CIP)数据

Java Web 程序设计/郑刚，徐立新主编．—合肥：合肥工业大学出版社，2013.8
ISBN 978-7-5650-1438-3

Ⅰ.①J… Ⅱ.①郑…②徐… Ⅲ.①JAVA 语言—程序设计 Ⅳ.①TP312

中国版本图书馆 CIP 数据核字(2013)第 182543 号

Java Web 程序设计程序设计

郑　刚　徐立新　主编　　　　责任编辑　汤礼广　石金桃

出　版	合肥工业大学出版社	版　次	2013 年 8 月第 1 版
地　址	合肥市屯溪路 193 号	印　次	2013 年 8 月第 1 次印刷
邮　编	230009	开　本	787 毫米×1092 毫米　1/16
电　话	理工编辑部：0551-62903087	印　张	21.5
	市场营销部：0551-62903163	字　数	498 千字
网　址	www.hfutpress.com.cn	印　刷	合肥星光印务有限责任公司
E-mail	hfutpress@163.com	发　行	全国新华书店

ISBN 978-7-5650-1438-3　　　　定价：43.00 元

前 言

近几年，Web程序发展异常迅猛，Web程序的开发也变得越来越复杂。实现Web程序的技术很多，但Java相关技术作为最流行的开发技术之一，在Web开发领域有着非常广泛的应用。利用Java开发Web应用程序所涉及的技术比较繁杂，这对需要掌握Java Web开发的人来说，确实有一定的困难。为帮助读者学好Java Web开发技术，能够熟练运用Java语言开发Web程序，在本书中我们对Java Web开发的基本技术与技能技术进行了有机结合，并采用最简单易懂的实例进行讲解。读者在学完本书内容后，一般来说，都可以掌握Java Web开发所涉及的基础知识和基本技术，并会搞清楚它们之间的联系，基本掌握或提升自己的Java Web开发水平。

本书主要介绍Java Web开发的基本知识，重点介绍Java Web开发的原理及概念，如Servlet、JSP与JDBC，通过示例代码说明其功能和应用。

本书的特点

1. 论述严谨，体系完整

本书对基本理论进行了全面、准确的论述，便于读者形成完整的知识体系。本书在组织上紧扣Java Web开发的基础知识，从Java Web开发的基本概念、原理出发，介绍其实际应用，并进一步引入程序设计基础、设计模式与原则，因此显得结构合理、脉络清楚。

2. 入门快速，易教易学

本书突出"上手快、易教学"的特点。各章在详细阐述基本概念和要点的同时，还通过相应的范例来进一步地说明问题，以加深读者的理解。各章后面均附有一定数量的习题，便于读者复习。

3. 学以致用，注重能力

本书将实际开发经验融入基本理论之中，力求使读者在掌握基本理论的同时，获得实际开发的基本思想方法，并得到一定程度的项目开发实训，以培养学生独立开发较为复杂的系统的能力。

4. 深入浅出，螺旋上升

本书内容和示例的安排难点分散、前后连贯，并采用循序渐进的编写风格，层次清晰，步骤详细，便于学生理解和实现。

本书的内容

第 1 章:主要介绍了 Java Web 开发的一些基本概念以及相关技术的背景知识。

第 2 章:主要介绍了搭建 Java Web 开发环境、开发部署第一个 Java Web 程序。

第 3 章:主要介绍了 Servlet 规范的基本技术和高级特性。

第 4 章:主要介绍了 JSP 技术。

第 5 章:主要介绍了跟踪会话 Session 和 Cookie。

第 6 章:主要介绍了过滤器 Filter。

第 7 章:主要介绍了监听器 Listener。

第 8 章:主要介绍了 JSP 标签及 JSTL 标签库的使用。

第 9 章:主要介绍了自定义标签库的实现。

第 10 章:主要介绍了 JSP 开发中常见的问题与解决的方法。

第 11 章:主要介绍了数据库的基础知识、数据定义语言与结构化查询语句。

第 12 章:主要介绍了 Java 访问数据库的技术 JDBC 的用法。

本书由郑刚(河南艺术职业学院)、徐立新(空军航空大学)主编,孙国春(空军航空大学)、郭辉(空军航空大学)、夏政伟(许昌学院)、吴燕(江西农业大学计算机信息与工程学院)担任副主编,夏敏捷(中原工学院)、邓华(空军航空大学)、刘兵(空军航空大学)、张西广(中原工学院)参编。本书由陈锐负责统稿。

由于作者水平有限,加之时间仓促,书中难免存在一些错误和不足之处,恳请读者批评指正。

在使用本书过程中,如有好的建议和想法,或需本书的例题代码,可通过 nwuchenrui@126.com 与作者联系。

编　者

目录

第1章 Java Web 开发概述

随着 Internet 的发展,Web 应用程序在网络上更加广泛地进行传播和使用。绝大部分 Web 应用程序基于 B/S(浏览器/服务器)方式,用户只要通过任一款浏览器(如 IE 或者 Firefox)就可以使用 Web 应用程序。

1.1 Web 背景知识

在了解如何开发 Web 应用程序之前,有必要先了解一下这些应用程序的运行平台和环境。下面简单介绍涉及 Web 开发的相关知识,包括 Web 浏览器、Web 服务器、基本访问原理以及 HTTP 协议。

1.1.1 Web 浏览器

在众多 Web 浏览器中,比较普及和流行的浏览器有 Mozilla 基金会的 Firefox、Google 公司推出的 Chrome 和 Microsoft 公司的 IE(Internet Explorer)。其中,Firefox 和 Chrome 浏览器都能很好地支持最新的 HTML 标准及各种扩展功能,而且都能较好地支持 JavaScript 脚本语言;而 IE 浏览器早期一直处于垄断地位,长期以来没有太大的变化,功能中规中矩,安全漏洞不时出现,对新标准和特性支持不够完善,尽管新版本相对旧版本变化很大,但已经逐渐被 Chrome 和 Firefox 浏览器超越。

其他的浏览器还有 Opera、Safria、国产的傲游浏览器(Maxthon)、腾讯 TT 浏览器等。这些浏览器由于用户较少或基于 IE 内核二次开发,在 Web 开发中使用较少。

总之,浏览器是开发和使用 Web 的重要工具,它是一种浏览 Web 信息的计算机软件,通过访问 Web 服务器把信息显示在用户计算机上。

1.1.2 Web 服务器

服务器(Server)既可以是计算机硬件,有时又代表计算机服务器端软件。用户如果要区分它们,主要是从语境上去区分。

(1)服务器是一种计算机硬件

当你向一个硬件销售商咨询购买服务器时,这个时候一般是指计算机硬件。服务器也是计算机,它的构成与普通个人计算机基本相同,也有 CPU、硬盘、内存、主板等,但服务器在某些方面(如多个 CPU、并行运算)做了优化和强化。

服务器应该算是一种高性能的计算机,它作为网络的节点,存储、处理网络上的数据和信息,因此也被称为网络的灵魂。

(2)服务器是一种计算机软件

如果别人跟你提起 Apache、IIS 服务器、Java 服务器、. NET 服务器等这样的名词时,一般都是指一种安装在服务器上的计算机软件。当用户使用计算机上网时,虽然是访问服务器硬件,但其实是服务器硬件上安装了相应的服务器软件,这些服务器软件负责接收用户的访问请求,并根据请求经过计算将数据返回给用户的客户端(浏览器)。

常见的服务器软件分为两类:一类是 Web 服务器;另一类是应用程序服务器(App Server)。Web 服务器提供 Web 信息服务,主要支持的协议是 HTTP;而应用程序服务器可以通过很多协议(包括 HTTP)来为应用程序提供业务逻辑功能。目前,多数应用程序服务器都具备 Web 服务器的功能。Apache 和 IIS 服务器是常用的 Web 服务器软件;Java 服务器、. NET 服务器则是应用程序服务器软件。

1.1.3 Web 访问基本原理

回想一下我们平时浏览网页的时候,浏览器和服务器端都发生了什么变化,网站是如何实现请求和响应功能的。图 1-1 清晰地显示了浏览器访问 Web 服务器的整个过程。

(1)用户打开浏览器(如 IE、Firefox 等),输入网站的 URL 地址,也就是通常所说的网址。这个地址告诉浏览器要访问互联网中的哪台主机。

(2)浏览器寻找到指定的主机之后,向 Web 服务器发出请求(request)。

(3)Web 服务器接受请求并做出相应的处理,生成处理结果,大多数生成 HTML 格式,也有其他响应的格式。

(4)服务器把响应的结果返回发送给浏览器。

(5)浏览器接收到对应的响应结果后,在浏览器中显示响应结果,比如 Web 页面。

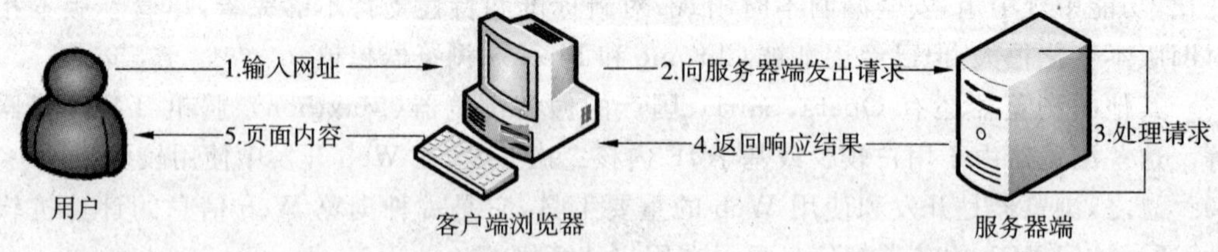

图 1-1 浏览器访问 Web 服务器的过程

1.1.4 HTTP 超文本传输协议

知道了浏览器与 Web 服务器之间的交互关系之后,再来认识一下负责浏览器与

Web服务器之间交互的桥梁：HTTP超文本传输协议。HTTP全称为Hyper Text Transfer Protocal，主要用来定义客户端和服务器端的通信规范。

客户端通过HTTP网络协议从服务器上获取网页文档。为了让客户端能够定位到服务器中的资源，使用URL定义Web服务器中的每个网页文件。那么究竟什么是URL？URL全称为Uniform Resource Locator，意思是统一资源定位符。URL地址中包含网络协议、服务器主机名（IP地址）、文件（其他资源）路径和端口号。

说明：在"http://127.0.0.1:8080/test/test.html"这个地址中，"http"为网络协议，"127.0.0.1"为服务器地址，"8080"为端口号，"/test/test.htm"为文件资源地址。

在复杂的企业应用中，可能会在同一个服务器上安装多个服务器软件，为了管理方便不发生冲突，这些服务器软件通过不同的端口来提供服务。Web服务器就是通过监听某一端口，接收此端口的请求来提供服务的。一般情况下Web服务器主要对TCP 80端口（WWW的默认端口）进行监听。

说明：80为Web服务端口，访问时，URL地址可省略默认的端口80。如果不是80，则必须在URL中添加端口号。很多服务都有规定的端口，如FTP为21、SMTP为25、数据库MySQL的默认端口是3306。

下面介绍基于HTTP协议的客户/服务器模式的信息交换过程，它分为4个过程：建立连接、发送请求信息、发送响应信息、关闭连接。

● 建立连接：连接的建立是通过申请套接字（Socket）实现的。客户打开一个套接字并把它约束在一个端口上，如果成功，就相当于建立了一个虚拟文件。以后就可以在该虚拟文件上写数据并通过网络向外传送。

● 发送请求：打开一个连接后，客户机把请求消息送到服务器的相关端口上，完成提出请求动作。HTTP/1.0请求消息的格式为：

```
请求消息 = 请求行(通用信息|请求头|实体头) CRLF [实体内容]
请 求 行 = 方法   请求 URL   HTTP 版本号   CRLF
方    法 = GET|HEAD|POST|扩展方法
URL = 协议名称 + 宿主名 + 目录与文件名
```

请求行中的方法描述指定资源中应该执行的动作，常用的方法有GET、HEAD和POST。

● 发送响应：服务器在处理完客户的请求之后，要向客户机发送响应消息。HTTP/1.0的响应消息格式如下：

```
响应消息 = 状态行(通用信息头|响应头|实体头)  CRLF [实体内容]
状 态 行 = HTTP 版本号   状态码   原因叙述
```

状态码表示响应类型：

1——保留；

2——请求成功地接收；

3——完成请求客户需进一步细化请求；

4——客户错误；

5——服务器错误。

响应头的信息包括：服务程序名，通知客户请求的 URL 需要认证，请求的资源何时能使用。

- 关闭连接：客户和服务器双方都可以通过关闭套接字来结束 TCP/IP 对话。

1.2 Web 开发技术简介

Web 是一种典型的分布式应用架构。Web 应用中的每一次信息交换都要涉及客户端和服务端两个层面。因此，Web 开发技术大体上也可以被分为客户端技术和服务端技术两大类。下面介绍 Web 开发需要了解的客户端和服务端的一些相关技术。

1.2.1 HTML 概述

HTML(HyperText Markup Language)即超文本标记语言，它是一种用于编写超文本文档的标记语言。自从 1990 年首次应用于网页编辑后，HTML 迅速崛起成为网页编辑的主流语言。几乎所有的网页都是由 HTML 或以其他程序语言嵌套在 HTML 中编写的。HTML 并不是一种程序语言而是一种结构语言，它具有平台无关性。无论用户使用何种操作系统(Windows、DOS、Unix 等)，只要有相应的浏览器程序，就可以运行 HTML 文档。

HTML 的主要语法是元素和标签。元素是符合 DTD(文档类型定义)的文档组成部分，如 title(文档标题)、img(图像)、table(表格)等等。元素名不区分大小写。HTML 用标签来规定元素的属性和它在文档中的位置。标签分为单独出现的标签和成对出现的标签两种。大多数标签是成对出现的，由首标签和尾标签组成。首标签的格式为〈元素名〉，尾标签的格式为〈/元素名〉。成对标签用于规定元素所包含的范围，如〈title〉和〈/title〉标签用来界定标题元素的范围，也就是说，〈title〉和〈/title〉之间包含的部分是该 HTML 文档的标题。单独标签的格式为〈元素名〉，它的作用是在相应的位置插入元素。如〈BR〉标签表示在该标签所在位置插入一个换行符。下面来看一个简单的例子。

```
〈html〉
    〈head〉
        〈title〉HTML 范例〈/title〉
    〈/head〉
    〈body〉
    HTML is no real language such as C + + or Pascal,〈br〉
    it is just a system for describing documents. 〈br〉
    A WWW browser interpret the〈BR〉
    HTML - code and display it.
    〈/body〉
〈/html〉
```

可见，一个 HTML 文档的基本结构如下：

〈html〉——标志着 HTML 文档开始

```
    <head>
        <title>文档标题</title>
    </head>
    <body>
        文档的主体部分
    </body>
</html> ——标志着 HTML 文档结束
```

〈head〉与〈/head〉之间包含的部分是 HTML 文档的文档头部分，用以说明文档的标题和整个文档的一些公共属性。〈body〉与〈/body〉之间包含的部分是 HTML 文档的主体部分。

1.2.2 CSS 概述

CSS 是 Cascading Style Sheets(级联样式表)的缩写。CSS 是一种样式表语言，用于为 HTML 文档定义布局。例如，CSS 涉及字体、颜色、边距、高度、宽度、背景图像、高级定位等方面。CSS 为网站添加布局效果提供了更多选择，而且更为精确、完善。现在所有浏览器都支持 CSS。

随着网页逐渐流行起来，网页设计者们开始寻求为网页增添布局的可能性。为此，当时的浏览器厂商们(网景公司和微软公司)发明了一些新的 HTML 标签(如〈font〉等)以引入新的布局——而非新的结构。这也导致了原本用于进行文本结构化的标签(如〈table〉等)越来越多地被误用于进行页面的布局。许多新的布局标签(如〈blink〉)只有一种浏览器支持。

CSS 的发明正是为了改善这一状况，它为 Web 设计师们提供了完善的、所有浏览器都支持的布局能力。文档的表现样式与内容的分离，也令网站维护容易了许多。HTML 用于结构化内容；CSS 用于格式化结构化的内容。

CSS 是 Web 设计界的一次革命。CSS 的具体优点包括：通过单个样式表控制多个文档的布局；更精确的布局控制；为不同的媒体类型(屏幕、打印等)采取不同的布局。

CSS 应用一般有 3 种类型：外部样式表、内部样式表和行内样式表。

行内样式表指的是在 HTML 标签中通过 style 属性对 HTML 元素进行样式控制。

```
<html>
    <head>
        <meta http-equiv = "Content-Type" content = "text/html;charset = UTF-8"/>
        <title>CSS 行内样式示例</title>
    </head>
    <body style = "background-color:#CFF;font-size:18px;color:#F39">
    这是一个 CSS 行内样式表
    </body>
</html>
```

内部格式表是指在 HTML 文档内部定义的 CSS 样式表，内部样式表主要由 3 部分组成：标签名称、属性和属性值。其使用格式为：标签名称{属性 1:值 1;属性 2:值 2…}。

```
<html>
    <head>
        <meta http-equiv = "Content-Type" content = "text/html;charset = UTF-8"/>
        <title>CSS 行内样式示例</title>
        <style type = "text/css">
        <! - -
            body. td. th {
                font-family:隶书,华文中宋;
                font-size:20px;
                color:#F36;
            }
            body {
                background-color:#FFC;
                margin-top:50px;
                margin-left:50px;
            }
            table {
                width:70%;border:0;align:center;cellspacing:1
            }
        - ->
        </style>
    </head>
    <body>
        其他代码略。
    </body>
</html>
```

外部样式表其实就是将内部样式表放入一个扩展名为 .css 的文件中，将定义样式的代码彻底地从 HTML 文档中分离出来。在 HTML 文档的<head>标签加入<link href="*.css" ref="stylesheet" type="text/css">的方法导入外部 css 样式文件。

```
<html>
    <head>
        <meta http-equiv = "Content-Type" content = "text/html;charset = UTF-8"/>
        <title>CSS 外部样式示例</title>
        <link href = "css/default. css" ref = "stylesheet" type = "text/css">
    </head>
    <body>
        其他代码略。
    </body>
</html>
```

1.2.3 JavaScript 概述

JavaScript 早期是由 Netscape(网景)公司研发出来的一种在 Netscape 浏览器上执行的程序语言。从结构来说,JavaScript 是一种基于对象和事件驱动的安全脚本语言,它还包括一般语言具备的操作数、控制流程等结构组件。含有 JavaScript 的网页不能单独执行,必须由浏览器或服务器解释执行。

开发 JavaScript 的最初动机是想减轻服务器数据处理的负荷,在网页上能够完成诸如显示时间、动态广告、处理表单传送数据等工作,设计出交互式的网页内容,从而可以开发客户端的应用程序。随着 JavaScript 所支持的功能日益增多,许多网页编制人员利用它来进行动态网页的设计,这使得 JavaScript 成为浏览器的通用语言。

在上面已经提到 JavaScript 只能在 HTML 脚本中才能得以执行。那么,如何在 HTML 语言中植入一个 JavaScript 脚本呢? 以下是一个 JavaScript 脚本结构示例:

```
<html>
    <head>
        <meta http-equiv = "Content-Type" content = "text/html;charset = UTF-8"/>
        <title>CSS 外部样式示例</title>
        <script language = "JavaScript">
          …
        </script>
    </head>
<body>
…
    <script language = "JavaScript">
        alert("hello, javascript. ");
    </script>
…
</body>
</html>
```

language 指定了一个 JavaScript 语言。但也可以不用写该属性,因为目前大部分浏览器都将其设为默认值。一段 JavaScript 代码可以放置于 HTML 中的任意部位,但多数情况下将其放于<head>…</head>区段中,因为一些代码可能需要在页面装载起始就开始运行。但放置在任何位置都是可以的,甚至可以在 HTML 外部装入一个 JavaScript 程序,如下面的代码所示:

```
<script language = "JavaScript" src = "url"></script>
```

这里的"url"就是一个外部的 JavaScript 程序,如果有很多的页面需要该段程序,只需编写一个外部程序就可以在多个页面中进行调用。

JavaScript 代码结束后应在末尾添加一个分号,表示一个完整的句子,也可以将其省略,这样并不影响程序的运行。程序中的//和<! - …… ->则是注释的标记。

下面是 JavaScript 的一个简单实例。代码如下：

```
<html>
<head>
    <title>这是一个 JavaScrip 程序的例子！</title>
</head>
<body>
    <script language = "JavaScript">
      document.write("<h1>欢迎学习 JavaScript！</h1>");
    </script>
    <img src = "E:\javascript\001.gif">
</body>
</html>
```

常常会有人问到 JavaScript 与 Java 有什么区别，甚至有人误认为 JavaScript 就是 Java。虽然 JavaScript 与 Java 确实有一定的联系，但也有很大的区别。JavaScript 与 Java 的区别主要表现在以下几个方面：

- JavaScript 与 Java 是由不同的公司开发的不同产品。JavaScript 是 Netscape 公司的产品，其目的是为了扩展 Netscape Navigator 功能。Java 是由 Sun Microsystem 公司开发的一种面向对象的程序设计语言，类似于 C++，它需要多种编译器和支持文件才能运行。
- JavaScript 是基于对象的，是一种脚本语言。它基于对象和事件驱动，因而它本身提供了非常丰富的内部对象供设计人员使用。而 Java 是面向对象的，即 Java 是一种真正的面向对象的语言，即使是开发简单的程序也必须设计对象。
- JavaScript 与 Java 在浏览器中所执行的方式不一样。JavaScript 是一种解释性编程语言，其源代码在发往客户端执行之前不需经过编译，而是将文本格式的字符代码发送给客户端，即 JavaScript 语句本身随 Web 页面一起下载，由浏览器解释执行。而 Java 的源代码在传递到客户端执行之前，必须经过编译，所以客户端上必须具有相应平台上的仿真器或解释器，它通过编译器或解释器实现独立于某个特定的平台编译代码。

1.2.4 XML 概述

XML(eXtensible Mark Language，可扩展标记语言)在 1998 年 2 月成为 W3C 的推荐标准。XML 不是编程语言，是一种用来描述语义和数据结构的标记语言。XML 主要用于存储数据、交换数据、共享数据，还可用于创建新的标记语言。XML 具备了作为通用数据描述语言的优秀特征，可以使计算机数据在不同的计算机平台和程序之间方便、快捷、无障碍地转移和流动，是当今处理分布式结构信息的有效工具。

XML 是元标记语言，具有自描述性、独立于平台和良好的移植性。XML 作为一种简单的数据存储语言，使用一系列简单的标记描述数据，而这些标记可以用方便的方式建立，保存在任何可以存储文本的文档中。虽然 XML 占用的空间比二进制数据要更多，但 XML 极其简单，易于掌握和使用。

XML 不同于 HTML。HTML 的标记是固定的、预定义的，不可扩展的，它说明了信息的显示格式；而 XML 的标记是可扩展的，是可以由用户自定义的，它表示了数据的逻辑结构。例如，下面例子中〈students〉、〈name〉、〈age〉等标记都是这个 XML 文档的作者创建出来的。而在 HTML 文档中必须使用 HTML 规范中定义好的标记，如〈P〉、〈hr〉、〈a〉、〈/a〉等。

```
〈? xml version = "1.0" ?〉
〈students〉
    〈student sex = "male"〉
        〈name〉Jack〈/name〉
        〈age〉15〈/age〉
    〈/student〉
    〈student sex = "male"〉
        〈name〉Tom〈/name〉
        〈age〉14〈/age〉
        〈telephone〉88889999〈/ telephone 〉
    〈/student〉
    〈student sex = "female"〉
        〈name〉Rose〈/name〉
        〈age〉16〈/age〉
        〈tel〉66667777〈/tel〉
    〈/student〉
〈/students〉
```

XML 被设计用来描述数据，其焦点是数据的内容，旨在描述信息；HTML 被设计用来显示数据，其焦点是数据的外观，旨在显示信息；XML 的数据可以重复使用，而 HTML 的数据难以重用。

综上所述，XML 是一种标记语言，用户可以自定义，具有自描述性、可移植性、可扩展、独立于平台等特点。XML 不仅用于客户端，在服务器端也有广泛的应用。

1.3 Web 应用程序开发

在了解 Web 客户端的一些技术之后，下面将重点介绍 Web 服务器端应用程序的开发，列举开发 Web 应用程序的主要技术，以及这些技术的发展过程和优缺点。Web 应用程序的开发主要是指服务器端应用程序的开发。

1.3.1 早期的 Web 服务器模式开发

传统的 Web 应用开发仅仅能够提供有限的静态 Web 页面（HTML 静态页面），每个 Web 页面的显示内容是保持不变的，这种模式开发的 Web 应用很不利于系统的扩展。当网站需要提供更多新的信息资料时，就只能修改以前的页面或者重新编写 HTML 页面并提供链接。这类 Web 应用程序的信息更新周期一般都比较长（因为需要重新编写

代码)。总结起来,传统 Web 应用开发模式存在以下不足:

● 不能提供及时信息,页面上提供的都是静态不变的信息。

● 当需要添加新的信息时,必须重新编写 HTML 文件。

● 由于 HTML 页面是静态的,所以并不能根据用户的需求提供不同的信息(包括不同的内容和格式),因此不能满足多样性的需求。

静态页面的应用程序存在的缺点,决定了这种模式必然不能适应大中型系统和商业需求。因此,因特网软件工程师很快转向了 CGI(Common Gateway Interface,公共网关接口)——系统提供页面的动态生成。

1.3.2 动态呈现页面技术

随着企业业务的增多,如果全部使用静态页面的 Web 应用程序(即传统 Web 服务器模式开发),HTML 页面会越来越多,非常不利于后期的维护,而且新信息发布过程非常麻烦。所以建立一个动态 Web 应用程序就显得非常重要:一方面可以根据访问者的不同请求返回不同的访问信息,即满足服务的多样性;另一方面,可以直接通过后台管理页面发布和修改信息,再也不需要修改页面或者添加更多的页面。

动态 Web 应用程序的建立,可以给客户提供及时的信息及多样化的服务;可以根据客户的不同的请求,动态地返回不同需求信息。下面简要介绍创建动态页面的方法和技术。

1.3.3 CGI 实现的页面动态生成

实现动态输出的 CGI 程序运行在服务器端,根据不同客户端请求输出相应的 HTML 页面,然后 Web 服务器再把这个静态页面返回给浏览器作为客户端的响应。具体的 CGI 操作流程如图 1-2 所示。

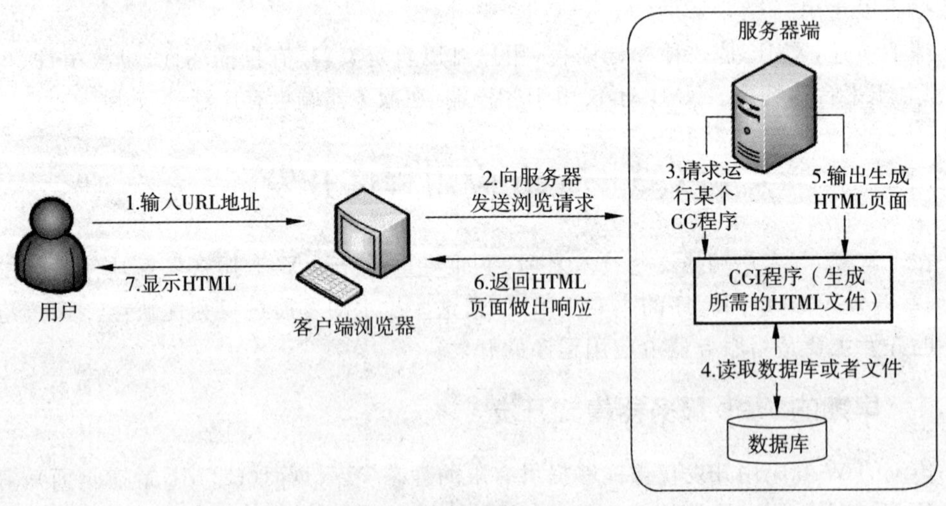

图 1-2 CGI 的操作过程

用户在浏览器地址栏输入 URL 地址或者单击链接就会调用相应的 CGI 程序,如

www.jwshock.edu/cgi/createhtml.cgi。通过 URL 地址，客户端获取网络上域名为 www.jwshock.edu 的服务器主机连接。通过 Web 服务器调用执行 CGI 目录下的 createhtml.cgi 程序，然后将动态生成的 HTML 页面输出，最后由 Web 服务器通过网络将生成的 HTML 页面返回给客户端。

注意：

CGI 程序在服务器端执行，可以和 Web 服务器在同一个主机上。最流行的 CGI 语言是 Perl 和 shell 脚本，但也可以使用 C、C++以及 Java 等语言进行编写。CGI 可以访问存储在数据库中的数据或者其他系统中的文件，实现动态生成的效果。

虽然 CGI 实现了网站动态性，但是 CGI 也存在很多的不足之处：

- 需要为每个请求启动一个操作 CGI 程序的系统进程。如果请求非常频繁，这将大大降低执行效率。
- 需要为每个请求加载和运行一个 CGI 程序，这将降低运行效率。
- 需要重复编写处理网络协议的代码以及应用编程，这些工作都是非常耗时的。

前面已经介绍 Java 语言可以用来编写 CGI 程序。但遗憾的是，使用 Java 编写的 CGI 程序执行效率更加低下。这是因为要执行一个 Java 编写的 CGI 程序，除了首先需要启动一个系统进程之外，还要在进程中启动一个 JVM(Java Virtual Machine，Java 虚拟机)，然后才能在 JVM 中执行 Java CGI 程序(Java 程序的运行机制)。

为了解决 CGI 出现的问题，Java 推出了 Servlet 规范。

1.3.4 改进的 CGI：Java Servlet

使用 Java 编写的 CGI 程序需要为每个请求都启动一个系统进程以及 JVM，这大大降低了执行效率。如果只需要启动一个操作系统进程及一个 JVM 映像，基于 Java 的 CGI 就能得到很好的改善。Servlet 正是基于这样的想法才产生的。

另外，Java 可以在运行的时候动态地进行加载，所以可以利用这样的功能加载新的 Java 代码来处理新的请求。和传统的 CGI 程序相比，Servlet 有如下几个优点：

- 只需要启动一次服务器进程及加载一次 JVM，大大提高了执行效率。
- 如果多个请求需要做同样的处理时，只需要加载一个类，这也大大提高了执行效率。
- 所有动态加载的类可以实现对网络协议以及请求解码的代码共享，大大降低了工作量。
- Servlet 能够直接和 Web 服务器交互，而普通的 CGI 程序则不能。Servlet 还能够在各个程序之间共享数据，使得数据库连接池之类的功能很容易实现。

Sun 公司在 20 世纪 90 年代末就发布了基于 Servlet 的 Web 服务器，建立了一个称为 Java Servlet API(应用编程接口)的编码标准。所以 Servlet 有很好的移植性。所有基于 Servlet 的 Web 服务器都遵循这个编码标准，实现了 Servlet 标准的程序也称为 Servlet 容器，如 Tomcat 服务器。

Servlet 容器负责管理加载、卸载、重新加载和执行 Servlet 代码等操作。下面是一个比较典型的 Servlet Java 源代码：

```
public class HelloServlet extends HttpServlet {
    public void doGet(HttpServletRequest request,HttpServletResponse response)
            throws ServletException, IOException{
        String msg = "登录成功";                        // 页面内容
        response.setContentType("text/html");        // 设置 ContentType 类型
        PrintWriter out = response.getWriter();      // 使用 out 向浏览器输出
        out.println("<html>");
        out.println("<head>");
        out.println("<title>Hello, Servlet</title>");
        out.println("</head>");
        out.println("<body>");
        out.println(msg);
        out.println("</body>");
        out.println("</html>");
    }
}
```

从这段代码可以看出，Servlet 重复使用了 PrintWriter. println()方法来输出相应的 HTML 页面，以达到动态生成 HTML 页面的效果。

虽然 Servlet 改变了传统 CGI 程序的缺点，但是它也有不足的地方：Servlet 可以建立动态生成的网页，而网页中可以包含从服务器端 Java 对象所获得的数据。但是 Servlet 生成网页的方法是在 Java 类中嵌入 HTML 标签和表达式。也就是说，对 HTML 做一个小小的改动时，都需要修改和重新编译 Servlet 源文件，然后重新部署到 Servlet 容器中。

1.3.5 Servlet 的模板：JSP

Java Server Pages(JSP)是一种动态网页技术标准。它是在传统的网页 HTML 文件中插入 Java 程序片断(Scriptlet)和 JSP 标记(tag)，从而构成 JSP 文件(扩展名为 jsp)。JSP 是 Servlet API 的一个扩展，它编译后是"Servlet"类，所以它具有 Servlet 的所有优点，包括访问 Java API。访问一个 JSP 网页的过程如图 1 - 3 所示。

Servlet 完全是由 Java 程序代码构成的，擅长流程控制和事务处理，通过 Servlet 来生成动态网页很不直观。而 JSP 可以非常容易地与静态模板结合，包括 HTML 或 XML 片段，生成动态内容的代码。

1.3.6 JSP 基本原理

早期 CGI 程序生成的页面大部分仍旧是静态 HTML，动态内容只在页面中有限的几个部分出现。但是包括 Servlet 在内的大多数 CGI 技术及其变种，总是通过程序生成整个页面，JSP 使得我们可以十分灵活地使用这两种机制。Web 服务器处理 JSP 文件请

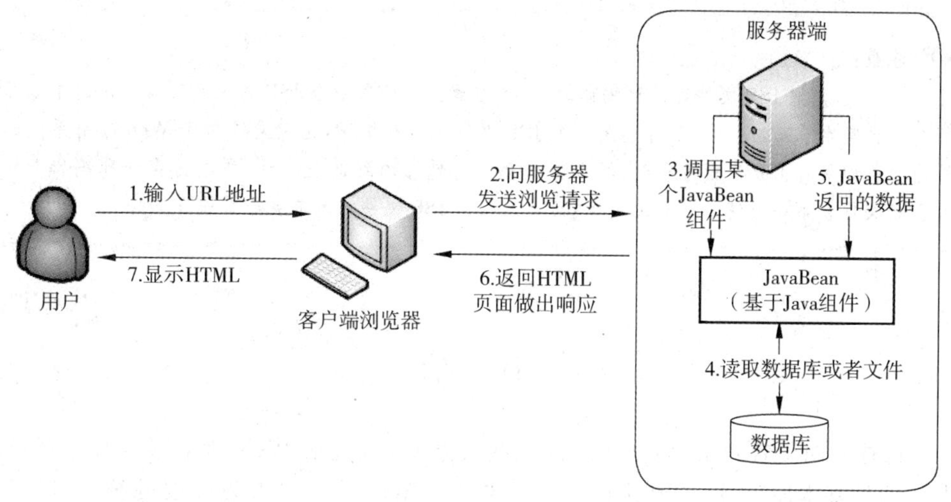

图 1－3　JSP 页面访问示意图

求需要经过 3 个阶段：

● 翻译阶段(Translation phase)：在这一阶段，编写好的 JSP 文件首先会被 Web 服务器中的 JSP/Servlet 引擎转换成 Java 源代码，也就是 Servlet 类源文件。

● 编译阶段(Compilation phase)：JSP 文件所翻译成的 Java Servlet 源代码会被编译成可执行的字节码(可执行的字节码是二进制格式)。

● 请求阶段(Request phase)：当容器接受了客户端的请求之后，就执行前面 JSP 文件已经编译成二进制字节码的 Servlet。处理完请求之后，容器再把生成的页面反馈给客户端进行显示。

下面通过示意图来形象地演示 Web 服务器执行的这 3 个阶段，如图 1－4 所示。

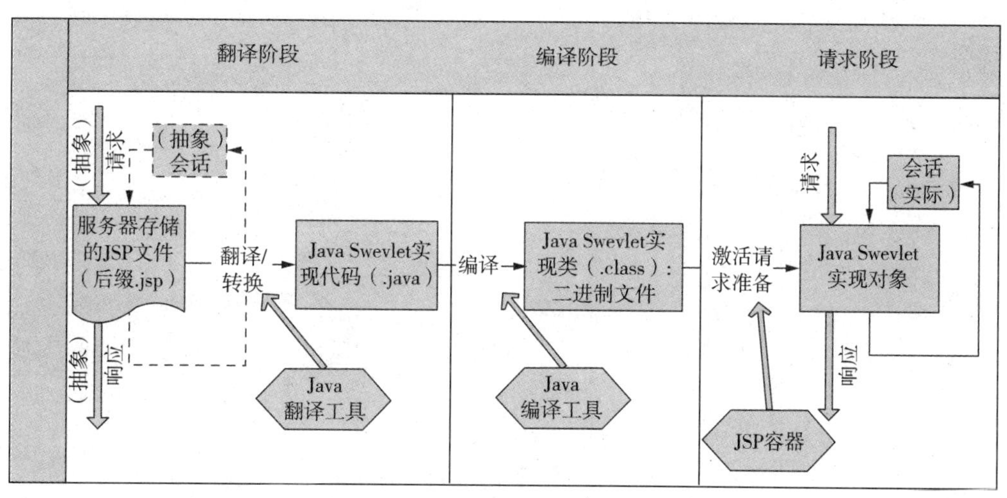

图 1－4　容器处理 JSP 的 3 个阶段

注意:

一旦容器把 JSP 文件翻译和编译之后,来自客户端的每一个 JSP 请求就可以重用这个编译好的二进制字节码,没有必要再把同一个 JSP 进行翻译和编译,这大大提高了 Web 应用系统的性能。但如果对 JSP 进行了修改,服务器就会及时地探测到这个修改,并进行翻译和编辑。所以 JSP 文件在第一次请求时会比较慢,而之后相同 JSP 文件的请求会非常快。

小 结

本章首先向读者介绍 Web 开发的一些背景知识,包括 Web 浏览器和服务器,以及 Web 访问的基本原理、HTTP 协议。然后讲解了 Web 客户端开发需要的技术:HTML、CSS、JavaScript 和 XML。最后重点介绍 Web 服务器端应用程序的开发方法,即 Web 应用开发的各类技术及优缺点,特别是 Servlet 和 JSP 开发 Web 应用程序的特点和机制。

思 考 题

1. Java 语言有何特点?
2. 什么是 Web 应用程序?它有什么特点?
3. Java Web 开发中涉及哪些组件?它们各自都有什么作用?

第2章 搭建 Java Web 开发环境

在开发 Java Web 项目时，需要熟悉开发工具的使用，本章将讲解 Java Web 开发环境支撑软件(JDK、Tomcat 和 Eclipse)的下载、安装和运行。如果没有具体说明，Java Web 均是在 Windows 操作系统下进行。

2.1 Java Web 开发环境概述

开发 Java Web 应用程序，需要安装一套 Java JDK——一种 Java Web 容器(支持 JSP/Servlet 的 Web 服务器)和一个 IDE(集成开发环境)。

2.1.1 开发工具包 JDK

Java 程序的开发或运行要求必须安装 Java 运行环境，主要是安装 JRE 或 JDK 软件包。

JRE(Java Runtime Environment，Java 运行环境)是运行 Java 程序所需的软件包，包含 JVM(Java Virtual Machine，Java 虚拟机)标准实现及 Java 核心类库。如果只是应用而不是开发，JRE 就足够了。

JDK(Java Development Kit)是 Java 开发工具包，其中包含 JRE，此外还包含开发用的各种类库和工具，是面向开发人员使用的软件包。

说明：Java 源代码首先被编译成后缀为 . class 的文件(字节码)，然后这些字节码在 JVM 上执行。JVM 是一个虚拟的计算机，能模拟各种计算机的功能。JVM 屏蔽了与具体操作系统平台相关的信息，使得 Java 语言编译程序只需生成可在 JVM 上运行的字节码，就可以在多种平台上平稳运行，从而实现 Java 程序的跨平台特性。

2.1.2 Java Web 容器

Tomcat 是一个轻量级应用服务器，使用 Java 开发，可以运行在任何一个装有 JVM 的操作系统之上，是开发和调试 Java Web 程序的首选。

Tomcat 是 Apache 软件基金会下属的开放源代码项目,按照 Servle 的技术规范开发的一个 Servlet 容器,实现了对 Servlet 和 Java Server Page(JSP)的支持。它曾被 Sun 公司推荐为运行 Servlet 和 JSP 的标准容器。Tomcat 还具有 Web 服务器的基本功能,能够提供数据库连接池、SSL 等许多通用组件。

Tomcat 内含一个 HTTP 服务器,接收 URL 请求,提供解析网页的服务,可作为单独的 Web 服务器。

2.1.3 集成开发环境(IDE)

古人云:"工欲善其事,必先利其器"。要想高效地开发 Java Web 程序,就必须选择一个好的集成开发环境(Integrated Development Environment, IDE)。IDE 能够方便编写、编译、部署、调试程序。目前使用比较广泛的 Java IDE 有以下几种。

- Eclipse(http://www.eclipse.org/):最初由 IBM 开发,现已开源并捐献给 Eclipse 基金会,是目前应用最为广泛的 Java IDE。它的优点是完全免费、拥有丰富的插件资源,对各种 Java 技术都有良好支持。Eclipse 不仅可以编写 Java 程序,还可以编写 C++、PHP、Ruby、Python 等语言的程序。
- NetBeans(http://www.netbeans.org/):原来是 Sun 官方开源的 IDE,现归 Oracle 所有。由于是官方的 IDE,所以对官方的标准如 JSF、JPA、EJB 等有较好的支持,插件资源相比 Eclipse 要少,一些功能支持有限。
- IntelliJ(http://www.jetbrains.com):是 JetBrains 公司开发的 Java IDE,提供高度整合的功能,不需要借助安装插件就能编写大部分 Java 程序。IntelliJ 的缺点是高级的商用功能是收费的,需要购买才能使用。

对于 Java Web 开发来说,使用 Eclipse 是最热门的选择。Eclipse 作为一套支持 Java 开发的 IDE,拥有丰富的插件支持 Java Web 开发,可以方便快速地开发各类 Java Web 应用。本书采用支持 JavaEE 标准的 Eclipse 软件包作为开发 Java Web 的工具。有关 Eclipse 的下载和安装参阅本章的 2.4 节。

2.2 下载安装 Java 环境

JDK 是 Java 开发和运行必需的工具包,Java 语言程序代码的编译和运行离不开 JDK,因此在开始 Java Web 开发之前必须安装配置好 JDK。

2.2.1 下载工具包 JDK

目前 JDK 最新的版本是 JDK 7.0,而本书使用的是比较成熟和稳定的 JDK 6.0 版本。注意这里下载的是 JDK 的标准版本(即 Java SE, Standard Edition),而不是企业版或其他专用版本。具体的下载步骤如下:

(1)首先访问下载 JDK 的官方网站(http://www.oracle.com/technetwork/java/javase/downloads/index.html),如图 2-1 所示。

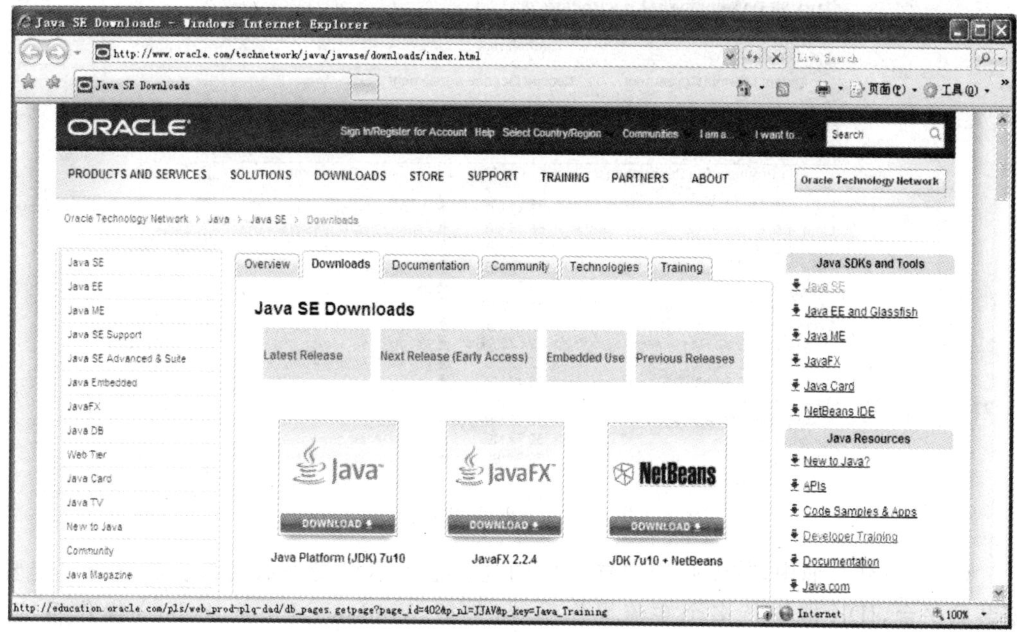

图 2-1　JDK 下载首页

(2)打开下载页后,在页面中找到 Java SE 6 的最新下载版本,如图 2-2 所示。单击 JDK 下的“Download”按钮,就会进入该版本 JDK 具体的下载页面,如图 2-3 所示。

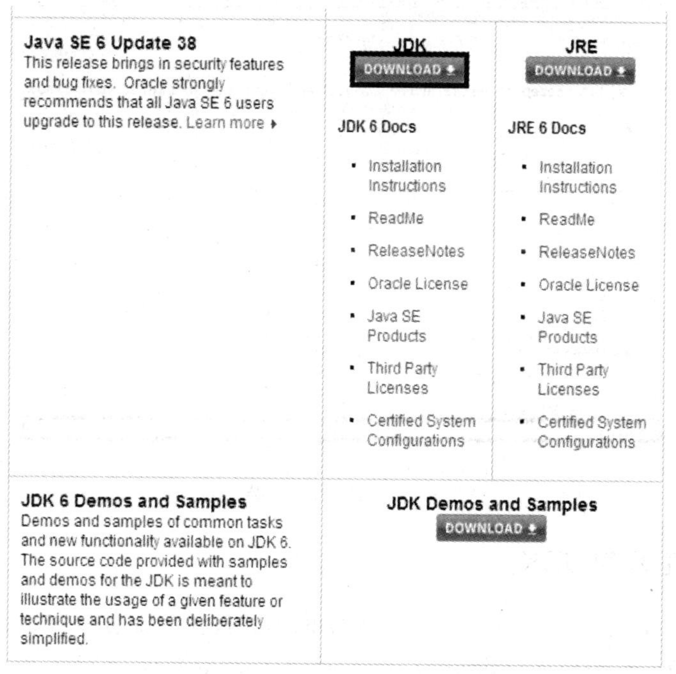

图 2-2　选择 JDK 版本

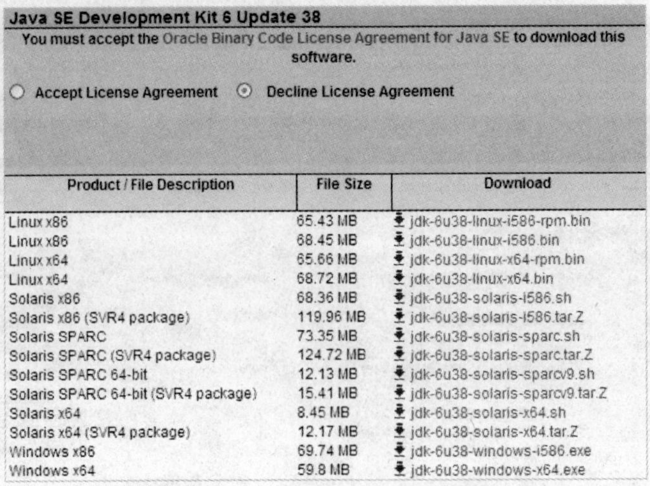

Java SE Development Kit 6 Update 38

You must accept the Oracle Binary Code License Agreement for Java SE to download this software.

○ Accept License Agreement ⊙ Decline License Agreement

Product / File Description	File Size	Download
Linux x86	65.43 MB	jdk-6u38-linux-i586-rpm.bin
Linux x86	68.45 MB	jdk-6u38-linux-i586.bin
Linux x64	65.66 MB	jdk-6u38-linux-x64-rpm.bin
Linux x64	68.72 MB	jdk-6u38-linux-x64.bin
Solaris x86	68.36 MB	jdk-6u38-solaris-i586.sh
Solaris x86 (SVR4 package)	119.96 MB	jdk-6u38-solaris-i586.tar.Z
Solaris SPARC	73.35 MB	jdk-6u38-solaris-sparc.sh
Solaris SPARC (SVR4 package)	124.72 MB	jdk-6u38-solaris-sparc.tar.Z
Solaris SPARC 64-bit	12.13 MB	jdk-6u38-solaris-sparcv9.sh
Solaris SPARC 64-bit (SVR4 package)	15.41 MB	jdk-6u38-solaris-sparcv9.tar.Z
Solaris x64	8.45 MB	jdk-6u38-solaris-x64.sh
Solaris x64 (SVR4 package)	12.17 MB	jdk-6u38-solaris-x64.tar.Z
Windows x86	69.74 MB	jdk-6u38-windows-i586.exe
Windows x64	59.8 MB	jdk-6u38-windows-x64.exe

图 2-3　JDK 下载页面

(3)在下载页面中,首先必须选择下面的复选框表示接受下载协议。然后再确定要安装的平台,JDK 能支持多个主流操作系统,包括 Windows、Linux、Solaris 操作系统。各种操作系统又根据 CPU 字长分成两种:x86 系列对应 32 位 CPU;x64 系列对应 64 位 CPU。这里选择 Windows x86 系统,单击对应的下载链接 jdk-6u37-windows-i586.exe,就会自动下载该软件包,如图 2-4 所示。

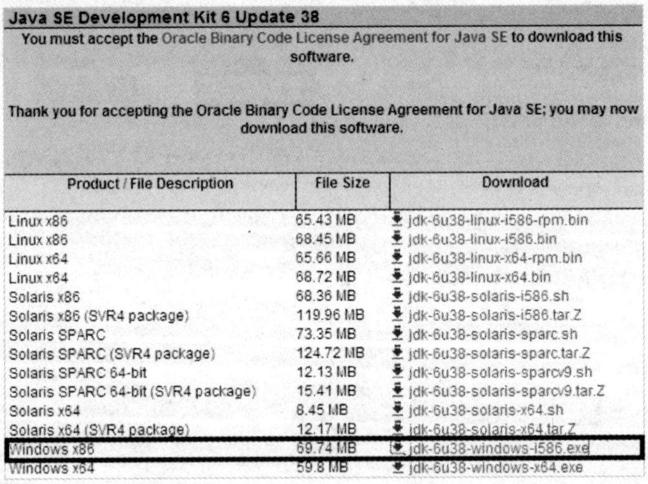

Java SE Development Kit 6 Update 38

You must accept the Oracle Binary Code License Agreement for Java SE to download this software.

Thank you for accepting the Oracle Binary Code License Agreement for Java SE; you may now download this software.

Product / File Description	File Size	Download
Linux x86	65.43 MB	jdk-6u38-linux-i586-rpm.bin
Linux x86	68.45 MB	jdk-6u38-linux-i586.bin
Linux x64	65.66 MB	jdk-6u38-linux-x64-rpm.bin
Linux x64	68.72 MB	jdk-6u38-linux-x64.bin
Solaris x86	68.36 MB	jdk-6u38-solaris-i586.sh
Solaris x86 (SVR4 package)	119.96 MB	jdk-6u38-solaris-i586.tar.Z
Solaris SPARC	73.35 MB	jdk-6u38-solaris-sparc.sh
Solaris SPARC (SVR4 package)	124.72 MB	jdk-6u38-solaris-sparc.tar.Z
Solaris SPARC 64-bit	12.13 MB	jdk-6u38-solaris-sparcv9.sh
Solaris SPARC 64-bit (SVR4 package)	15.41 MB	jdk-6u38-solaris-sparcv9.tar.Z
Solaris x64	8.45 MB	jdk-6u38-solaris-x64.sh
Solaris x64 (SVR4 package)	12.17 MB	jdk-6u38-solaris-x64.tar.Z
Windows x86	69.74 MB	jdk-6u38-windows-i586.exe
Windows x64	59.8 MB	jdk-6u38-windows-x64.exe

图 2-4　下载 JDK 安装文件

2.2.2　安装工具包 JDK

下载完 JDK 软件包后就可以开始安装 JDK 了。具体的安装步骤如下:

(1)双击 JDK 安装程序(jdk-6u37-windows-i586.exe),就会通过 Windows Installer 开始安装过程,如图 2-5 所示。单击"下一步"按钮,进入"自定义安装"对话框。

(2)在"自定义安装"对话框中(图 2-6),可以选择安装内容和安装路径。

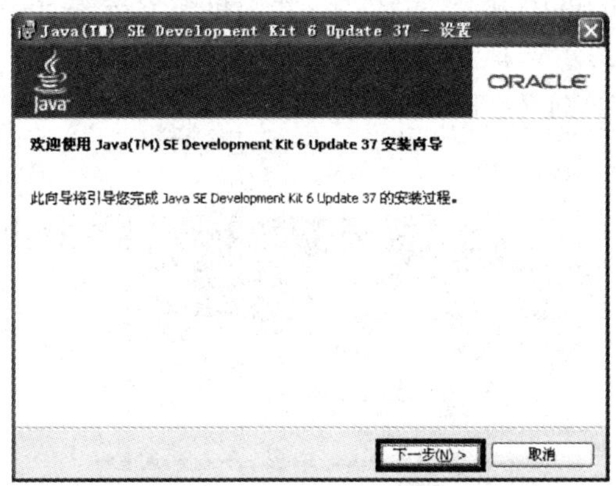

图 2-5 JDK 开始安装对话框

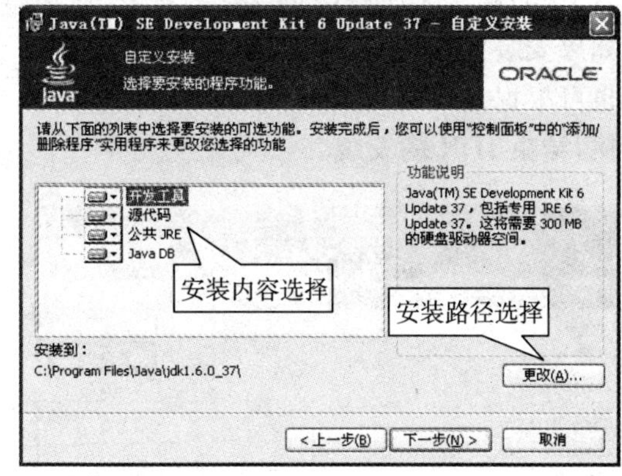

图 2-6 “自定义安装”对话框

默认的安装内容如下。

- 开发工具：即所谓的 JDK，是必须要安装的部分；
- 源代码：构成 Java 公共 API 类的源代码；
- 公共 JRE：独立的 JRE；
- Java DB：支持 Java 技术的开源数据库。

如果不想安装第四项 Java DB，可以单击选项前的下三角形按钮，在弹出的下拉列表框中选择“现在不安装此功能”选项，如图 2-7 所示。

默认的安装路径是“C:\Program Files\Java\jdk1.6.0_37\”，可以更改默认安装路径。单击“更改”按钮（图 2-6），然后在弹出的对话框中（图 2-8）选择或创建新的安装路径，这里更改 JDK 安装路径为“C:\ Java\jdk1.6.0_37\”。

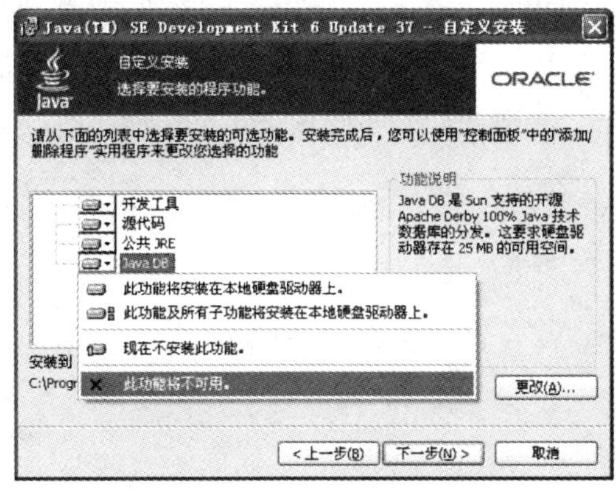

图 2-7 选择安装的程序内容

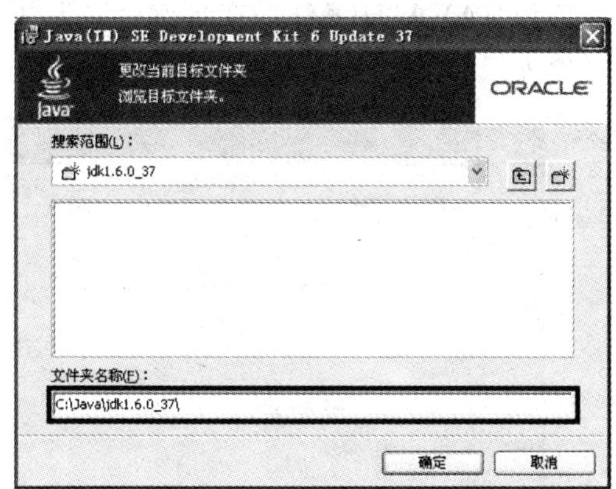

图 2-8 更改安装路径

注意：

输入的路径中最好不要有空格和中文，这是因为路径中包含这些内容时会出现不必要的问题，导致某些 Java 程序运行失败。

(3)确认无误后，在“自定义安装”对话框中单击“下一步”按钮，开始执行安装程序。如果安装内容包括公共 JRE，在安装过程中会提示选择 JRE 安装路径，如图 2－9 所示，也可根据需要进行更改。如果安装成功，弹出如图 2－10 所示的对话框，单击“完成”按钮，结束 JDK 的安装。

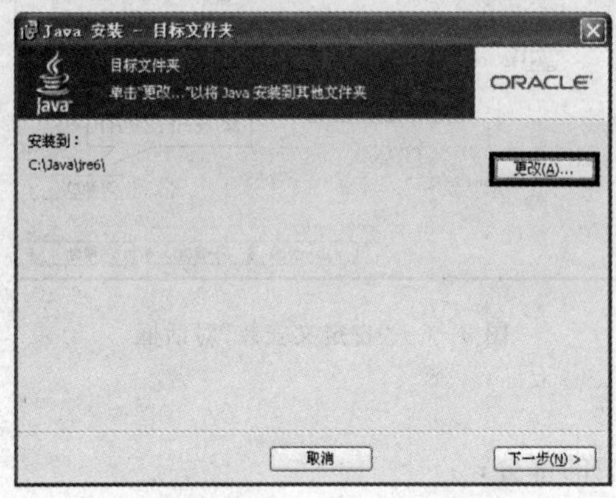

图 2－9　选择公共 JRE 安装路径

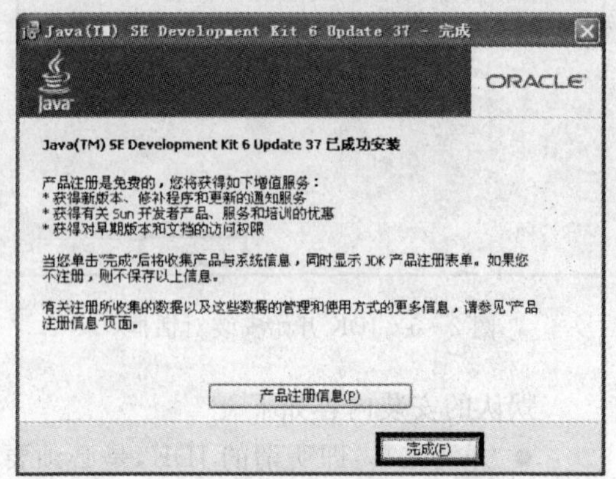

图 2－10　完成 JDK 安装

2.2.3　设置环境变量

JDK 安装完成后需要重新启动计算机，然后设置环境变量，步骤如下：

(1)右击“我的电脑”，在弹出的快捷菜单中选择“属性”命令，打开“系统属性”对话框。选择“高级”选项卡，单击“环境变量”按钮，打开“环境变量”对话框，如图 2－11 所示。

(2)单击“系统变量”选项区域中的“新建”按钮，打开“新建系统变量”对话框，变量名设置为“JAVA_HOME”，变量值设置为“C:\Java\jdk1.6.0_37”，如图 2－12 所示(此变量值为先前 JDK 安装目录所在位置)。

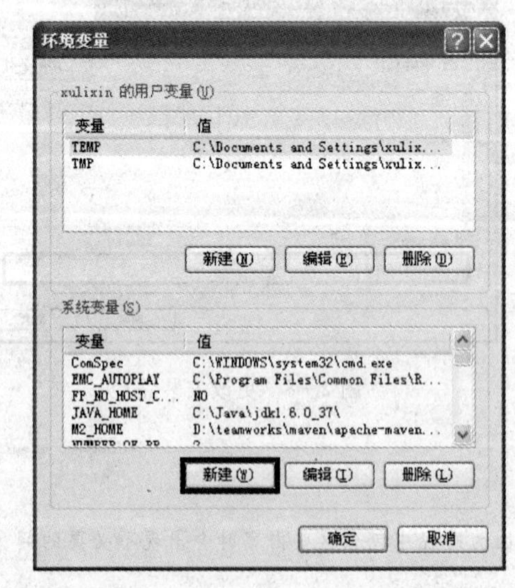

图 2－11　“环境变量”对话框

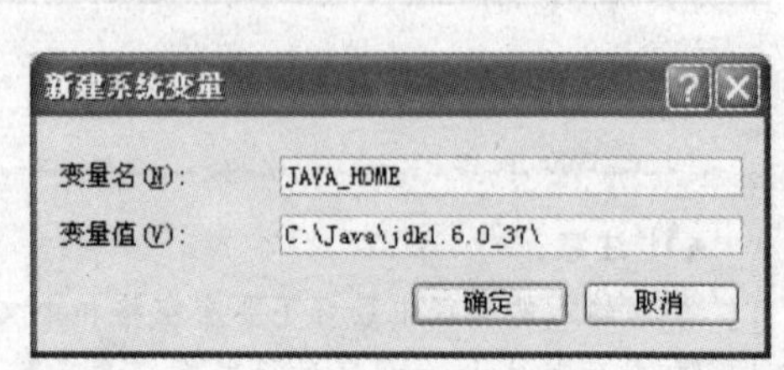

图 2－12　“新建系统变量”对话框

(3)再新建一个系统变量,变量名设置为“CLASSPATH”,变量值设置为“.;C:\java\jdk1.6.0_37\lib;C:\java\jdk1.6.0_37\lib\tools.jar”,此变量值表示搜索 Java 类的路径,该路径中包含一些文件扩展名为“jar”的归档文件或者相应的目录。Java 程序执行时往往会从 CLASSPATH 中选择并添加自己需要的类路径。设置时需要注意,变量值最前面的“.”表示当前路径,不可以省略。不同值之间用“;”隔开。

(4)选中“系统变量”面板中的“Path”变量,然后单击“编辑”按钮,在弹出的“编辑系统变量”对话框中,在变量值的最后添加“;C:\Java\jdk1.6.0_37\bin”,此变量也称搜索路径。设置一些常用目录,该目录中的文件在任何地方都可以直接访问,从而免去了在不同目录间反复切换的麻烦。

说明:为了检验环境变量设置是否成功,可以采用下面的方法:选择 Winodws 主菜单“开始”→“运行”命令,输入“cmd”,进入命令行界面,然后在其中运行“java”和“javac”这两个命令,如果输出对应的帮助信息,则表明环境变量已经设置成功。

2.3 下载安装 Tomcat

2.3.1 下载服务器 Tomcat

本书使用 Tomcat 的版本为 Tomcat 6.0.36,可以通过下面的步骤来实现下载:

(1)首先访问下载 Tomcat 的官方网站(http://tomcat.apache.org/),如图 2-13 所示。

(2)进入 Tomcat 首页后,单击页面中 Download 目录栏下的 Tomcat 6.x 链接,就会进入下载页面,如图 2-14 所示。

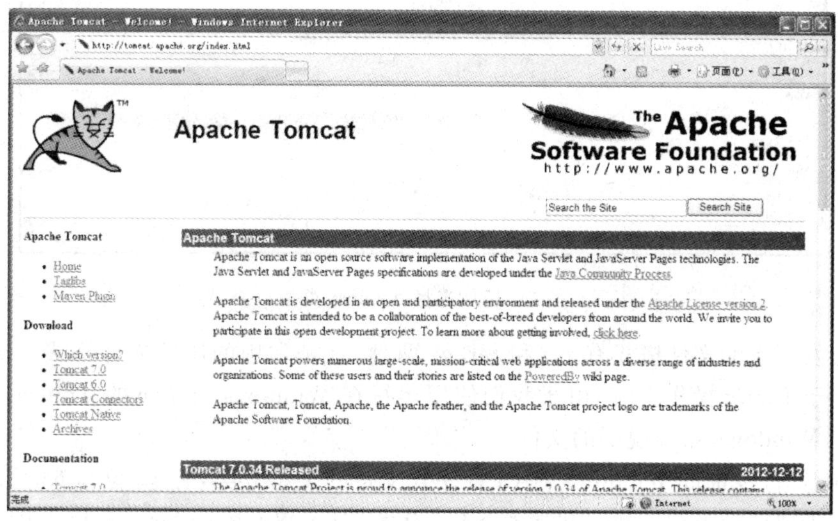

图 2-13 Tomcat 网站首页

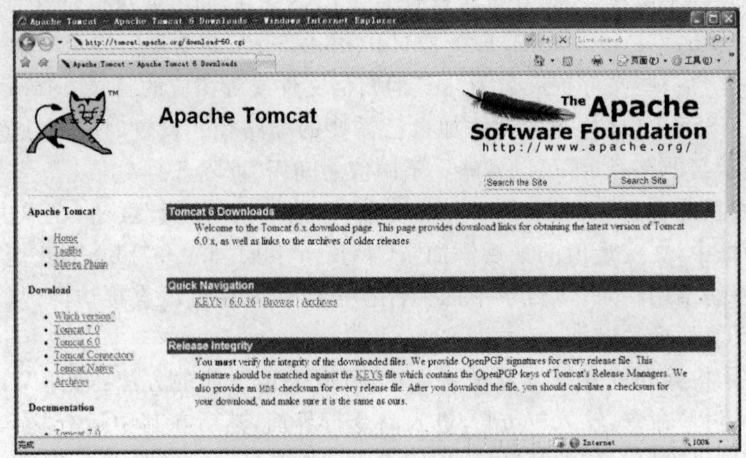

图 2-14　Tomcat 6 下载页面

(3)在下载页面中找到可执行的二进制发行包，即 Binary Distributions 栏目，如图 2-15所示。该栏目的下载内容又分为两类：Core 和 Deployer。Core 是 Tomcat 的核心发行包，Deployer 是用于 Tomcat 部署管理的独立 Web 应用程序。Core 中包含若干下载文件，我们需要下载其中的某一个。

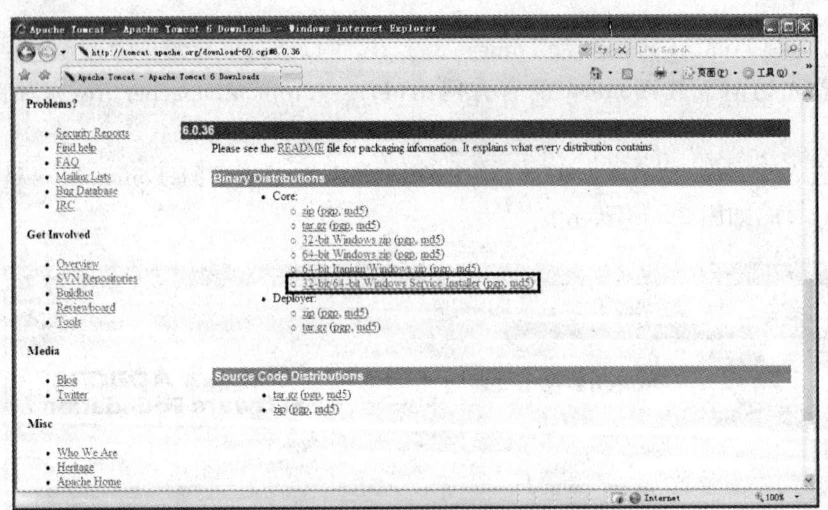

图 2-15　选择 Tomcat 类型

核心发行包的文件格式有 zip 和 tar. gz 两种，这是常用的压缩文件格式。tar. gz 格式文件用于 Linux 操作系统，由于我们使用运行在 Windows 系统下的 Tomcat，因此需要选择带 Windows 系统说明的文件。

另外，发行包也按 Windows 对 CPU 字长支持的类型分类，有 32 位和 64 位之分，用户可根据需要选择下载。建议初学者下载 32bit/64bit Windows Service Installer 的可执行安装文件。

下载完 Tomcat 后，就可以安装该服务器，具体步骤参考 2.3.2 节。

2.3.2 安装服务器 Tomcat

在安装 Tomcat 之前必须安装 JDK,因为在安装过程中该服务器会自动查找 JDK 的目录位置。安装时还要注意 Tomcat 和 JDK 这两个软件版本的限制。具体安装步骤如下：

(1) 双击"Tomcat 安装程序"(apache-tomcat-6.0.36.exe),就会通过 Windows Installer 开始安装过程,如图 2-16 所示。

图 2-16 Tomcat 欢迎界面

(2)单击"Next"按钮后,阅读许可证协议后单击"I Agree"按钮,就会进入如图 2-17 所示的"Choose Components"(自定义安装)对话框。在该对话框中可以进行安装内容的选择,默认的安装内容如下。

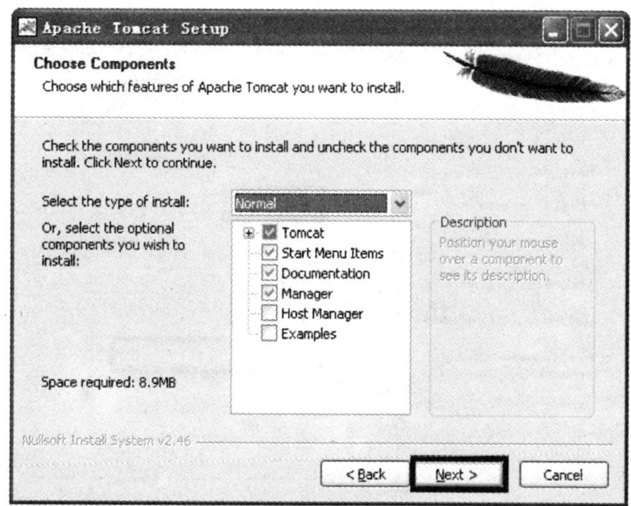

图 2-17 "Choose Components"对话框

- Tomcat:服务器 Tomcat 的主要组件;
- Start Menu Items:在 Windows 开始菜单里增加管理 Tomcat 的快捷方式;
- Documentation:Tomcat 的技术文档;
- Manager:用于管理 Tomcat 的技术文档。

(3)单击"Next"按钮,就会进入"Choose Install Location"(自定义安装路径)对话框,如图 2-18 所示,在该对话框中可以进行安装路径的选择。

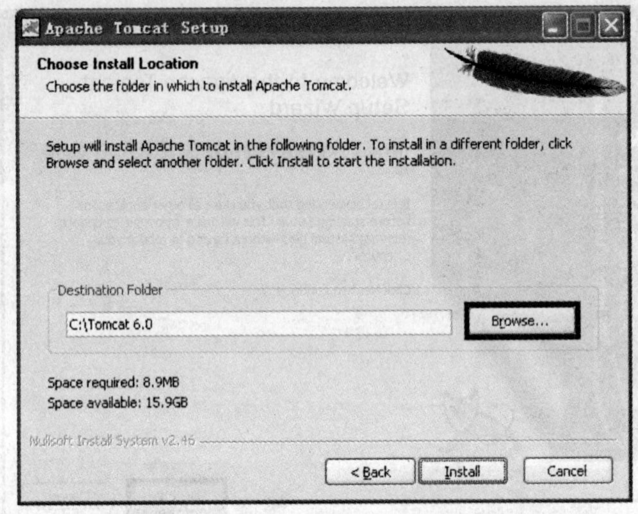

图 2-18 "Choose Install Location"对话框

如果安装路径为"C:\Tomcat 6.0",需要更改默认安装路径。单击"Browse"按钮,然后在"浏览文件夹"对话框中设置相对应的路径。

(4)单击"Next"按钮,进入"Configuration Options"(配置选项)对话框,如图 2-19 所示。在该对话框中可以进行最基本的配置。

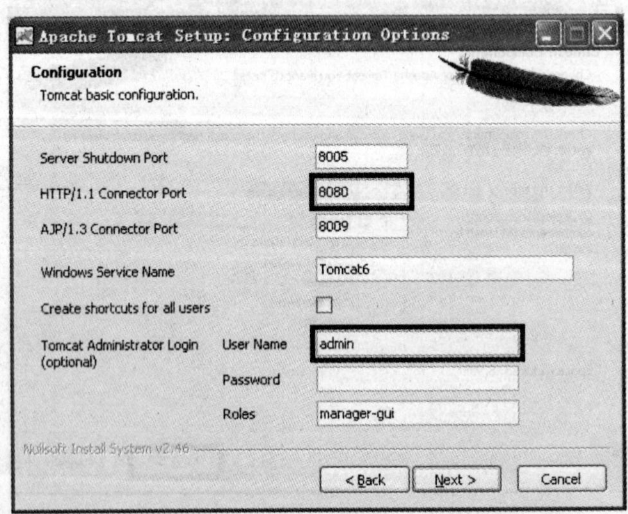

图 2-19 "Configuration Options"对话框

● HTTP/1.1Connector Port：设置 Tomcat 的端口号，默认为 8080；

● Administrator Login：设置登录用户的用户名和密码。输入用户名 admin，密码为空，主要为了开发调试方便，产品发布时要进行修改。

(5)单击“Next”按钮，进入“Java Virtual Machine”(Java 虚拟机)配置对话框(图 2-20)，在该对话框中可以进行 Java 虚拟机的配置。该项配置一般会自动寻找虚拟机的目录位置，用户只需要确认即可。

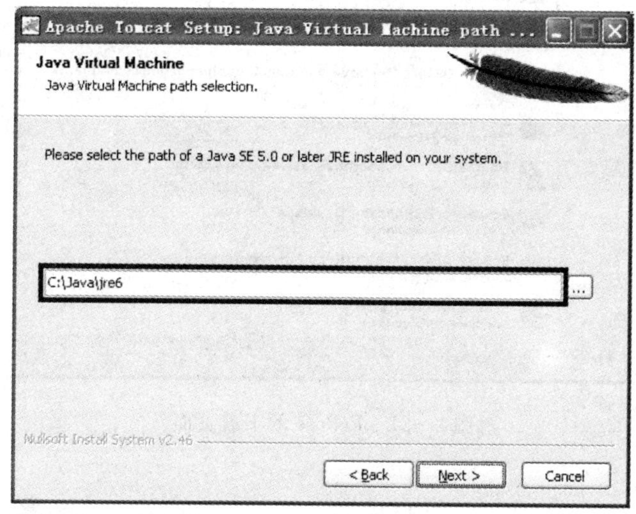

图 2-20 “Java Virtual Machine”对话框

(6)最后，单击“Install”按钮就会自动完成服务器 Tomcat 的安装。

2.4 安装使用 Eclipse

Eclipse 以其代码开源、使用免费、页面美观、功能强大、插件丰富等特性成为 Java 开发中使用最为广泛的开发平台，在 Java Web 开发上也提供了十分友好的支持，因此必须掌握好 Eclipse 的安装、配置和使用。

2.4.1 下载 Eclipse

可以到官方网站下载 Eclipse。打开 Eclipse 官方网站(www.eclipse.org)，单击“Download”下载 Eclipse 的最新或历史版本。本书使用的是 Eclipse SDK 3.7，如图2-21 所示。Eclipse 依据开发者的不同需要提供了多种绑定的软件包，选择其中的“Eclipse IDE for Java EE Developers”链接下载，该软件包支持 Java Web 开发。

2.4.2 安装 Eclipse

Eclipse 为典型的绿色软件，不需要安装，不需要修改注册表。只要解压“Eclipse 压缩包”文件(eclipse-jee-indigo-SR2-win32.zip)到任意文件夹。这里将 Eclipse 解压到“C:\eclipse”。请记住该文件夹的位置，启动 Eclipse 以及安装 Eclipse 插件的时候会使

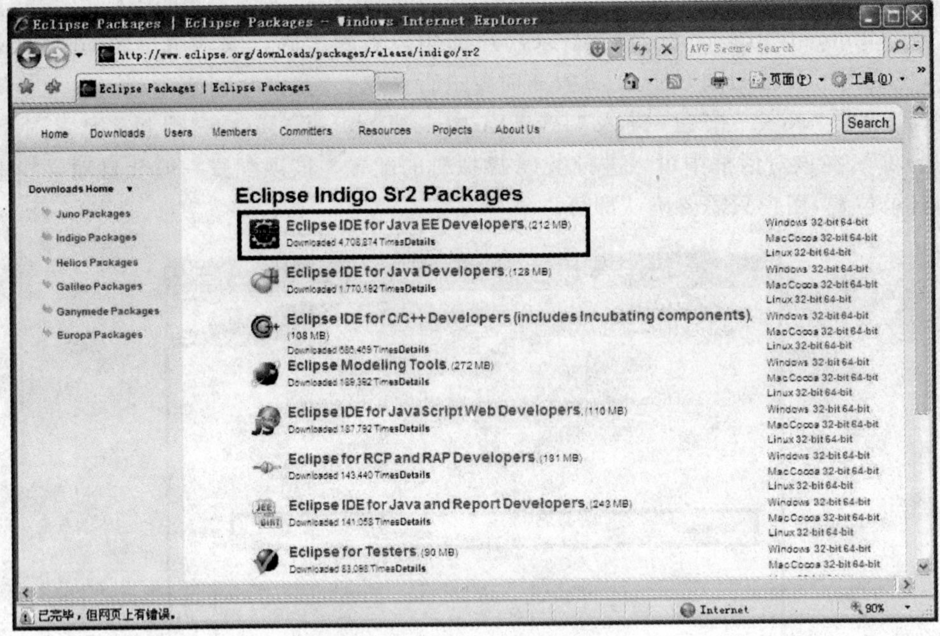

图 2-21　Eclipse 的下载页面

用该文件夹。

双击 Eclipse 文件夹下的"eclipse. exe"文件就可以运行 Eclipse 程序。Eclipse IDE for Java EE Developers 不仅可以编辑 Java 文件,还可以编写 Servlet/JSP 等 Java Web 文件类型。

说明:Eclipse 是 Java 内核的,因此需要 Java 运行环境,如果 Eclipse 没有找到 JRE,或者 JRE 版本过低,会出现启动错误。

2.4.3　启动 Eclipse

安装完毕后直接双击"C:\Eclipse\Eclipse. exe"来启动 Eclipse。启动的时候需要用户选择工作文件夹,如图 2-22 所示。工作文件夹是用户工作的目录,用来保存用户使用的工程及相关文档。

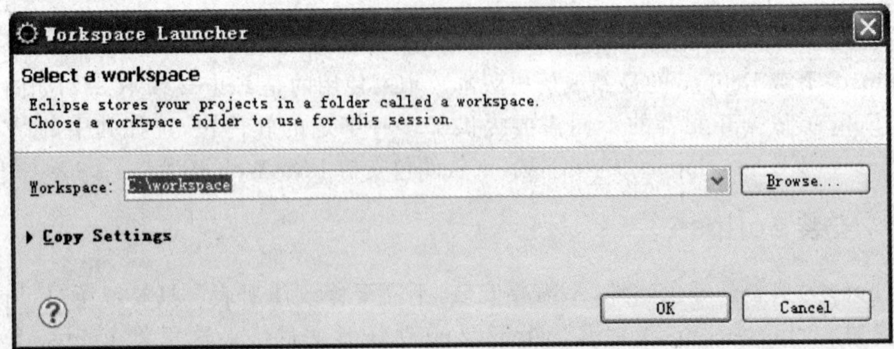

图 2-22　选择工作文件夹

本书将工作文件夹选择为“C:\workspace”。单击“OK”按钮，进入 Eclipse 工作台。第一次启动 Eclipse 会显示欢迎画面 Welcome，关掉它进入 Eclipse 工作界面。

Eclipse 提供透视图(Perspective)的概念。不同的透视图下显示不同的界面视图组合，如 Java 视图会显示项目树、编辑器、Problem 视图、Outline 视图等组合，另外还有专门用于调试的透视图 Debug。开发 Java Web 应用主要使用 Java EE 透视图，如图 2-23所示。

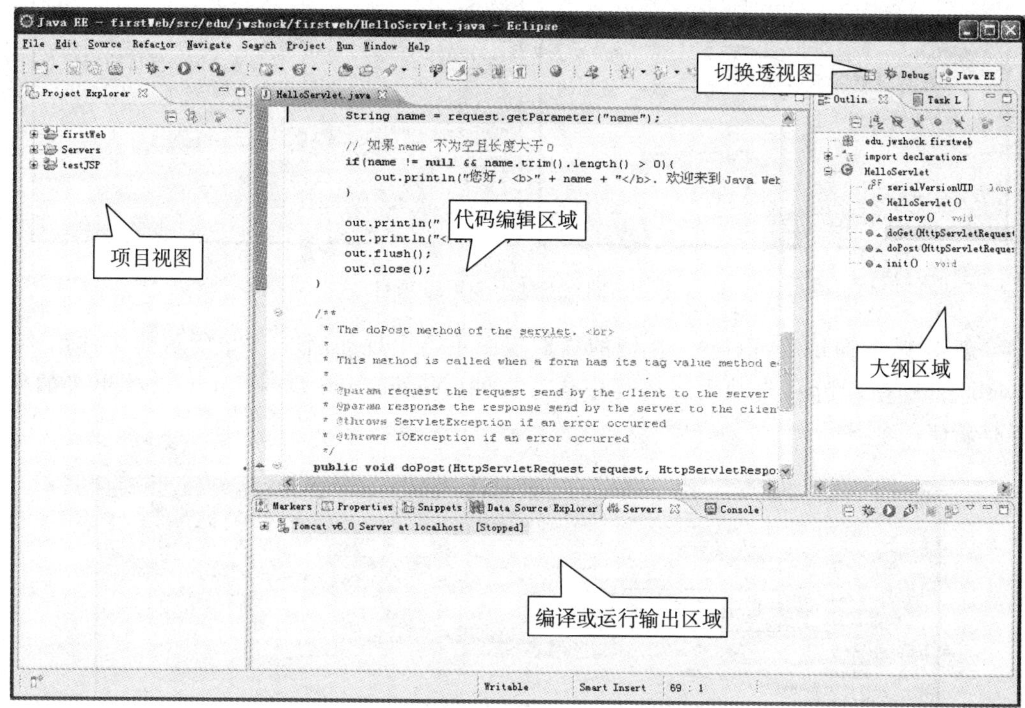

图 2-23 Eclipse 工作界面

2.5 第一个 Java Web 程序

环境搭建好后，下面使用 Eclipse 开发环境编写第一个 Java Web 程序。Eclipse 会自动完成配置文件的填写，自动部署到服务器等工作。

2.5.1 新建 Java Web 项目

启动 Eclipse，并选择工作文件夹“C:\workspace”。单击 Eclipse 文件菜单，选择“File | New | Other”。在弹出的“New Project”对话框中选择“Web | Dynamic Web Project”，然后单击“Next”按钮。在随后出现的“New Dynamic Web Project”对话框中填写 Project Name(项目名称)为“First Web”，并选择动态 Web 模块支持的 Servlet 版本，这里选择 Servlet 版本为“2.5”，然后单击“Finish”按钮，如图 2-24 所示。

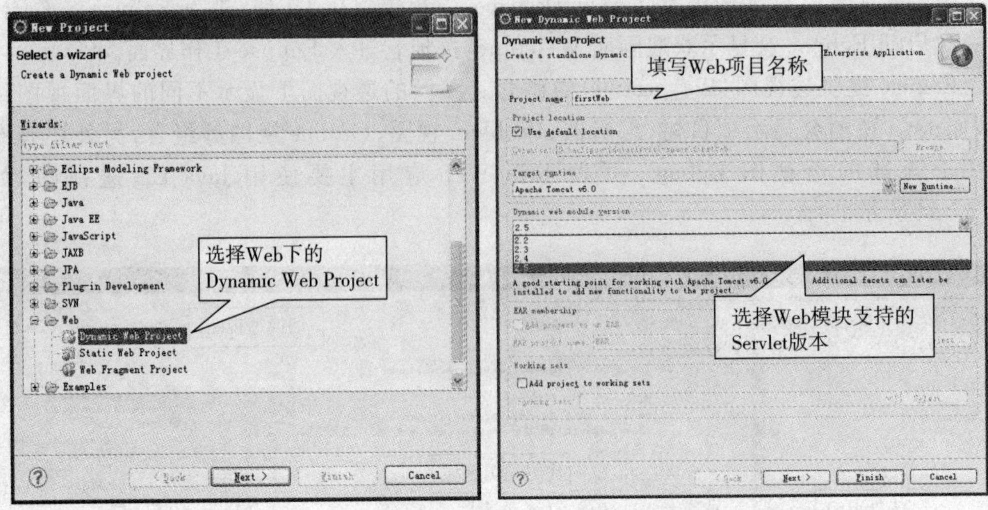

图 2-24 新建 firstWeb 项目

新建 Web 项目后，Eclipse 左侧的导航视图中会出现如图 2-25 所示的文件结构。“web.xml”为 Eclipse 自动生成的程序描述文件（Application Descriptor）。接下来的任务是新建一个 Servlet。

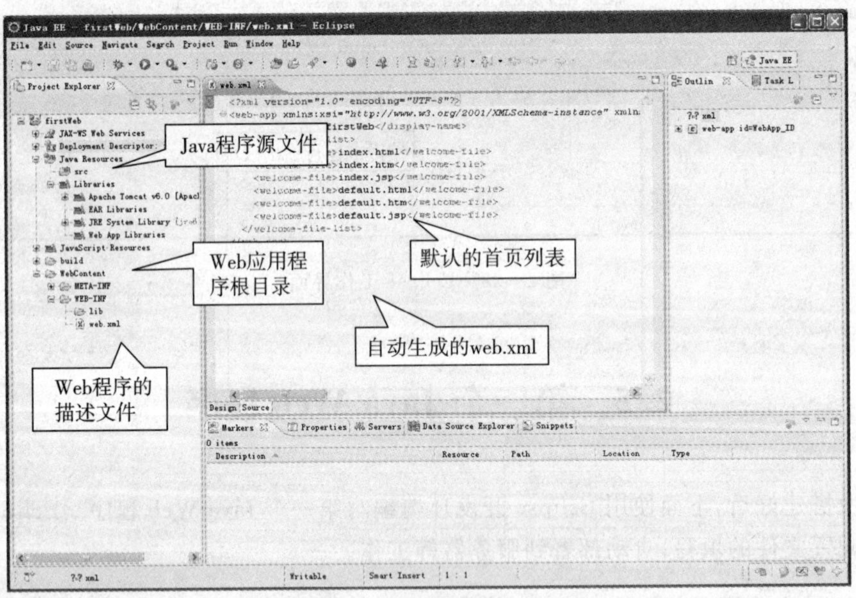

图 2-25 firstWeb 程序文件结构

2.5.2 新建 Servlet

Eclipse 提供新建 Servlet 向导功能。单击 Eclipse 文件菜单，选择“File|New|Other”命令，会弹出“New”对话框，如图 2-26 左图所示。在对话框中选择“Web | Servlet”，单击“Next”按钮启动新建 Servlet 向导，显示 Create Servlet 对话框指定 Servlet 类文件的

设置，如图 2 - 26 右图所示。在该对话框中输入 Java package(Servlet 所属包名)以及 Class name(Servlet 类名)后单击“Finish”按钮。

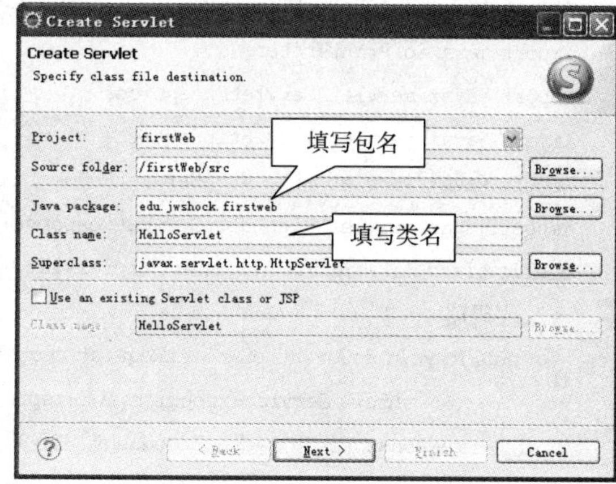

图 2 - 26　新建 Servlet

这时候 Eclipse 生成了一个固定格式的 Servlet，并将 Servlet 相关的配置文件添加到“web. xml”里面。粗体部分是新建 Servlet 操作中 Eclipse 自动添加的代码。

```
<? xml version = "1/0" encodding = "UTF-8"?>
<web-app xmlns = "http://java.sun.com/xml/ns/javaee"
    xmlns:xsi = "http://www.w3.org/2001/XMLSchema-instance"
    xsi:schemaLocation = "http://java.sun.com/xml/ns/javaee
    http://java.sun.com/xml/ns/javaee/web-app_2_5.xsd"
    version = "2.5">
    <servlet>
        <servelet-name>HelloServlet</servelet-name>
        <servlet-class>edu.jwshock.firstweb.HelloServlet</servletclass>
    </servlet>
    <servlet-mapping>
        <servlet-name>HelloServlat</servlet-name>
        <url-pattern>/servlet/HelloServlet</url-pattern>
    </servlet-mapping>
    <welcome-file-list>
        <welcome-file>index.jsp</welcome-file>
    </welcome-file-list>
</web-app>
```

<servlet>…</servlet>指明了 Servlet 类路径以及名称。<servlet-mapping>…</servlet-mapping>指明了访问某个名称的 Servlet 的 URL 路径形式，如 http://localhost:8080/firstWeb/servlet/HelloServlet(路径中“/firstWeb”为该 Web 应用程序的名称)。

Eclipse 自动生成的 HelloServlet 只是完成一句简单字符串的输出。这里修改一下

HelloServlet 的源代码,具体代码如下:

```
packageedu. jwshock. firstweb;
import java. io. IOException;
import java. io. PrintWriter;
import javax. servlet. ServletException;
import javax. servlet. http. HttpServlet;
import javax. servlet. http. HttpServletRequest;
import javax. servlet. http. HttpServletResponse;
public class HelloServlet extends HttpServlet;{
…//代码略
    public void doGet(HttpServletRequest request, HttpServletResponse response)
            throws ServletException,IOException{
        response. setCharacterEncoding("UTF-8");            //设置 request
        request. setCharacterEncoding("UTF-8");             //response 编码方式
        response. setContentType("text/html");              //设置文档类型
        PrintWriter out = response. getWriter();            //获取 out 对象
        //输出到客户端浏览器
        out. println("! DOCTYPE HTML PUBLTC \"-//W3C//DTD HTML 4. 01 Transitional//EN\">");
        out. println("<HTML>");
        out. println("<meat http-equiv = \"content-type\"content
                   = "text/html;charset = "UTF-8\"">");
        out. println("<HEAD><TITLE>My First<TITLE></HEAD>");
        out. println("<BODY>");
        String requestURI = request. getRequestURI();       //获取到 URI 路径
        out. println("form action = "' + requestURI + '"method = 'post'>");
        out. println("请输入您的名字:<input type + 'text' name = 'name' />");
        out. println("< input type = 'submit' />");
        out. println("</form>");
        out. println("");
        String name = request. getParameter("name");        //获取浏览器提交 name 参数
        if(name! = null&&name. trim(). length()>0){          //如果 name 不为空且长度大于 0
            out. println("您好,<b>" + name + "</b>. 欢迎来到 Java Web 世界 .");}
            out. println("</BODY>");
            out. println("/HTML");
            out. flush();
            out. close();//关闭 out
    }
    public void doPost(HttpServletRequest request, HttpServletResponse response)
            throws ServletException,IOException{
        this. doGet(request,response);
    }
```

```
    …//其余代码略
}
```

提示：

也可以不用 Servlet 向导，手工添加一个 Servlet。方法是添加一个继承 HttpServlet 的类，然后把 Servlet 配置到 web.xml 中，详情请查看 Servlet 相关细节。

2.6 部署到 Tomcat

部署(Deploy)是将程序部署到 Tomcat 下，也就是 Web 程序的发布，部署需要所有的 class 文件、web.xml、JSP 文件等。

2.6.1 手工部署与自动部署

在 Tomcat 安装目录(路径为"C:\tomcat6.0")的 webapps 下面新建文件夹，命名为"firstWeb"，然后找到 Eclipse 工作目录(路径为"C:\workspace")，将该目录"firstWeb\WebRoot"下的所有内容复制到"webapps\firstWeb"目录下；同时将"build"中的"classes"文件复制到"firstWeb/WEB-INF"文件夹下，如图 2-27 所示。这样就手工完成了 firstWeb 的手工部署，然后启动 Tomcat，通过浏览器输入 URL 地址"http://localhost:8080/firstWeb/Servlet/HelloSerlet"来访问上面新建的 Servlet。

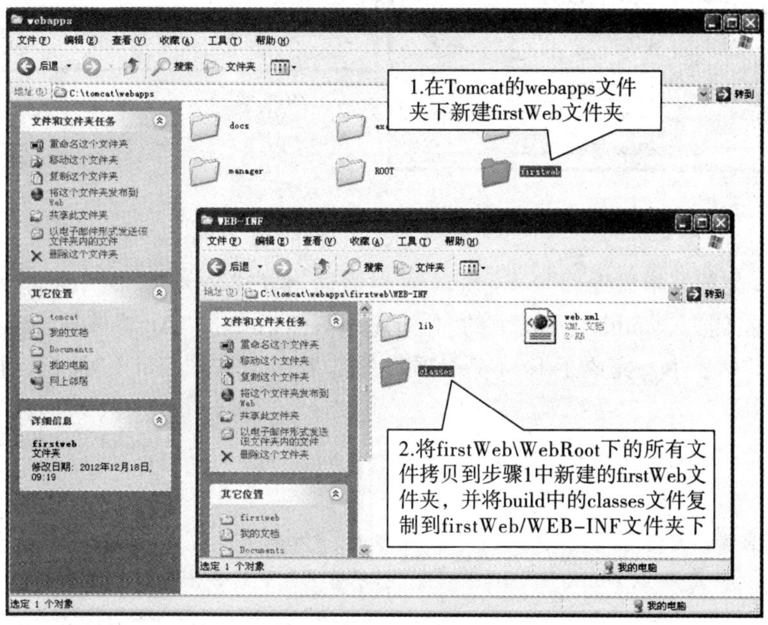

图 2-27 手工部署 firstWeb

还有一种更方便的部署方式，就是使用 Eclipse 的自动部署功能。Eclipse 提供了对 Tomcat 所有版本的管理支持，可以根据实际需要配置使用。找到 Eclipse 中 Server 视图，第一次使用时可单击 Server 视图中的"new server wizard"链接。常用方法是在 Server 视图空白处单击右键，在快捷菜单中选择"new|Server"，会弹出"New Server"对话框，如图 2-28左图所示。选择已配置好的 Tomcat 版本，找到 Tomcat v6.0 Server，然后在对话框中填写信息或设置。如果 Eclipse 没有可供使用的 Tomcat 服务器环境选项，单击"Server runtime environment"下拉列表框后的"Add"链接，在弹出的"New Server Runtime Environment"对话框中，单击"Download and Install"按钮从网上下载安装新的 Tomcat；或单击"Tomcat installation directory"文本框后的"Browse"按钮，选择本地已安装的 Tomcat 目录，如图 2-28 右图所示。

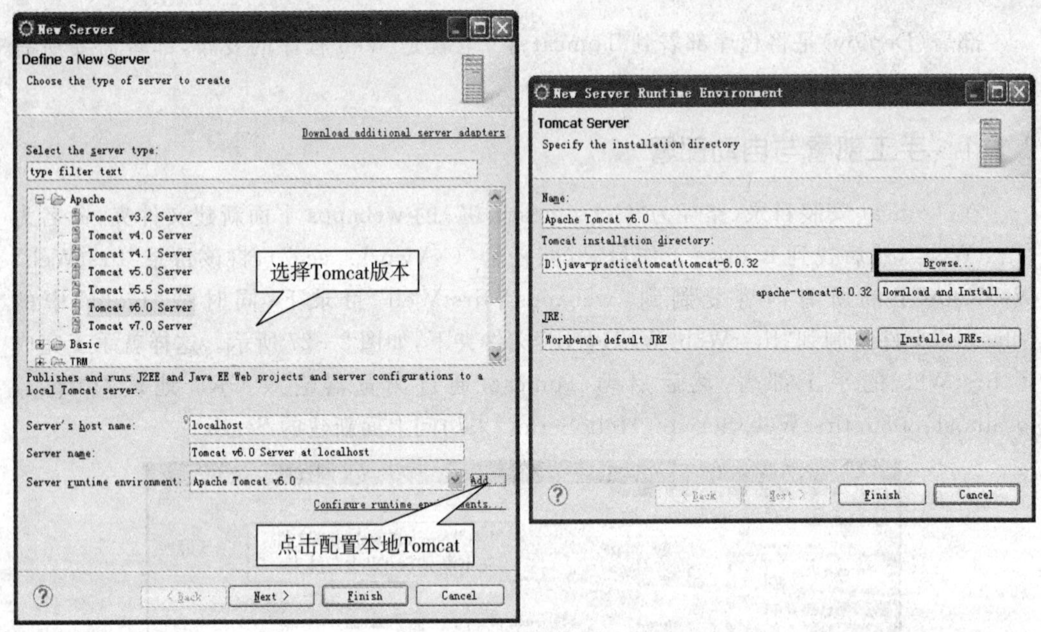

图 2-28　配置 Tomcat

Tomcat 配置完毕后返回"New Server"对话框，单击"Next"按钮开始部署 firstWeb。选择对话框左侧"Avaiable"列表中的"firstWeb"，然后单击"Add"按钮，加入到右侧的"Configured"列表中。完成了 firstWeb 项目的部署后，单击"Finish"按钮。操作步骤如图2-29所示。

提示：

自动部署的好处是，每当对源文件做一次修改，该文件都会被自动部署到 Tomcat 下。也就是说，修改源文件后，Tomcat 下面立即生效，而不需要做重新部署的操作工作。

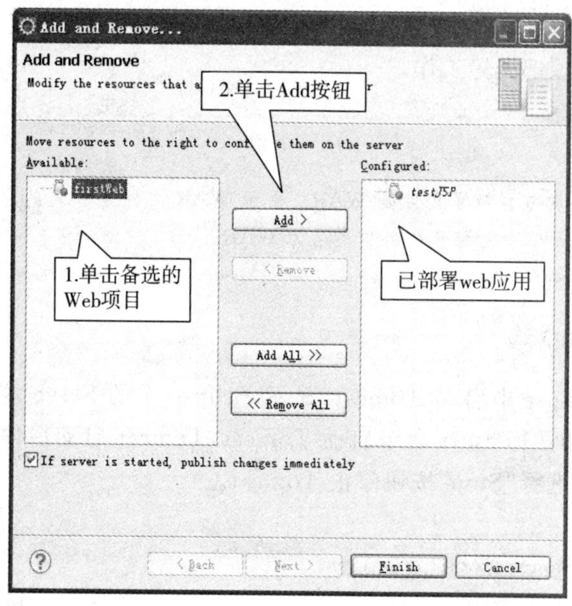

图 2-29　自动部署 firstWeb

2.6.2　导出为 WAR 包

WAR 的全称为 Web Archive，WAR 就是一种为了方便部署而定义的文件。实际上，WAR 文件就是普通的 ZIP 文件，里面包含 Java Web 应用程序。

选择 Eclipse 下的"File | Export"，在弹出的对话框中选择导出类型"Web | WAR file"，然后单击"Next"按钮，如图 2-30 左图所示。在接下来的对话框中选择项目名称，并指定导出 WAR 文件位置，按"Finish"按钮完成 WAR 包导出，如图 2-30 右图所示。

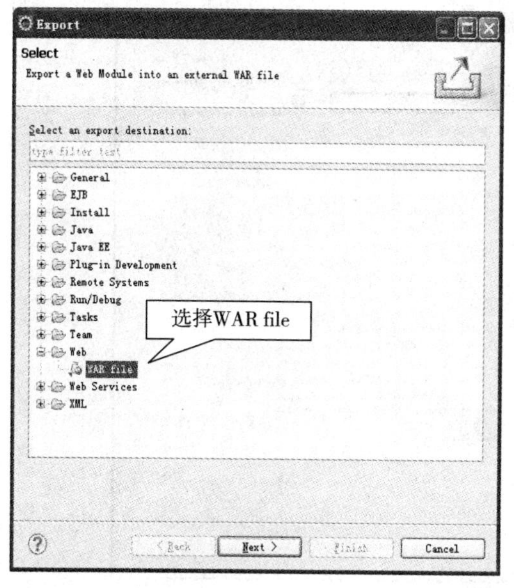

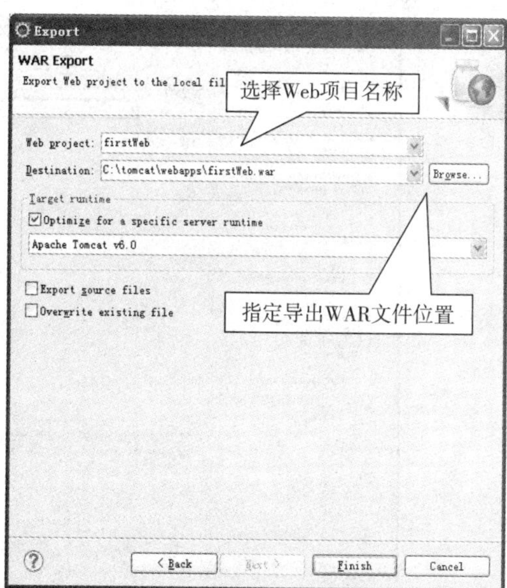

图 2-30　导出为 WAR 文件

将导出的 WAR 文件直接放到“C:\tomcat6.0\webapps\”下，启动 Tomcat，Tomcat 默认会自动完成解包、部署等工作。

> **提示：**
> Java Web 程序发布的部署文件是 WAR。由于 WAR 文件是普通的 ZIP 文件，也可以将 Web 程序压缩为 ZIP 包，然后修改文件扩展名为 WAR。

2.6.3 启动 Tomcat

可以直接在 Eclipse 中启动 Tomcat，显示 Eclipse 中的 Server 视图，如图 2－31 所示。单击视图右上角图标 Start 命令启动 Tomcat，Tomcat 启动后停止按钮从原来的无效状态变为有效，可选择“Stop”按钮停止 Tomcat。

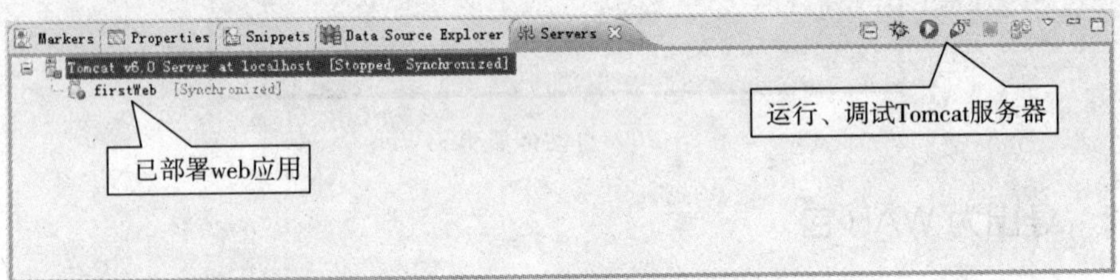

图 2－31 在 Eclipse 中启动 Tomcat

Tomcat 启动之后就可以在浏览器中访问该 Servlet 了。Eclipse 中也集成了浏览器功能，单击工具栏上打开浏览器的图标，打开 Eclipse 中的浏览器，输入网址后回车。其执行效果如图 2－32 所示。

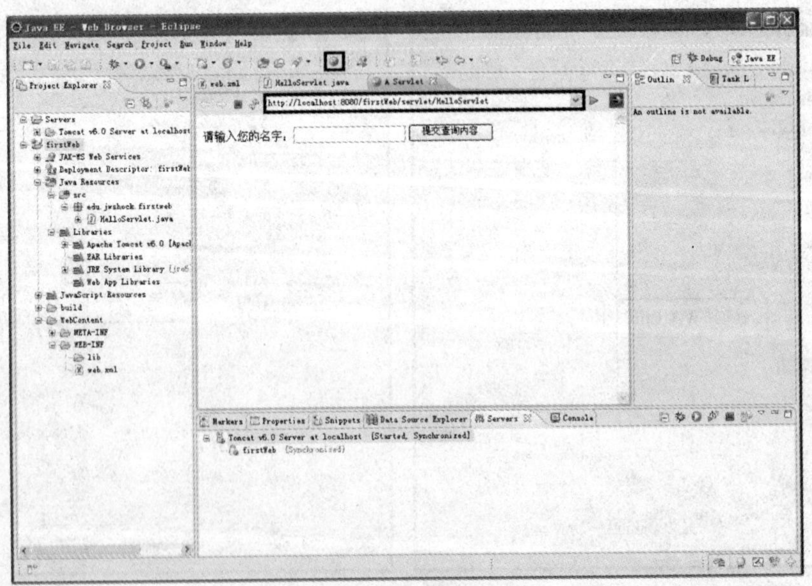

图 2－32 Eclipse 中运行 firstWeb

2.6.4 调试程序

调试(Debug)是程序开发中非常有用的技术,使用调试可以分步地执行程序,观察程序执行中的变量值以及执行流程。使用 Eclipse 可以方便调试 Java Web 应用程序。在 Eclipse 中提供了专门用于调试的透视图,可通过菜单"Windows|Open Perspectives|Debug"手工切换到调试透视图,也可以在调试运行程序后再切换到调试透视图。下面简单介绍调试透视图的操作过程。

(1)打开"HelloServlet. java"代码编辑窗口,在要调试的代码行左侧上双击鼠标设置一个断点(Breakpoint),如图 2-33 所示。断点标志是一个小球图标,再次双击代码行左侧取消断点。

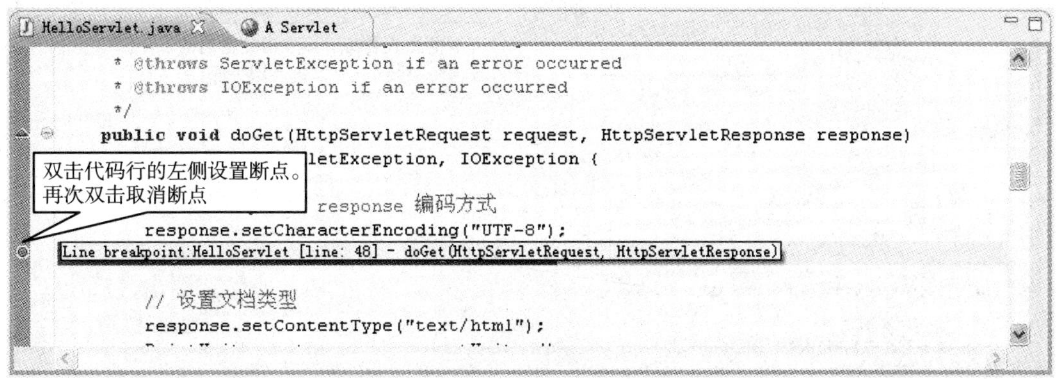

图 2-33 设置断点

(2)在 Eclipse 中以调试(Debug)模式启动 Tomcat。注意确定 Tomcat 的启动是否为 Debug 模式。可以通过 Server 视图中 Tomcat 服务器名称显示的运行信息来确认。

(3)在浏览器中访问该 Servlet。输入"http://localhost:8080/firstWeb/servlet/HelloServlet",程序运行到断点处会暂停运行。如果当前视图不是 Debug 透视图,会弹出对话框询问是否选择 Debug 透视图,单击"Yes"按钮,如图 2-34 所示。

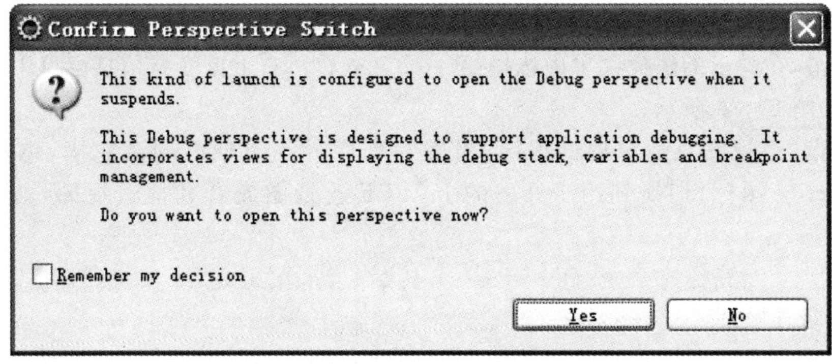

图 2-34 询问"是否打开 Debug 透视图"的对话框

(4)这时 Eclipse 会转换到 Debug 透视图,程序暂停在断点处,等待用户调试。单击 F6 键(Step Over),单步运行程序并在下一行处暂停;单击 F5 键(Step Into),单步运行程序可进入到调用的下一级方法中。单击 F8 键或运行图标(Resume)继续运行程序,直至下一个断点。如果没有下一个断点,则运行程序直至结束,如图 2-35 所示。

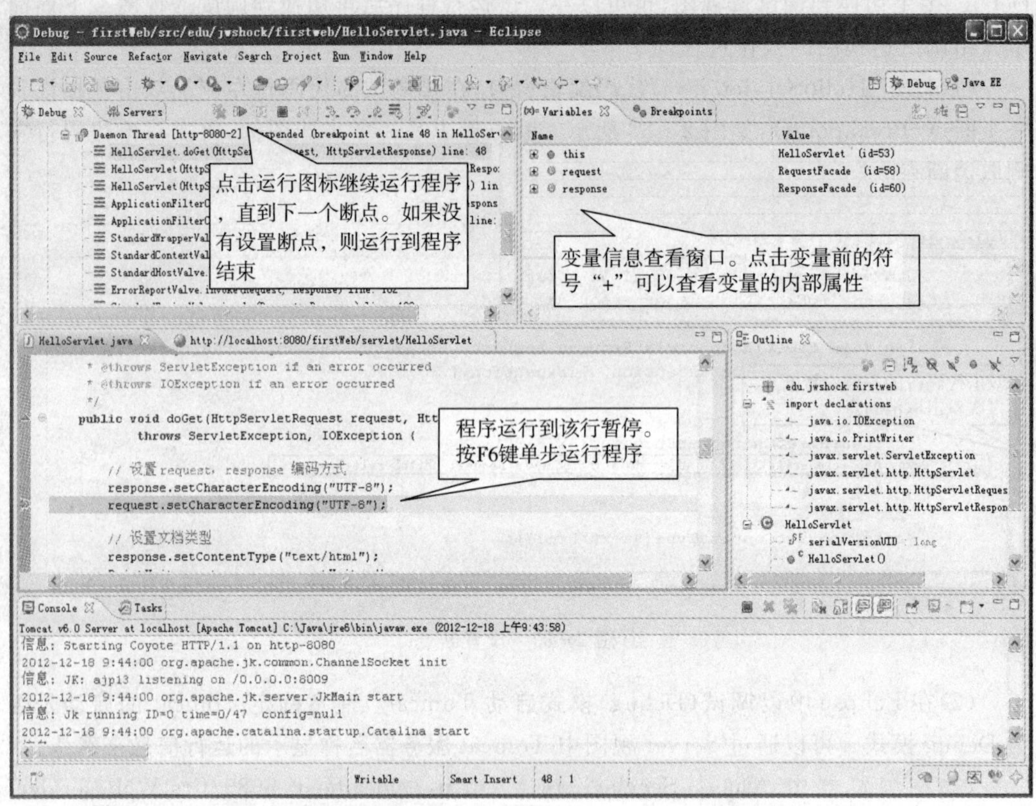

图 2-35 Debug 透视图

(5)可以通过右上侧的变量信息窗口查看变量,了解程序运行中的状态。单击变量前的符号"+"展开变量。如果变量信息窗口中没有要查看的变量,在代码窗口中选中某变量后右击,在弹出的快捷菜单中选择"Watch"(查看),右上方变量信息窗口中就会出现该变量,如图 2-36 所示。

(6)调试透视图只适合调试程序,对编写程序并不方便。调试完毕,单击右上侧的 Perspective 图标,切换到用于开发的 Java EE 透视图或者其他透视图,如图 2-37 所示。

提示:

Eclipse 中的 Debug 模式可以中断程序的运行,查看中断时各变量的值。Debug 模式是程序开发中常用的调试技巧,是每个开发者必须具备的技能。

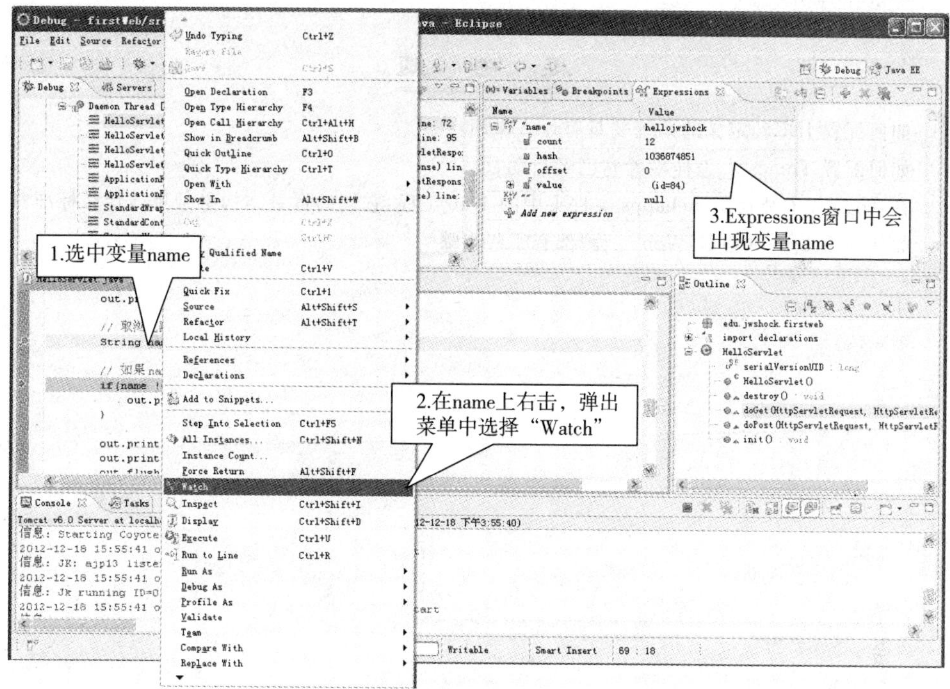

图 2-36 观察变量

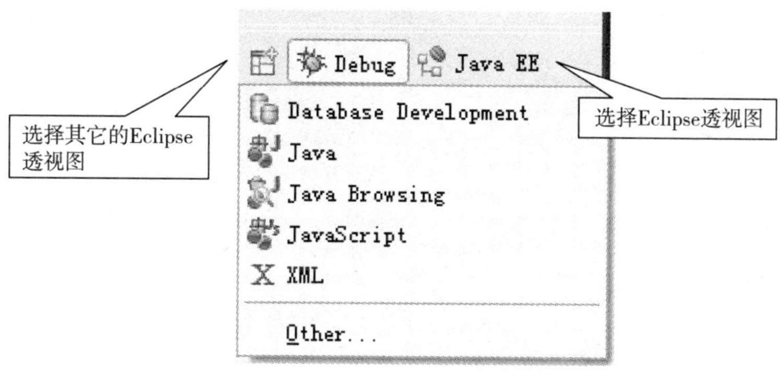

图 2-37 切换 Eclipse 透视图

小结

本章介绍 JDK、Tomcat、Eclipse 搭建的 Java Web 开发平台，特别是 Eclipse 在 Web 开发中的强大功能。事实上 Eclipse 对诸多的 Java EE 技术均有良好的支持，程序开发者可以简单地点几下鼠标就完成很复杂的工作；而其他的 IDE 也会生成格式差不多的代码，IntelliJ、NetBeans 也有类似的功能，只是在操作方式上各不相同。请读者牢记，一套好的开发工具可以缩短程序开发的周期，减少失误及错误的发生。

思 考 题

1. 如何配置 JDK？定义的系统变量有什么作用？
2. 如何配置 Tomcat？怎样检验它已经启动？
3. 在 Tomcat 安装目录 webapps 文件夹中的 Web 工程，它们的目录结构必须遵守什么标准？
4. 如何在 Eclipse 中创建 Web 工程，都有哪些步骤？

第3章 深入 Servlet 技术

用户在浏览器中输入一个网址并回车，浏览器会向服务器发送一个 HTTP 请求；服务器端程序接受这个请求，并对请求进行处理，然后发送一个响应；浏览器收到响应，再把响应的内容显示出来。这种请求-响应模式(Request-Response)就是典型的 Web 应用程序访问过程。

Java Web 应用程序中，处理请求并发送响应的过程是由服务器端的 Servlet 程序完成的。本章将会系统地学习 Servlet 以及 Servlet 规范的一些高级特性。

3.1 Servlet 概述

Java Web 应用程序中所有的请求-响应都是由 Servlet 来完成的。Servlet 是 Java Web 应用的核心程序，所有的请求最终都交给 Servlet 来处理。当用户访问服务器的时候，Tomcat 通过调用 Servlet 的某些方法来完成整个处理过程。

3.1.1 Servlet 简介

Servlet 是一种基于 Java 技术的 Web 组件，用来构建 Web 动态应用程序。像其他基于 Java 技术的组件一样，Servlet 是与平台无关的 Java 类，它被编译成平台中立的字节码，由支持 Java 技术的 Web 服务器动态地加载和执行。

Servlet 与 Web 客户端交互的请求-响应模式由 Servlet 容器实现。Servlet 容器，有时被称为 Servlet 引擎，是提供 Servlet 功能的 Web 服务器组件。Servlet 容器可以被构建或安装到 Web 服务器或应用程序服务器上。

所有的 Servlet 容器必须支持 HTTP 作为请求和响应的协议，容器实现了 HTTP 1.0 和 HTTP 1.1 版本的规范。而其他的基于请求-响应的协议，如 HTTPS(SSL 之上的 HTTP)也可能支持。

1997 年 Servlet 作为 Web 服务器组件被推出，在发布 Servlet 2.2 版后，Servlet 得到广泛运用，Servlet 规范也随之不断发展。Servlet 2.3 版的推出是 Servlet 规范发展史上里程碑式的事件。之后相继发布了 Servlet 2.4 和 Servlet 2.5，目前 Servlet 规范的最新版本是 3.0。不同版本的 Servlet 对开发与使用存在一些差异，新版本会增加一些新特征，同时也去除了过时淘汰的内容。不同服务器对 Servlet 规范的支持不同，即使是同一类型的服务器也会因发布的时间和版本对 Servlet 规范的支持而不相同，比如 Tomcat 6.0 支持的 Servlet 规范版本是 2.5，而 Tomcat 7.0 支持 Servlet 规范的版本是 3.0。读者在学习 Servlet 时应注意相应的 Servlet 规范版本，在第 2 章使用 Eclipse 构建 Web 模块时选择的动态 Web 模块版本就是指 Servlet 规范的版本。

3.1.2 Servlet 工作流程

Servlet 是建立在 HTTP 规范基础上的。HTTP 1.1 规范支持 GET、POST、HEAD、OPTIONS、PUT、DELETE 以及 TRACE 等 7 种 Web 访问方式。各方式的意义为

● GET 表示查询信息，URL 中可以附带少量的参数信息，但是 URL 总长度不能超过 255 个字符，并且参数会显示在浏览器地址栏中。

● POST 表示提交信息，一般用于提交大数据信息或者文件，提交的内容不受长度限制，并且不会显示在浏览器地址栏中。

● HEAD 表示查询文档头信息，服务器会返回文件类型、长度、最后修改时间等信息。该方式很少被使用。

● OPTIONS、PUT、DELETE、TRACE 属于被声明但没有被使用的 Web 访问方式。现在的浏览器中也很少使用到这几种方式。

Web 访问中最常用的是 GET 与 POST 访问方式。用户访问 Web 程序的时候，浏览器提交的请求是遵循 HTTP 协议的文本。这段文本由支持 Servlet 的 Web 服务器也就是 Tomcat 接收并解析，Tomcat 会调用 Servlet 方法完成相应的处理。当浏览器以 GET 的方式访问 Servlet 时，Servlet 会执行 doGet()的方法，以 POST 方式访问时则调用 doPost()方法。

HTTP 请求被封装成了 HttpServletRequest 类型的 request 对象，所有的 HTTP 头数据都可以通过 request 相应的方法获得。HTTP 响应输出流封装为 HttpServletResponse 类型的 response 对象，通过设置 response 属性就可以控制输出的内容。Tomcat 调用 Servlet 相应的方法时把 request、response 对象作为参数传递给这些方法，如 doPost(request, response)、doGet(request, response)等。

Servlet 主要处理业务逻辑，如读取数据库、权限检查、业务处理等。Java Web 应用程序请求-响应的典型过程如图 3-1 所示。

图 3-1 中用户请求了两个 Servlet。接收到用户的请求后，Servlet1 直接把内容反馈给了用户浏览器，Servlet2 查询了数据库然后才把内容反馈给用户。

3.1.3 Servlet 编程接口

Servlet 规定了特定的方法来处理特定的请求。开发者只需要实现 Servlet 的相关方法，在 javax.servlet.*、javax.servle.http.* 包下提供对 Servlet 的支持，其中 javax.servlet.http.HttpServlet 类实现了 Servlet 编程需要的所有方法。HttpServlet 中的部分方法定义如下所示：

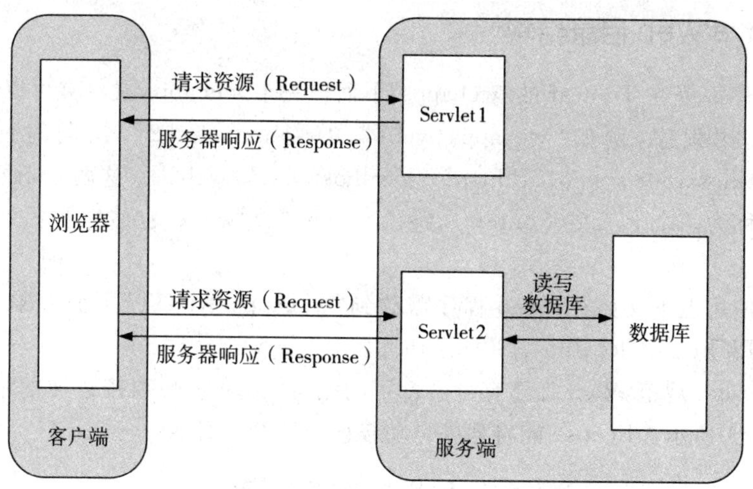

图 3－1　Java Web 请求响应过程

```
public abstract class HttpServlet extends GenericServlet implements Serializable {
    protected void doGet(HttpServletRequestrequest, HttpServletResponseresponse)
        throws ServletException, IOException;
    protected long getLastModified(HttpServletRequestrequest);
    protected void doHead(HttpServletRequestrequest, HttpServletResponseresponse)
        throws ServletException, IOException;
    protected void doPost(HttpServletRequestrequest, HttpServletResponseresponse)
        throws ServletException, IOException;
    protected void doPut(HttpServletRequestrequest, HttpServletResponseresponse)
        throws ServletException, IOException;
    protected void doDelete(HttpServletRequestrequest, HttpServletResponseresponse)
        throws ServletException, IOException;
    protected void doOptions(HttpServletRequestrequest, HttpServletResponseresponse)
        throws ServletException, IOException;
    protected void doTrace(HttpServletRequestrequest, HttpServletResponseresponse)
          throws ServletException, IOException;
    protected void service(HttpServletRequestrequest, HttpServletResponseresponse)
        throws ServletException, IOException;
    // 其他方法略
}
```

编写 Servlet 时直接继承 HttpServlet，并覆盖需要的方法。一般只覆盖 doGet()与 doPost()方法。方法中参数类型 HttpServletRequest 与 HttpServletResponse 分别为客户端请求与服务器端响应。

Servlet 还有一个 long getLastModified(HttpServletRequest request)方法，返回该文档的最后修改时间，默认为－1，表示该文档永远是最新的。

3.1.4 Java Web 目录结构

Web 程序部署在 Tomcat 的“webapps”下面。一个 webapps 文件夹可以部署多个不同的 web 应用程序，例如“webapps/web1”、“webapps/web2”，访问时网址分别为“http://localhost:8080/web1”、“http://localhost:8080/web2”。这两个不同的 Web 应用程序分别称为两个上下文(Context)，路径/“web1”、/“web2”也称为上下文路径(ContextPath)。

如果不使用上下文路径，Web 程序需放到“webapps/ROOT”下面。ROOT 文件夹下的程序使用“http://localhost:8080/”访问。

根据 Servlet 规范，Web 程序有自己特定的结构，部署时必须按这样的结构发布，其结构如表 3-1 所示。Eclipse 能将程序自动按该组织结构部署。

表 3-1 Web 程序文件结构

文件夹	描述
/	Web 应用根目录
/WEB-INF/	WEB-INF 文件夹。Tomcat 会隐藏该文件夹下的所有文件及文件夹，保护它们不能通过浏览器直接访问
/WEB-INF/web.xml	web.xml 文件。Web 程序最主要的配置文件
/WEB-INF/classes	class 类文件都放在该文件夹下面，包括 Servlet 类
/WEB-INF/lib	jar 文件都放在该文件夹下面

3.2 编写 Servlet

javax.servlet.http.HttpServlet 类已经实现了 Servlet 编程使用的所有方法。编写 Servlet 时直接继承 HttpServlet，并覆盖需要的方法。一般只覆盖 doGet()与 doPost()方法。

3.2.1 实现 Servlet

下面看一个实例。在 Eclipse 中新建 Web Project，命名为 servlet。利用向导新建 Servlet，命名为“FirstServlet”。该 Servlet 实例覆盖了 doGet()、doPost()以及 getLastModified() 3 个方法。代码如下：

```
package edu.jwshock.servlet;
import java.io.IOException;
import java.io.PrintWriter;
```

```
import javax.servlet.ServletException;
import javax.servlet.http.HttpServlet;
import javax.servlet.http.HttpServletRequest;
import javax.servlet.http.HttpServletResponse;
public class FirstServlet extends HttpServlet {
    /**
     * 以 GET 方式访问页面时执行该函数
     * 执行 doGet 前会执行 getLastModified,如果浏览器发现 getLastModified 返回的值与上次
       访问时返回的数值相同,则认为该文档没有更新,浏览器采用缓存而不执行 doGet;如果
       getLastModified 返回 -1,则认为是时刻更新的,总是执行该函数
     */
    @Override
    public void doGet(HttpServletRequest request, HttpServletResponse response)
            throws ServletException, IOException{
        this.log("执行 doGet 方法…");      //调用 Servlet 自带的日志输出信息到控制台
        this.execute(request, response);  //处理 doGet
    }
    /**
     * 以 POST 方式访问页面时执行该函数。执行前不会执行 getLastModified
     */
    @Override
    public void doPost(HttpServletRequest request, HttpServletResponse response)
            throws ServletException, IOException{
        this.log("执行 doPost 方法…");     //调用 Servlte 自带的日志输出信息到控制台
        this.execute(request, response);  //处理 doPost
    }
    /**
     * 返回该 Servlet 生成的文档的更新时间。对 Get 方式访问有效
     * 返回的时间为相对于 1970 年 1 月 1 日 08:00:00 的毫秒数
     * 如果为 -1 则认为是实时更新。默认为 -1
     */
    @Override
    public long getLastModified(HttpServletRequest request){
        this.log("执行 getLastModified 方法…");
        return -1;
    }
    //执行方法
    private void execute(HttpServletRequest request, HttpServletResponse response)
            throws ServletException, IOException{
        response.setCharacterEncoding("UTF-8");          // 设置 response 编码方式
        request.setCharacterEncoding("UTF-8");           // 设置 request 编码方式
        String requestURI = request.getRequestURI();     // 访问该 Servlet 的 URI
```

```
        //访问 Servlet 的方式,GET 或者 POST
        String method = request.getMethod();
        //客户端提交的参数 param 值
        String param = request.getParameter("param");
        response.setContentType("text/html"); // 设置文档类型为 HTML 类型
        PrintWriter out = response.getWriter();
        out.println("<! DOCTYPE HTML PUBLIC \"-//W3C//DTD HTML 4.01 Transitional//EN\">");
        out.println("<HTML>");
        out.println("<HEAD><TITLE>A Servlet Demo</TITLE ></HEAD >");
        out.println("<BODY>");
        out.println("以" + method + "方式访问该页面。取到的 param 参数为:" + param + "<br/>");
        out.println("<form action = "'+ requestURI + '" method = 'GET'><input type = 'text'
                name = 'param' value = 'param String'><input type = ' submit ' value = '以
                GET 方式查询页面" + requestURI + "'></form>");
        out.println("<form action = '" + requestURI + "' method = 'post'><input type = 'text
                ' name = 'param' value = 'param String'><input type = ' submit ' value = '以
                POST 方式提交到页面" + requestURI + "'></form>");
        //由客户端浏览器读取该文档的更新时间
        out.println("<script>document.write('本页面最后更新时间:' + document.lastModified);
                </script>");
        out.println ("</BODY>");
        out.println ("</HTML>");
        out.flush();
        out.close();
    }
}
```

注意:

FirstServlet 实例中使用了 HttpServlet 自带的日志函数输出信息到控制台,而没有使用 System.out.println(""),实际项目中不推荐使用 System.out.println()输出信息。后面的章节中将会使用 log4j 或者 commons-logging 等专业日志工具。

3.2.2 配置 Servlet

只有 Servlet 类文件还不行,Web 容器必须知道浏览器如何访问这个 Servlet。也就是说,浏览器地址栏中输入什么样的 URL 才能访问这个 Servlet,这需要配置 Servlet 的类文件与 URL 访问方式。这个配置在 Web 应用程序的描述文件 web.xml 里完成。首先要配置 Servlet 的名称以及类名。名称与类名使用标签<servlet>配置。FirstServlet 配置描述如下所示:

```
<servlet>
```

```
    <servlet-name>FirstServlet</servlet-name>
    <servlet-class>edu.jwshock.servlet.FirstServlet</servlet-class>
</servlet>
```

〈servlet〉与〈/servlet〉分别为 Servlet 配置的开始标签与结束标签。中间的主体内容是 Servlet 的配置信息。其中〈servlet-name〉与〈servlet-class〉标签是必须配置的。〈servlet-name〉配置 Servlet 的名称，〈servlet-class〉配置 Servlet 的类名。〈servlet-name〉中的内容可以使用任意字母组合，同时必须保证该名称在 web.xml 里是唯一的。该名称会被其他的标签如〈servlet-mapping〉、〈filter〉等使用。

〈servlet〉标签还有一些可选的配置，加入可选配置后的 FirstServlet 描述如下所示：

```
<servlet>
    <servlet-name>FirstServlet</servlet-name>
    <servlet-class>edu.jwshock.servlet.FirstServlet</servlet-class>
    <init-param>
        <param-name>message</param-name>
        <param-value>Welcome to First Servlet Demo</param-value>
    </init-param >
    <init-param>
        <param-name>ending</param-name>
        <param-value>UTF-8</param-value>
    </init-param >
    <load-on-startup>1</load-on-startup >
</servlet>
```

使用〈init-param〉标签可以配置一个初始化参数，包括一个参数名称(使用〈param-name〉配置)与一个参数值(使用〈param-value〉配置)。一个 Servlet 可以配置多个初始化参数。上面的代码中配置了两个初始化参数。Servlet 中可以使用方法 getServletContext().getInitParam(String paramName)来获取配置的初始化参数值。

标签〈load-on-startup〉配置该 Servlet 的加载方式，可选值为 0 和 1。如果配置为 1，Tomcat 会在启动的时侯加载该 Servlet；否则，Tomcat 会在第一次请求该 Servlet 的时候才加载该 Servlet。一些框架如 Struts、JSF、Spring 会要求使用该参数来预加载其最核心的 Servlet。

3.2.3 配置〈servlet-mapping〉

配置完 Servlet 名称与类名之后还需要配置 Servlet 的访问方式。访问方式使用标签〈servlet-mapping 〉声明。具体配置如下所示：

```
<servlet-mapping>
    <servlet-name>FirstServle</servlet-name>
    <url-pattern>/demo/FirstServle</url-pattern>
</servlet-mapping>
```

标签<servlet-name>说明该访问方式映射的 Servlet 名称,也就是前面<servlet>标签配置的 Servlet 名称。<url-pattern>配置该 Servlet 的访问方式。<url-pattern>值前面加上 Web 应用程序的路径(本例中为"/servlet"),再加上服务器域名及端口号信息就是访问该 Servlet 的具体网址。本例中 FirstServlet 访问网址为"http://localhost:8080/servlet/demo/FirstServlet"。

<url-pattern>中允许使用通配符"*","*"表示任意长度的字符串。如果<url-pattern>路径配置为"/servlet/firstServlet.*",可使用"http://localhost:8080/servlet/demo/firstServlet.xxx"访问 FirstServlet,xxx 表示任意形式的后缀。Struts、JSF 等框架技术中也使用了通配符,把形如 xxx.do、xxx.jspa 等格式的所有 URL 都映射到某个核心的 Servlet 上。

从 Java EE 5(Servlet 2.5)起,<servlet-mapping>标签就可以配置多个<url-pattern>,如可以同时将 FirstServlet 配置以下多个映射方式:

```
<servlet-mapping>
    <servlet-name>FirstServlet</servlet-name>
    <url-pattern>/demo/FirstServle</url-pattern>
    <url-pattern>/demo/FirstServle.asp</url-pattern>
    <url-pattern>/demo/FirstServle.jsp</url-pattern>
    <url-pattern>/demo/FirstServle.php</url-pattern>
    <url-pattern>/demo/FirstServle.aspx</url-pattern>
</servlet-mapping>
```

这里无论是用.php 后缀访问还是用.asp 后缀访问,都会正常显示,这种做法可以实现隐藏编程语言的目的。客户无法从 URL 上判断该程序是用 PHP 还是 ASP 写的。有些公司还用特定的后缀来声明版权(如公司名缩写等)。

提示:

一个完整的 Servlet 包括 Servlet 类、<servlet>配置、<servlet-mapping>配置,缺一不可,利用 Eclipse 向导新建 Servlet,Eclipse 会自动完成<servlet>、<servlet-mapping>等配置。

3.2.4 部署 Web 程序

利用 Eclipse 将程序部署到 Tomcat 下。部署完毕后,启动服务器,使用配置的各种路径(/demo/FirstServlet、/demo/FirstServlet.php、/demo/FirstServlet.jsp 等)访问该 Servlet 效果,如图 3-2 所示。

单击页面中两个按钮,分别以 GET 和 POST 方式访问该 Servlet。注意观察两种方式访问 Servlet 时地址栏中参数是否显示,以及浏览器读取到的最后更新时间(当以 GET 方式访问时,最后更新时间为 public long getLastModified(HttpServletRequest request)返回的时间,POST 方式访问时不受 getLastModified()方法影响)。

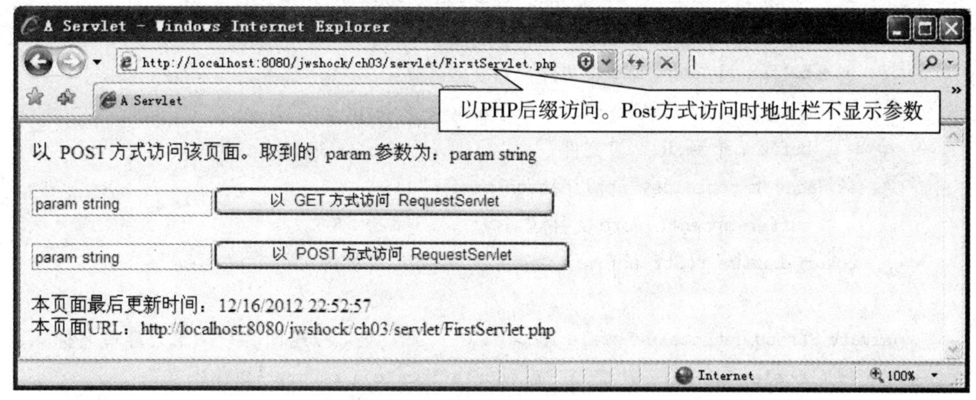

图 3-2　FirstServlet 效果图

3.3　请求与响应

Web 编程的过程就是通过请求分析客户需要什么信息或者进行了什么操作，然后进行一系列的处理，最后通过响应结果显示给客户。

3.3.1　获取 request 的变量

客户端浏览器发出的请求被封装成为一个 HttpServletRequest 对象。所有的信息包括请求的地址、请求的参数、提交的数据、上传的文件、客户端的 IP 地址甚至是客户端使用的操作系统都包含在 HttpServletRequest 对象中。

如何从 HttpServletRequest 对象中采集客户端信息，然后把信息显示给客户端浏览器。在 servlet 项目中利用向导新建 Servlet，名称为 RequestServlet。代码如下：

```
package edu.jwshock.servlet;
import java.io.*;
import java.security.Principal;
import java.util.Locale;
import javax.servlet.ServletException;
import javax.servlet.http.HttpServlet;
import javax.servlet.http.HttpServletRequest;
import javax.servlet.http.HttpServletResponse;
import edu.jwshock.http.util.IpUtil;
public class RequestServlet extends HttpServlet {
    private String getAccept(String accept) {            //返回客户端浏览器接受的文件类型
        StringBuffer buffer = new StringBuffer();
        if (accept.contains("imag/gif")) buffer.append("GIF 文件,");
        if (accept.contains("imag/x-xbitmap")) buffer.append("BMP 文件,");
```

```
        if (accept.contains("imag/jpeg")) buffer.append("JPG 文件,");
        if (accept.contains("application/vnd.ms-excel"))
            buffer.append("Excel 文件,");
        if (accept.contains("application/vnd.ms-powerpoint"))
            buffer.append("PPT 文件,");
        if (accept.contains("application/msword"))
            buffer.append("Word 文件,");
        return buffer.toString().replaceAll(", $", "");
    }
    private String getLocale(Locale locale) {                //返回客户端语言环境名称
        if (Locale.SIMPLIFIED_CHINESE.equals(locale)) return "简体中文";
        if (Locale.TRADITIONAL_CHINESE.equals(locale)) return "繁体中文";
        if (Locale.ENGLISH.equals(locale)) return "英文";
        if (Locale.JAPANESE.equals(locale)) return"日文";
        return "位置语言环境";
    }
    private String getAddress(String ip) {                   //返回 IP 地址对应的物理位置
        return IpUtil.getIpAddress(ip);
    }
    private String getnNavigator(String userAgent) {         //返回客户端浏览器信息
        if (userAgent.indexOf("TencentTraveler") >0)  return "腾讯浏览器";
        if (userAgent.indexOf("Maxthon") >0)  return "Maxthon 浏览器";
        if (userAgent.indexOf("MyIE2") >0)  return "MyIE2 浏览器";
        if (userAgent.indexOf("Firefox") >0)  return "Firefox 浏览器";
        if (userAgent.indexOf("MSIE") >0)  return "IE 浏览器";
        return "未知浏览器";
    }
    private String getOS(String userAgent) {                 //返回客户端操作系统
        if (userAgent.indexOf("Windows NT 5.1") >0)  return "Windows XP";
        if (userAgent.indexOf("Windows 98") >0)  return "Windows 98";
        if (userAgent.indexOf("Windows NT 5.0") >0)  return "Windows 2000";
        if (userAgent.indexOf("Linux") >0)  return "Linux";
        if (userAgent.indexOf("Unix") >0)  return "Unix";
        return "未知";
    }
    public void doGet(HttpServletRequest request, HttpServletResponse response)
            throws ServletException, IOException {
        request.setCharacterEncoding("UTF-8");               // 设置 request 编码方式
        response.setCharacterEncoding("UTF-8");              // 设置 response 编码方式
        response.setContentType("text/html");                // 设置文档类型为 HTML 类型
        String authType = request.getAuthType();
        String localAddr = request.get.LocalAddr();          // 本地 IP,即服务器 IP
```

```
String localName = request.getLocalName();          // 本地名称,即服务器名称
int localPort = request.getLocalPort();             // 本地端口号,即 Tomact 端口号
Locale locale = request.getLocale();                // 用户的语言环境
String contextPath = request.getContextPath();  // context 路径
String method = request.getMethod();                // GET 还是 POST
String PathInfo = request.getPathInfo();
String PathTranslated = request.getPathTranslated();
String protocol = request.getProtocol ();           //协议,这里为 HTTP 协议
//查询字符串,即? 后面的字符串
String queryString = request.getQueryString();
String remoteAddr = request.getRemoteAddr();        // 远程 IP 即客户端 IP
int port = request.getRemotePort();                 // 远程端口号,即客户端端口
String remoteUser = request.getRemoteUser();        // 远程用户
// 客户端 session 的 id
String requestedSessionId = request.getRequestedSessionId();
String requestURI = request.getRequestURI();              // 用户请求的 URI
StringBuffer requestURL = request.getRequestURL();        // 用户请求的 URL
String scheme = request.getScheme();                      // 协议头,这里为 http
String serverName = request.getServerName();              // 服务器名称
int serverPort = request.getServerPort();                 // 服务器端口
String servletPath = request.getServletPath();            // Servlet 路径
String userPrincipal = request.getUserPrincipal().toString();
String accept = request.getHeader("accept");              // 浏览器支持的格式
// 从哪个页面单击链接到了本页面
String referer = request.getHeader("referer");
// user Agent 信息,包括操作系统类型及版本号、浏览器类型及版本号等
String userAgent = request.getHeader("user-agent");
String serverInfo = this.getServletContext().getServerInfo();
PrintWriter out = response.getWriter();
out.println("<! DOCTYPE HTML PUBLIC \"-//W3C//DTD HTML 4.01 Transitional//EN\">");
out.println("<HTML>");
out.println(" <HEAD><TITLE>Request Servlet</TITLE></HEAD>");
out.println(" <style>body,font,td,div{font-size:12px; line-height:18px;}</style>");
out.println("<BODY>");
out.println("<b>您的 IP 为</b>" + remoteAddr +
          "<b>,位于</b>" + getAddress(remoteAddr) +
          "<b>:您使用</b>" + getOS(userAgent) +
          "<b>系统操作</b>," + getNavigator(userAgent) +
          "<b>. 您使用</b>" + getLocale)(locale) + ".<br/>");
out.println("<b>服务器 IP 为</b>" + localAddr +
          "<b>,位于</b>" + getAddress(localAddr) +
          "<b>:服务器使用</b>" + serverPort +
```

```
                "<b>端口,您的浏览器使用了</b>" + port +
                "<b>端口访问本网页。</b><br/>");
        out.println("<b>服务器软件为</b>:" + serverInfo +
                "。<b>服务器名称为</b>"getAddress(remoteAddr) +
                "<b>: + localName + "<br/>");
        out.println("<b>您的浏览器接受</b>" + getAccept(accept) + "<br/>");
        out.println("<b>您从</b>" + referer + "<b>访问到该页面。</b><br/>");
        out.println("<b>使用的协议为</b>" + protocol +
                "。<b>URL 协议头</b>" + scheme +
                ",<b>服务器名称</b>" + serverName +
                ",<b>您访问的 URI 为</b>" + requestURI + "<br/>");
        out.println("<b>该 Servlet 路径为</b>" + servletPath +
                ",<b>该 Servlet 类名为</b>" + this.getClass().getName() + "。<br/>");
        out.println("<b>本应用程序在硬盘的根目录为</b>" +
                this.getServletContext().getRealPath("") +
                ",<b>网络相对路径为</b>" + contextPath + "。<br/>");
        out.println("<br/>");
        out.println("<br/><br/><a href = " + requestURI + ">单击刷新本页面</a>");
        out.println("</BODY>");
        out.println("<HTML>");
        out.flush();
        out.close();
    }
}
```

程序中变量 referer(也就是方法 request.getHeader("referer")的返回值)是指从哪个网页中单击链接到达本页。如果直接输入网址打开本页面,则为 null。Servlet 配置略,请读者完成。本程序的运行效果如图 3-3 所示。

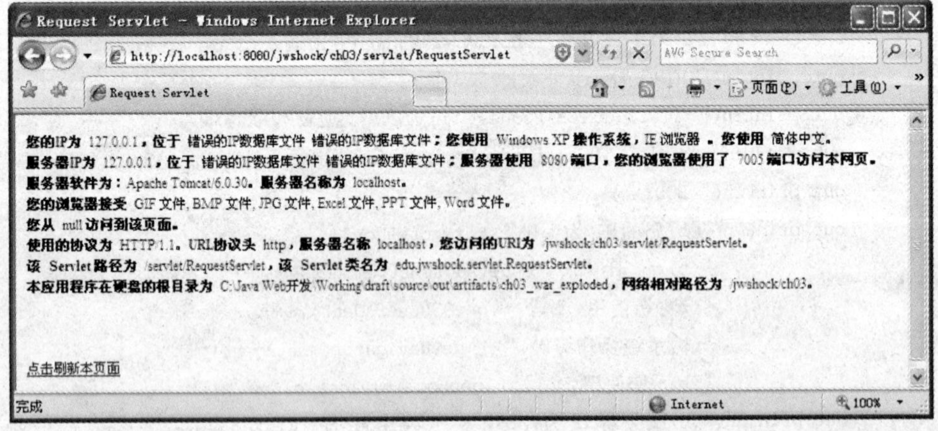

图 3-3 RequestServlet 效果

> **提示：**
>
> 由于篇幅原因，有一些变量没有在页面中显示。读者可以自己试验一下，看看具体的输出效果。

3.3.2 response 生成图片验证码

服务器对客户端浏览器做出的响应被封装成一个 HttpServletResponse 对象。要对浏览器进行操作，只需要操作 HttpServletResponse 对象就可以了。通过 HttpServletResponse. getWriter()获得一个 PrintWriter 对象，该对象为 OutputStream 的子类，使用该对象就可输出信息。前面的例子中多次用到了 getWriter()方法输出文字信息。

通过 HttpServletResponse 获取的 PrintWriter 对象只能输出字符型数据。如果需要在客户端输出二进制数据，则使用 HttpServletResponse. getOutputStream()。

下面的示例是使用 Servlet 输出图片验证码。图片验证码的原理是，服务器生成一个包含随机字符串的图片发给客户端，客户端提交数据时需要填写图片中显示的字符串作为验证。由于字符串保存在图片中，因此机器很难识别，从而达到防止有些人使用计算机程序恶意发送信息的目的。

Servlet 输出图片时，需要调用 getOutputStream()输出图片，代码如下：

```
packageedu. jwshock. servlet;
import con. sun. image. codec. jpeg. JPEGCodec;
import con. sun. image. codec. jpeg. JPEGImageEncoder;
import java. awt. Color;
import java. awt. Font;
import java. awt. Graphics2D;
import java. awt. image. BufferedImage;
import java. io. IOException;
import java. util. Random;
import javax. servlet. ServletException;
import javax. servlet. ServletOutputStream;
import javax. servlet. HttpServlet;
import javax. servlet. http. HttpServletRequest;
import javax. servlet. http. HttpServletResponse;
import com. sun. image. codec. jpeg. JPEGCodec;
import com. sun. image. codec. jpeg. JPEGImageEncoder;
import com. sun. org. apache. commons. collections. Buffer;
import sun. reflect. ReflectionFactory. GetReflectionFactoryAction;
public class IdentityServlet extends HttpServlet {
    //随机字符字典，不包括 0,O,1,I 等等难辨的字符
    public static final char[] CHARS_ =
        {'2','3','4','5','6','7','8','9','A','B','C','D','E','F','G','H','J','K','L','M','N',
```

```
            'P','Q','R','S','T','U','V','W','X','Y','Z'};
    public static Random random = new Random();                          // 随机数
    public static String getRandomString() {                             // 获取 6 位随机数
        StringBuffer buffer = new StringBuffer();                        // 字符串缓存
        for(int i = 0; i <6; i + +){                                     // 循环 6 次
            // 每次取一个随机字符
            buffer.append(CHARS[random.nextInt(CHARS.length)]);
        }
        return buffer.toString();
    }
    public static Color getRandomColor(){                                // 获取随机的颜色
        return new Color (random.nextInt(255), random.nextInt(255), random.nextInt(255));
    }
    public static Color getReverseColor(Color c){                       // 返回某颜色的反色
        return new Color (255-c.getRed(), 255-c.getGreen(), 255-c.getBlue());
    }
    public void doGet(HttpServletRequest request HttpServletResponse response)
            throws ServletException, IOException{                        // GET 方法
        response.setContentType("image/jpeg");                          // 设置输出类型,必需的
        String randomString = getRandomString();                         //随机字符串
        //放到 session 中
        request.getSession(true).setAttribute("randomString",randomString);
        int width = 100;                                                 // 图片宽度
        int height = 30;                                                 // 图片高度
        Color color = getRandomColor();                                  // 随机颜色,用于背景色
        Color reverse = getReverseColor(color);                          // 反色,用于前景色
        //创建一个彩色图片
        BufferedImage bi = new BufferedImage(width, height, BufferedImage.TYPE_INT_BGR);
        Graphics2D g = bi.createGraphics();                              // 获取绘图对象
        g.setFont(new Font(Font.SANS_SERIF, Font.BOLD, 16)); // 设置字体
        g.setColor(color);                                               // 设置颜色
        g.fillRect(0, 0, width, height);                                 // 绘制背景
        g.setColor(reverse);                                             // 设置颜色
        g.drawString(randomString, 18, 20);                              // 绘制随机字符
        // 画最多 100 个噪音点
        for (int i = 0, n = random.nextInt(100); i<n;i + +){
            // 随机噪音点
            g.drawRect(random.nextInt(width), random.nextInt(height),1,1);
        }
        ServletOutputStream out = response.getOutputStream();
        // 转成 JPEG 格式
        JPEGImageEncoder encoder = JPEGCodec.createJPEGEncoder(out);
```

```
        // 编码器
        encoder.encode(bi);                                    // 对图片进行编码
        out.flush();                                           // 输出到客户端
    }
}
```

代码中利用一个随机数生成器 Random 与一个 char[]类型的字符字典生成随机字符串。字符字典里将比较容易混淆的 0 与 O、1 与 I 等都去掉了。然后生成一个长 100 宽 30 的图片，利用随机颜色填充背景，利用反色在前面绘制出随机字符，并画出最多 100 个位置的随机噪点，增加图片识别的难度。

该 Servlet 需要配置到 web.xml 中，代码如下：

```
<servlet>
    <servlet-name>identityServlet</servlet-name>
    <servlet-class>edu.jwshock.servlet.IdentityServlet</servlet-class>
</servlet>
<servlet-mapping>
    <servlet-name>identityServlet</servlet-name>
    <url-pattern>/demo/identityServlet</url-pattern>
</servlet-mapping>
```

通过浏览器输入相应的网址就可访问该 Servlet 生成预览图片。为了方便演示，下面用一个 HTML 网页引用这个图片验证码，代码如下：

```
<script>
    function reloadImag(){
        document.getElementById('btn').disabled = true;
        document.getElementById ('identity').src =
                'demo/identityservlet? ts =' + new Date().getTime();
    }
</script>
<img src = "demo/identityServlet" id = "identity"
    onload = "btn.disabled = false; "/>
<input type = "button" value = "换个图片" onclick = "reloadImage()" id = "btn">
```

使用<img src=" "/>显示图片验证码，旁边附加“换个图片”按钮。单击该按钮，会变换验证码的内容、颜色及噪点位置。运行效果如图 3-4 所示。

提示：

Servlet 不仅能输出文本与图片，还能输出其他格式数据，如 Word、Excel、PDF、MP3 等。只要正确设定 response 输出类型及输出流，不同的输出类型需要声明不同的 Context-Type 属性，如 JPG 图片是“image/jpeg”，而 Word 则是“application/msword”。

图 3-4　图片验证

3.4　读取 web.xml 参数

生成图片验证的 IdentityServlet 只设置了 JPG 类型的 content-Type。如果需要增加 GIF 文件格式的 content-Type,需要修改 IdentityServlet 源代码,重新编译 class 文件,然后重新部署。一个看起来很微小的改动却带来了大量的工作,降低了开发效率。

在 Java Web 开发中,这种常量信息更倾向于写在某个配置文件里。变化时只需要修改一下配置文件就可以了,而不用修改源程序,也不用重新编译,维护起来相当方便。web.xml 提供了设置初始化参数的功能,可以将这些信息配置在 web.xml 中。

3.4.1　初始化参数(init-param)

web.xml 配置 Servlet 的时候,标签<servlet>中可以包含子标签<init-param >用来配置初始化参数。一个 Servlet 可以配置 0 至多个初始化参数。下面的 InitParamServlet 代码中配置了 3 个初始化参数。

```
<servlet>
    <servlet-name>InitParamServlet</servlet-name>
    <servlet-class>edu.jwshock.servlet.InitParamServlet</servlet-class>
    <init-param>
        <prarm-name>jwshock</prarm-name>            <!--第一个参数-->
        <prarm-value>123456</prarm-value>
    </init-param>
    <init-param>
        <prarm-name>admin</prarm-name>              <!--第二个参数-->
        <prarm-value>admin</prarm-value>
    </init-param>
    <init-param>
        <prarm-name>babyface</prarm-name>           <!--第三个参数-->
        <prarm-value>babyface</prarm-value>
    </init-param>
```

```
</servlet>
<servlet-mapping>
    <servlet-name>initparamservlet</servlet-name>
    <url-pattern>demo/initparamservlet</url-pattern>
</servlet-mapping>
```

配置完毕后，Servlet 中提供 getInitParameter(String param)方法来获取初始化参数值。如果配置了指定名称的参数，则返回参数值，否则返回 null。在上面的配置中，getInitParameter("jwshock")将返回 123456，getInitParameter("Cobain")将返回 null。还可以使用 getInitParameterNames()方法返回所有的参数名称，返回结果为枚举类型(Enumeration)。

这些初始化的参数还可以由 ServletConfig 对象取得。Servlet 提供 getServletConfig()方法返回 ServletConfig 对象。ServletConfig 取初始化参数的方法与 Servlet 一样。

在网站上颁布一个机密文件 notice.html，要求仅有少数几个人能够浏览到。下面来实现这种权限控制。

(1)把 notice.html 放在/WEB-INF 文件夹下面。因为 Java Web 应用程序的 WEB-INF 文件夹不能通过浏览器直接获取其中的文件，即使知道文件的准确位置及名称也不行。如果在浏览器地址栏中输入"http://localhost:8080/servlet/WEB-INF/notice.html"，服务器会报"404 Error"，即找不到该文件，尽管这个文件地址是正确的。WEB-INF 下的文件是受保护的，这样就保证了文件的安全性。

(2)虽然 WEB-INF 下的文件不能通过浏览器直接获取到，但是可以通过 Servlet 程序进行读取。编写一个程序"InitParamServlet"提示用户输入用户名密码。如果密码验证通过，则通过程序转到 notice.html 上。程序代码如下：

```
packageedu.jwshock.servlet;
import java.io.IOException;
import java.io.PrintWriter;
import java.util.Enumeration;
import javax.servlet.ServletException;
import javax.servlet.http.HttpServlet;
import javax.servlet.http.HttpServletRequest;
import javax.servlet.http.HttpServletResponse;
public class InitParamServlet extends HttpServlet{
    public void doGet(HttpServletRequest request, HttpServletResponseresponse)
            throw ServletException, IOException {
        response.setCharacterEncoding("UTF-8");          // 设置 response 编码方式
        request.setCharacterEncoding("UTF-8");           // 设置 request 编码方式
        response.setContentType("text/html");            // 设置类型为 HTML 类型
        PrintWriter out = response.getWriter();
        out.println("<!DOCTYPE HTML PUBLIC \"-//W3C//DTD HTML 4.01 Transitional//EN\">");
        out.println("<HTML>");
```

```
        out.println("<HEAD><TITLE>请登录查看 Notice 文件</TITLE></HEAD>");
        out.println("<style>body,td,div{font-size:12px;}</style>");
        out.println("<BODY>");
        out.println("<form action='" + request.getRequestURI() + "' method='post'>");
        out.println("账号:<input type='text' name='username'
                style='width:200px;'><br/>");
        out.println("密码:<input type='password' name='password'
                style='width:200px;'><br/><br/>");
        out.println("<input type='submit' value='登录'>");
        out.println("</form>");
        out.println("</BODY>");
        out.println("</HTML>");
        out.flush();
        out.close();
    }
    public void doPost(HttpServletRequest request, HttpServletResponse response)
            throws ServletException, IOException{
        //提交 username 参数
        String username = request.getParameter("username");
        //提交 password 参数
        String password = request.getParameter("password");
        //所有的初始化参数名称
        Enumeration params = this.getInitParameterNames();
        while(params.hasMoreElements()) {                    // 遍历所有的初始化参数
            //参数名,即用户名
            String usernameParamValue = (String)params.nextElement();
            //参数值,即密码
            String passnameParamValue = getInitParameter(usernameParam);
            if (userwordParamValue.equalsIgnoreCase(username) &&
                passwordParamValue.equals(password)) {
                //如果用户密码匹配则显示
                request.getRequestDispatcher("/WEB-INF/notice.html")
                        .forward(request, response);
                return;
            }
        }
        this.doGet(request, response);            //username,password 不匹配显示登录页面
    }
}
```

(3)在 web.xml 中配置 InitParamServlet。运行程序,在浏览器中输入网址为 "http://localhost:8080/servlet/demo/initParamServlet",登录前后的运行效果如图 3 -

5 所示。

程序运行一段时间后，需要增加用户账号 Peter 浏览该机密文件，同时禁止 babyface 的账号。由于没有将这些信息写在源程序里，而是写在 web. xml 里，因此改动相当简单。在参数配置里添加一个 Peter，删掉 babyface 就可以了。

> **提示：**
>
> 初始化参数的好处是可以把某些变量放到 web. xml 中配置，当需要改变时只要修改 web. xml 文件并重启服务器，而不需要修改 Servlet 类。

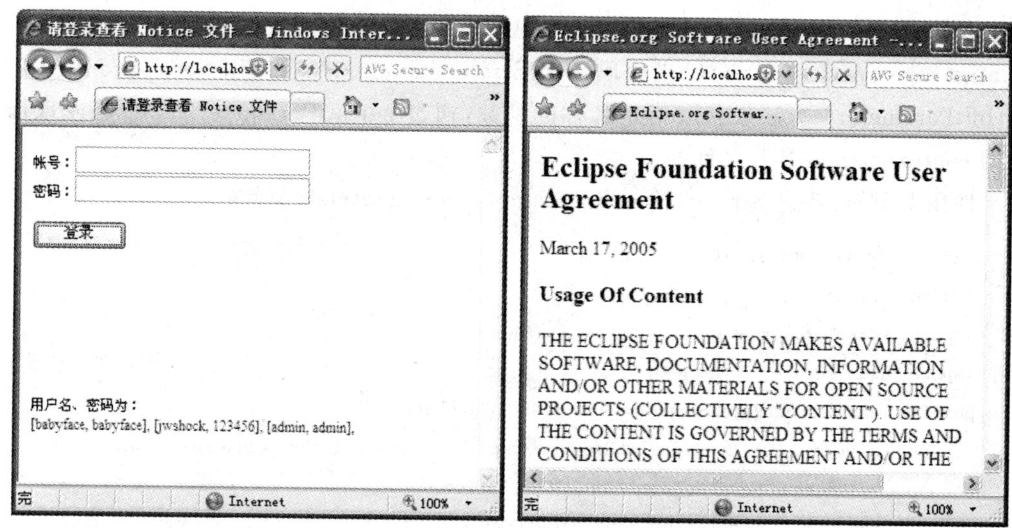

图 3-5　登录前(左)与登录后(右)

3.4.2 上下文参数(context-param)

由于 init-param 是配置在〈servlet〉标签里的，只能由对应的 Servlet 来读取，因此它不是全局的参数，不能被其他的 Servlet 读取。

如果想配置所有 Servlet 都能够读取的参数，就需要用到上下文参数(context-param)，或者叫全局参数。上下文参数使用标签〈context-param〉配置，配置描述如下：

```
<web-app version="2.5"
        xmlns="http://java.sun.com/xml/ns/javaee"
        xmlns:xsi="http://www.w3.org/2001/XMLSchema-instance"
        xsi:SchemaLocation="http://java.sun.com/xml/ns/javaee
            http://java.sun.com/xml/ns/javaee/web-app_2_5.xsd">
<context-param>
    <param-name>upload folder</param-name>
    <param-value>attachment</param-value>
</context-param >
```

```
⟨context-param⟩
    ⟨param-name⟩allowed file type⟨/param-name⟩
    ⟨param-value⟩. gif,. jpg,. bmp⟨/param-value⟩
⟨/context-param⟩
⟨servlet⟩
    ⟨servlet-name⟩contextParamServlet⟨/servlet-name⟩
    ⟨servlet-class⟩
        edu. jwshock. servlet. ContextParamServlet
    ⟨/servlet-class⟩
⟨/servlet⟩
```

获取 context-param 可以使用 ServletContext 对象。Servlet 中通过 getServlet-Config(). getServletContext()来获取一个 ServletContext 对象，使用 ServletContext 的 getInitParameter()方法来获取指定名称的参数，通过 getInitParameterNames()获取所有的 context-param 参数名称。

使用 Eclipse 新建 Servlet，输入名称 ContextParamServlet，源代码如下：

```
packageedu. jwshock. servlet;
import java. io. * ;
import javax. servlet. * ;
import javax. servlet. http. * ;
public class ContextParamServlet extends HttpServlet(
    public void doGet(HttpServletRequest request, HttpServletResponse response)
            throws ServletException, IOException {
        response. setCharacterEncoding("UTF-8");                  // 设置 response 编码
        response. setContentType("text/html");                    // 设置 response 输出类型
        PrintWriter out = response. getWriter();                  // 获取 out 对象
        out. println("⟨! DOCTYPE HTML PUBLIC \"-//W3C//DTD HTML 4. 01 Transitional//EN\"⟩");
        out. println("⟨HTML⟩");
        out. println("⟨HEAD⟩⟨TITLE⟩读取上下文参数⟨/TITLE⟩⟨/HEAD⟩");
        out. println("link rel = 'stylesheet' type = 'text/css' href = '…/css/style/css'⟩");
        out. println(" ⟨BODY⟩");
        out. println("⟨div align = center⟩⟨br/⟩");
        out. println("⟨fieldset style = ' width:90 %'⟩⟨legend⟩所有的上下文参数⟨/legend⟩⟨br/⟩");
        ServletContext servletContext =
            getServletConfig(). getServletContext();              // 获取上下文
        String uploadFolder =
            servletContext. getInitParameter("uploadfolder"); //获取参数
        String allowedFileType =
            servletContext. getInitParameter("allowedfile type");
        out. println("⟨div class = 'line'⟩");
        out. println("⟨div align = 'left' class = 'leftDiv'⟩上传文件夹⟨/div⟩");
```

```
        out.println("<div align='left' class='rightDiv'>" + uploadFolder + "</div>");
        out.println("</div>");
        out.println("<div class='line'>");
        out.println("<div align='left' class='leftDiv'>实际磁盘路径</div>");
        out.println("<div align='left' class='rightDiv'>" +
                servletContext.getRealPath(uploadFolder) + "</div>");
        out.println("</div>");
        out.println("<div class='line'>");
        out.println("<div align='left' class='leftDiv'>允许上传的类型</div>");
        out.println("<div align='left' class='rightDiv'>" + alowedFileType + "</div>");
        out.println("</div>");
        out.println("</fieldset></div>");
        out.println("</BODY>");
        out.println("</HTML>");
        out.flush();
        out.close();
    }
}
```

其运行效果图如图 3-6 所示。

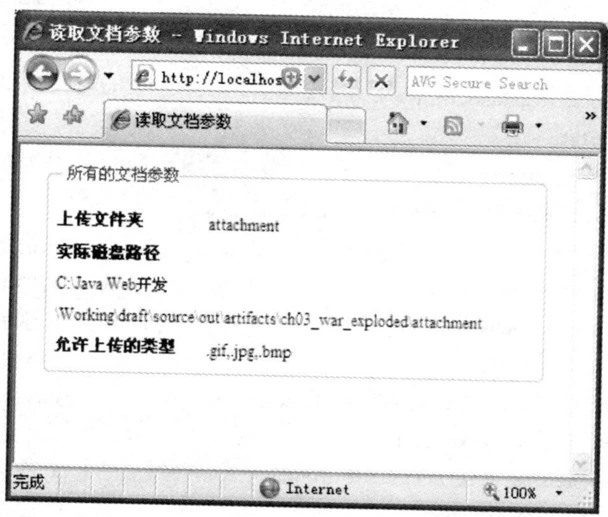

图 3-6 读取上下文参数

注意：

初始化参数与上下文参数只能配置简单的字符串类型。如果需要配置更多更灵活的参数，推荐把参数配置到单独的 xml 文件或者 properties 文件里，然后专门编写程序读取这些文件。

3.4.3 资源注入(@Resource)

上面的例子都是在 Servlet 里编写程序代码读取 web. xml 声明的初始化参数。Servlet 2.5 规范中提供了一种新的方法叫做资源注入(Resource Injection),或者叫资源注射。也就是说,不需要 Servlet 主动去读取资源,Tomcat 启动的时候会把 web. xml 里配置的信息主动"注入"到 Servlet 里。这个过程是运行时自动完成的,不需要编写任何代码,不用做额外工作。

资源注入是通过注解(Annotation)完成的。注解是 Java 5.0 里引入的新特性。注解是一种特殊的接口,以"@"符号为标志。用法如下:

```
@Resource(name = "messageNameInWebXml")
private String message;
```

使用注解@Resource 标注字符型变量 message,表示 message 的值会在 Servlet 运行时动态注入。然后在 web. xml 中配置一个名为"messageNameInWebXml"的参数就可以了。

注解以及变量可以写在一行代码中,看起来更简洁一些。如下所示:

```
private @Resource(name = "messageNameInWebXml") String message;
```

使用资源注入方式的 InjectionServlet 源代码如下:

```
packageedu. jwshock. servlet;
import java. io. * ;
import javax. annotation. Resource;
import javax. servlet. * ;
import javax. servlet. http. * ;
public class InjectionServlet extends HttpServlet {
    private @Resource(name = "hello") String hello;          // 注入的字符串。一行的写法
    private @Resource(name = "i") int i;                      // 注入的整数
    @Resource(name = "persons")                               //两行的写法
    private String persons;                                   //注解与代码分开
    public void doGet(HttpServletRequest request, HttpServletResponse response)
            throws ServletException, IOException {
        response. setCharacterEncoding("UTF-8");             //设置 response 编码
        request. setCharacterEncoding("UTF-8");              //设置 request 编码
        response. setContentType("text/html");               //设置 response 输出类型
        PrintWriter out  =  response. getWriter();           //获取 out 对象
        out. println("<! DOCTYPE HTML PUBLIC \"-//W3C//DTD HTML 4. 01 Transitional//EN\">");
        out. println("<HTML>");
        out. println("<HEAD><TITLE>资源注入</TITLE></HEAD>");
        out. println("<style>body {font-size:12px; }</style>");
        out. println("<BODY>");
        out. println("<b>注入的字符串</b>:<br/>  - " + hello + "<br/>");
```

```
        out.println("<b>注入的整数</b>;<br/>  - " + i + "<br/>");
        out.println("<b>注入的字符串数组</b>;<br/>");
        // 将字符串以","分割成数组并遍历输出
        for(String person : persons.split(",")){
            out.println("  - " + person + "<br/>");
        }
        out.println("<BODY>");
        out.println("</BODY>");
        out.println("</HTML>");
        out.flush();
        out.close();
    }
}
```

web.xml中还可以使用标签<env-entry>来配置资源。<env-entry>仅能配置java.lang包下的标准类型变量，如String、Integer、Double等。配置后的代码如下：

```
<servlet>
    <servlet-name>injectionServlet</servlet-name>
    <servlet-class>edu.jwshock.servlet.InjectionServlet</servlet-class>
</servlet>
<servlet-mapping>
    <servlet-name>injectionServlet</servlet-name>
    <url-pattern>/demo/injectionServlet</url-pattern>
</servlet-mapping>
<!--下面是资源配置-->
<env-entry>
    <env-entry-name>hello</env-entry-name>
    <env-entry-type>java.lang.String</env-entry-type>
<env-entry-value>
        Hello, Welcome to the JavaEE Resource Injection.
    </env-entry-value>
</env-entry>
<env-entry>
    <env-entry-name>i</env-entry-name>
    <env-entry-type>java.lang.Integer</env-entry-type>
    <env-entry-value>30</env-entry-value>
</env-entry>
<env-entry>
    <env-entry-name>persons</env-entry-name>
    <env-entry-type>java.lang.String</env-entry-type>
    <env-entry-value>Shockwave,cobain,Roses,Axlen</env-entry-value>
<env-entry>
```

程序运行效果如图 3 - 7 所示。

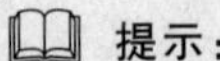 **提示:**

资源注入是从 Servlet 2.5 规范引入的新特性,Tomcat 6.x 开始支持此功能。

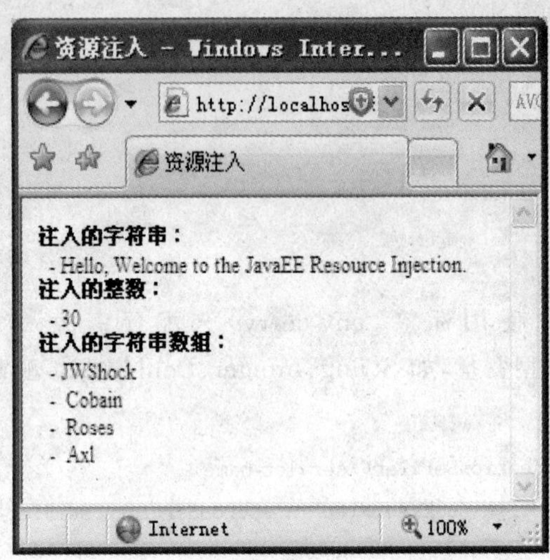

图 3 - 7　InjectionServlet 运行结果

3.4.4　使用 JNDI 获取资源

资源注入的工作原理是 JNDI(Java 命名与目录接口,Java Naming and Directory Interface)。InjectionServlet 实例中使用〈env-entry〉配置了名为 hello、persons 的 JNDI 资源,然后使用@Resource 将指定名称的 JNDI 资源注入 InjectionServlet 里。

如果不使用@Resource,通过查找 JNDI 同样可以获取这 3 个资源,使用方式如下:

```
Context ctx = new InitialContext();                      // 实例化一个对象 Context
String message = (String)ctx.lookup("message");          // 查找资源 message
Integer i = (Integer) ctx.lookup("i");                   // 查找资源 i
String persons = (String)ctx.lookup("persons");          // 查找资源 persons
```

3.4.5　注入数据源

Servlet 中不仅可以注入 String、Integer 等类型的变量,还可以注入自定义的 Java Bean 以及数据源等复杂类型变量。下面介绍如何注入一个数据源。读者只需要在 Tomcat 中配置好数据源,然后使用下列代码就可以获取到数据源,这给编程带来极大的方便。

```
@Resource(name = "myDataSourceName")              // 声明数据源名称,数据源配置在 Tomcat 中
javax.sql.DataSource dataSource;                          // 注入到 dataSource 属性上
public Connection getConnection()throws SQLException{     // 方法中直接使用 dataSource
```

```
        Connection conn = dataSource.getConnection();
        return conn;
    }
```

注意：

注入是利用@注解实现的，JDK 5 以上支持@注解。资源注入还需要服务器的支持，Tomcat 6 是支持的，但某些其他服务器或者低版本的 Tomcat 可能不支持。

3.5 提交表单信息

Web 程序的任务就是实现服务器与客户端浏览器之间的信息交互。客户端提交的信息可能来自表单中的文本框、密码框、列表框、单选按钮、复选框以及文件域。这些表单信息以参数的形式提交到服务器。Servlet 的任务就是正确地获取这些信息，并根据信息做出不同的响应。

提交信息的方式包括 GET 与 POST，分别触发 Servlet 的 doGet 与 doPost 方法。一般而言，就像当初 HTTP 协议所设计的那样，GET 用于从服务器获取信息（通过提交的参数指定要获取什么样的信息），而 POST 用于向服务器提交信息。POST 方式提交数据又包括两种形式：普通 POST 提交方式和上传文件的 POST 提交方式。

3.5.1 GET 实现搜索引擎

通过浏览器地址栏输入地址，或单击网页中的超链接会以 GET 方式访问。当 HTML 表单（FORM）的 method 属性设为 GET 时，浏览器也以 GET 的方式提交表单数据。

以 GET 方式提交数据时，可以使用查询字符串（Query String）传递少量数据，各数据项之间以“&”连接，然后以“Servlet 路径＋问号（?）加查询字符串”的形式提交给服务器。例如，要向某个 Servlet（网址为 http://服务器路径/Servlet 名称）提交两个参数 a 与 b，a 参数值为 aValue，b 参数值为 bValue，则组织后的 URL 为“http://服务器路径/Servlet 名称？a＝aValue&b＝bValue”。

Servlet 中 HttpServletRequest 对象通过 getParameter（“a”）方法可以获取到 aValue，getParameter（“b”）方法获取到 bValue，getQueryString()获取查询字符串“a＝aValue&b＝bValue”（必要的时候要先使用 setCharacterEncoding(encoding)设置编码方式）。GET 方式提交数据时，所有被提交的内容都将显示在浏览器地址栏中。

用 FORM 以 GET 方式提交数据时，浏览器把表单内容组织成一个查询字符串，FORM 的 action 属性设置数据将提交到那个 URL。

GET 方式提交表单的典型应用是搜索引擎，GET 方式就是被设计为查询用的。下面使用 GET 方式制作一个模拟搜索引擎。先建立一个简单的主界面，在 Eclipse 左侧 servlet 工程的 WebRoot 文件夹上右击，在弹出的快捷菜单中选择“New | HTML

(Advanced Templates)”命令,输入文件名“search. html”后单击“Finish”按钮。输入源代码,如下所示:

```
<! DOTYPE HTML PUBLIC "-//W3C//DTD HTML 4. 01 Transitional//en">
<html>
<head>
    <title>Integrated Search</title>
    <meta http-equiv = "content = type" content = "text/html; charset = UTF-8">
    <style>div, body, span {font-size: 12px;}</style>
</head>
<body>
<div align = "center">
    <h1 align = "center">&gt;&gt;&gt; = 综合搜索引擎 = &lt;&lt;&lt;</h1>
    <div>
        <form action = 'demo/searchServlet' method = 'get'>
            <center>
                搜索关键字:
                <input type = "text" name = "word" value = "" style = "width:300px">
                <br/>
                <br/>
                <input type = "radio" name = "searchEngine" value = "google"
                    checked>Google |
                <input type = "radio" name = "searchEngine" value = "baidu">Baidu |
                <input type = "radio" name = "searchEngine" value = "yahoo">Yahoo |
                <input type = "radio" name = "searchEngine" value = "sogou">Sogou
                <br/>
                <br/>
                <input type = "submit" value = "开始搜索" style = "width:100px">
            </center>
        </form>
    </div>
    <div style = "margin-top:50px;">
        &copy; JWShock 2007-2012
    </div>
</div>
</body>
</html>
```

这是一个静态的 HTML 文本文件,该 HTML 页面效果如图 3-8 所示。页面内包含一个<form>表单,单击查询后,将以 GET 方式访问<from>的 action 属性指定的 Servlet。

然后编写一个 SearchServlet 类来实现关键的业务逻辑部分:搜索引擎程序。使用向导新建 SerachServlet,源代码如下:

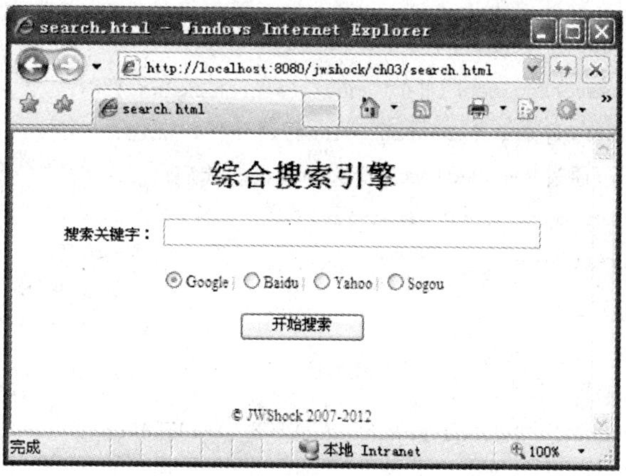

图 3-8 搜索主界面

```
package edu.jwshock.servlet;
import java.io.*;
import javax.servlet.*;
import javax.servlet.http.*;
import java.net.*;
public class SearchServlet extends HttpServlet{
    private String searchEngines[][] = {
        {"google", "http://www.google.com.hk/search?hl=zh_CN&q="},
        {"baidu", "http://www.baidu.com/s?wd="},
        {"yahoo", "http://search.cn.yahoo.com/search?p="},
        {"sogou", "http://www.sogou.com/web?query="}
    };
    public void doGet(HttpServletRequest request, HttpServletResponse response)
            throws ServletException, IOException {          //处理 GET 方法
        request.setCharacterEncoding("UTF-8");              //对 request 编码
        response.setCharacterEncoding("UTF-8");             //对 response 编码
        response.setContentType("text/html");               //设置输出类型
        String word = request.getParameter("word");         //搜索关键字
        if (word == null || word.length() == 0) {
            response.setStatus(response.SC_NOT_FOUND);
        }
        //给 URL 编码把空格转换为"+"号
        //把非字母字符转换为"%/XY"
        word = URLEncoder.encode(word);
        String searchEngine = request.getParameter("searchEngine");
        if (searchEngine == null) {
            response.setStatus(response.SC_NOT_FOUND);
            return;
```

```
        }
        for(int i = 0; i<4; i++) {
            if (searchEngines[i][0].equals(searchEngine)) {
                String url = searchEngines[i][1] + word;
                //通过 sendRedirect 发送 302 状态代码
                response.sendRedirect(url);
                return;
            }
        }
        //因系统原因,无法完成
        response.setStatus(response.SC_SERVICE_UNAVAILABLE);
    }
}
```

由于没有自己的数据库和搜索算法,SearchServlet 利用主流的检索网站,因此本程序运行时需要连接互联网。使用该搜索引擎程序搜索文字 servlet,效果如图 3-9 所示。

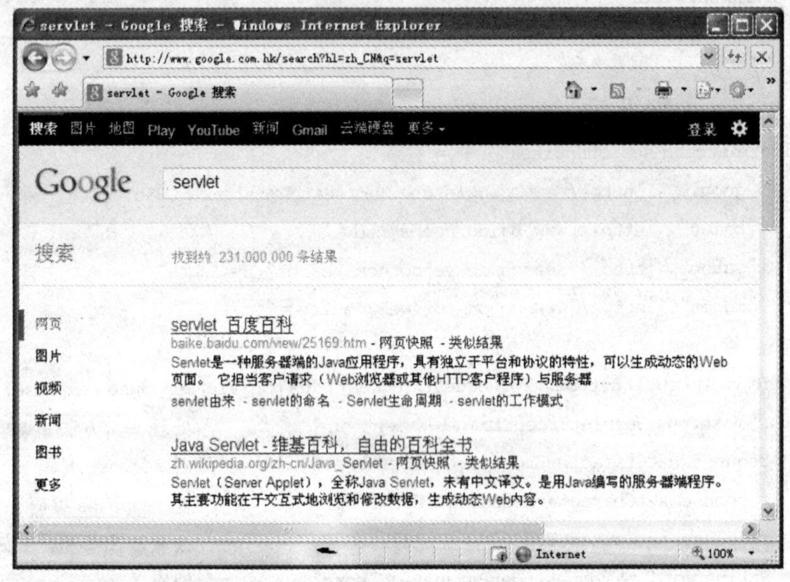

图 3-9 SearchServlet 搜索结果

本程序使用了 Servlet 重定向功能,相关内容参看 3.7.2 节。请留意地址栏,提交的查询内容转发给选定的搜索网站完成。使用 GET 方式提交数据时所有被提交的信息都会显示在地址栏中。

另外,要想在该搜索引擎中搜索中文,需要修改 Tomcat 目录下的"\conf\server.xml"中默认的 GET 编码方式,否则会出现乱码。下面为 server.xml 中需要修改的部分,粗体部分为添加的代码。如果不指定 UTF-8 方式编码,Tomcat 默认使用 ISO-8859-1 编码。

```
<Connector port = "8080" protocol = "HTTP/1.1"
```

```
connectionTimeout = "20000" redirectPort = "8443"
URIEncoding = "UTF-8"/>
```

注意：

以方式提交表单时，所有提交的内容都会显示在浏览器地址栏中，并可能会被浏览器记录在缓存里，因此提交敏感信息(如密码、银行账号等)时不能使用 GET 方式。GET 提交的 URL 总长度不能超过 255 个字符，因此提交过长的内容也不能使用 GET 方式。

3.5.2 POST 提交个人信息

由于 GET 方式提交数据具有上述限制，因此需要使用 POST 提交数据。把 HTML 中 FORM 的 method 属性设置为 POST，浏览器即以 POST 方式提交表单内容。

POST 方式提交表单时，表单的内容不会显示在浏览器地址栏中，浏览器地址栏中只显示接受该表单数据的 Servlet 路径，因此 POST 可以提交一些敏感信息(如密码等)。POST 方式提交表单时也不受内容长度的限制，理论上可以接受非常大的数据量。

同 GET 方式一样，Servlet 可以通过 HttpServletRequest 对象的 getParameter (String name)方法获取变量 name 指定参数名的参数值。不同的是，由于 POST 方式不会使用“?”以及“&”符号来组织一个 QueryString，因此 POST 方式使用 getQueryString ()将返回 null。

下面使用 POST 方式来提交一个用户信息表单。使用向导在项目 servlet 的 WebRoot 文件夹下新建 HTML 文件，命名为“postPersonInfo. html”。输入代码如下：

```
<! DOCTYPE HTML OUBLIC"-//W3C//DTD HTML 4.01 Transitional//EN">
<html>
<head>
<title>提交用户信息</title>
<meta http-equiv = "content-type" content = "text/html; charset-UTF-8">
<style><! - - css 略 - - ></style>
</head>
<body>
<form action = "/demo/postServlet" method = "POST">
<div align = "center"><br/>
    <fieldset style = 'width:80 %'>
        <legend>填写用户信息</legend><br/>
        <div class = 'line'>
            <div align = "left" class = 'leftDiv'>请填写您的姓名:</div>
            <div align = "left" class = 'rightDiv'>
                <input type = "text" name = "name" class = "text"/>
            </div>
        </div>
        <div class = 'line'>
```

```
        <div align = "left" class = 'leftDiv'>请填写您的密码:</div>
        <div align = "left" class = 'rightDiv'>
            <input type = "password" name = "password" class = "text"/>
        </div>
    <div class = 'line'>
    <div align = "left" class = 'leftDiv'>请再次输入密码:</div>
        <div align = "left" class = 'rightDiv'>
            <input type = "password" name = "passwordConfirm" class = "text"/>
        </div>
    </div>
    <div class = 'line'>
        <div align = "left" class = 'leftDiv'>请选择性别:</div>
        <div align = "left" class = 'rightDiv'>
            <input type = "radio" name = "sex" value = "男" id = "sexMale">
            <label for = "sexMale">男</label>
            <input type = "radio" name = "sex" value = "女" id = "sexFemale">
            <label for = "sexFemale">女</label>
        </div>
    </div>
    <div class = 'line'>
        <div align = "left" class = 'leftDiv'>请输入年龄:</div>
        <div align = "left" class = 'rightDiv'>
            <input type = "age" name = "age" class = "text"/>
        </div>
    </div>
    <div class = 'line'>
        <div align = "left" class = 'leftDiv'>请选择您的爱好:</div>
        <div align = "left" class = 'rightDiv'>
            <input type = "checkbox" name = "interesting" value = "音乐影视" id = "i1">
            <label for = "i1">音乐影视</label>
            <input type = "checkbox" name = "interesting" value = "外出旅游" id = "i2">
            <label for = "i2">外出旅游</label>
            <input type = "checkbox" name = "interesting" value = "社交活动" id = "i3">
            <label for = "i3">社交活动</label>
        </div>
    </div>
    <div class = 'line'>
        <div align = "left" class = 'leftDiv'>请选择省市:</div>
        <div align = "left" class = 'rightDiv'>
            <select name = "area">
                <option> - -请选择省份 - -</option>
                <optgroup label = "北京市">
```

```
                        <option value="北京市海淀区">海淀区</option>
                        <option value="北京市朝阳区">朝阳区</option>
                        <option value="北京市东城区">东城区</option>
                        <option value="北京市西城区">西城区</option>
                    </optgroup>
                    <optgroup label="安徽省">
                        <option value="安徽省合肥市">合肥市</option>
                        <option value="安徽省蚌埠市">蚌埠市</option>
                        <option value="安徽省黄山市">黄山市</option>
                    </optgroup>
                </select>
            </div>
        </div>
        <div class='line'>
            <div align="left" class='leftDiv'>自我描述:</div>
            <div align="left" class='righrDiv'>
        <textarea name="description" rows="8">请填写其他资料…</textarea>
            </div>
        </div>
        <div class='line'>
            <div align="left" class='leftDiv'></div>
            <div align="left" class='righrDiv'><br/>
        <input type="submit" name="btn" value="提交信息"class="button"><br/>
            </div>
        </div>
    </div>
    </fieldset>
</div>
</form>
</body>
</html>
```

该 HTML 页面内使用了文本框 text、密码框 password、单选按钮 radio、复选框 checkbox、列表框 select、文本域 textarea 等。这些 HTML 域的值都可以提交给 Servlet。如果同一个名称的参数有多个值(如页面内兴趣爱好最多可以有 3 个值),则以字符串数组的形式提交给 Servlet,Servlet 可以通过 HttpServletRequest 的 getParameterValues(String name)取得这个字符串数组。

再编写一个 Servlet 来接受 HTML 页面提交的信息。使用向导新建 PostServlet,源代码如下:

```
package edu.jwshock.servlet;
// import…
public class PostServlet extends HttpServlet {
```

```
public void doGet(HttpServletResquest request, HttpServletResponse response)
        throws ServletException, IOException{            // GET 时执行该方法
    response.setCharacterEncoding("UTF-8");             // 设置输出编码
    // 输出提示信息
    response.getWriter().println("请使用 POST 方式提交数据。");
}
public void doPost(HttpServletRequest request, HttpServletResponse response)
        throws ServletException, IOException{
    response.setCharacterEncoding("UTF-8");             // 设置 response 编码
    request.setCharacterEncoding("UTF-8");              // 设置 request 编码
    String name = request.getParameter("name");         // 获取姓名
    String password = request.getParameter("password"); // 获取密码
    String sex = request.getParameter("sex");           // 获取性别
    int age = 0;
    try {
        // 获取年龄,并转化为 int
        age = Integer.parseInt(request.getParameter("age"));
    } catch (Exception e) {}
    Date birthday = null;
    try {
        DateFormat format = new SimpleDateFormat("yyyy-mm-dd");
        // 获取生日,转化为 Date
        birthday = format.parse(request.getParameter("birthday"));
    } catch (Exception e) {}
    // 获取多个值
    string[] interesting = request.getParameterValues("interesting");
    // 从下拉列表框 select 中取值
    String area = request.getParameter("area");
    // 从文本域 textarea 中取值
    String description = request.getParameter("description");
    String btn = request.getParameter("btn");           // 获取按下的按键值
    response.setContentType("text/html");               // 设置输出类型
    PrintWriter out = response.getWriter();             // 获取 OUT 对象
    out.println("<! DOCTYPE HTML PUBLIC \"-//W3C//DTD HTML 4.01 Transitional//EN\">");
    out.println("<HTML>");
    out.println("<HEAD><TITLE>感谢您提交信息</TITLE></HEAD>");
    out.println("<div align = \"center"><br/>");
    out.println("<fieldset style = 'width:90 %'><legend>填写用户信息</legend><br/>");
    out.println("<div class = 'line'>");
    out.println("<div align = 'left' class = 'leftDiv'>您的姓名:</div>");
    out.println("<div align = 'left' class = 'rightDiv'>" + name + "</div>");
    out.println("</div>");
```

```
out.println("<div class='line'>");
out.println("<div align='left' class='leftDiv'>您的密码:</div>");
out.println("<div align='left' class='rightDiv'>" + password + "</div>");
out.println("</div>");
out.println("<div class='line'>");
out.println("<div align='left' class='leftDiv'>您的性别:</div>");
out.println("<div align='left' class='rightDiv'>" + sex + "</div>");
out.println("</div>");
out.println("<div class='line'>");
out.println("<div align='left' class='leftDiv'>您的年龄:</div>");
out.println("<div align='left' class='rightDiv'>" + age + "</div>");
out.println("</div>");
out.println("<div class='line'>");
out.println("<div align='left' class='leftDiv'>您的生日:</div>");
out.println("<div align='left' class='rightDiv'>");
out.println(new SimpleDateFormat("YYYY年MM月dd日").format (birthday));
out.println("</div>");
out.println("</div>");
out.println("<div class='line'>");
out.println("<div align='left' class='leftDiv'>您的兴趣:</div>");
out.println("<div align='left' class='rightDiv'>" );
for(String str : interesting){ out.println(str + ",");}
out.println("</div>");
out.println("</div>");
out.println("<div class='line'>");
out.println("<div align='left' class='leftDiv'>自我描述:</div>");
out.println("<div align='left' class='rightDiv'>" + description + "</div>");
out.println("</div>");
out.println("<div class='line'>");
out.println("<div align='left' class='leftDiv'>按钮键值:</div>");
out.println("<div align='left' class='rightDiv'>" + btn + "</div>");
out.println("</div>");
out.println("<div class='line'>");
out.println("<div align='left' class='leftDiv'></div>");
out.println("<div align='left' class='rightDiv'>");
out.println("<br/><input type='button' name='btn'
value='返回上一页' onclick='history.go(-1);'class='button'><br/>");
out.println("</div>");
out.println("</div>");
out.println("<BODY>");
out.println("</BODY>");
out.println("</HTML>");
```

```
        out.flush();
        out.close();
    }
}
```

程序运行效果如图 3-10 所示。

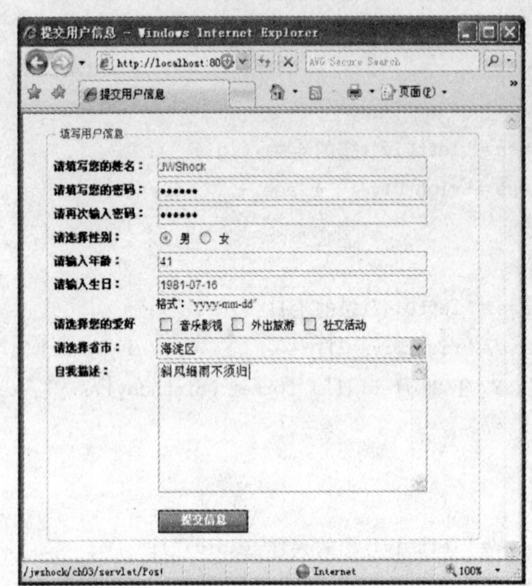

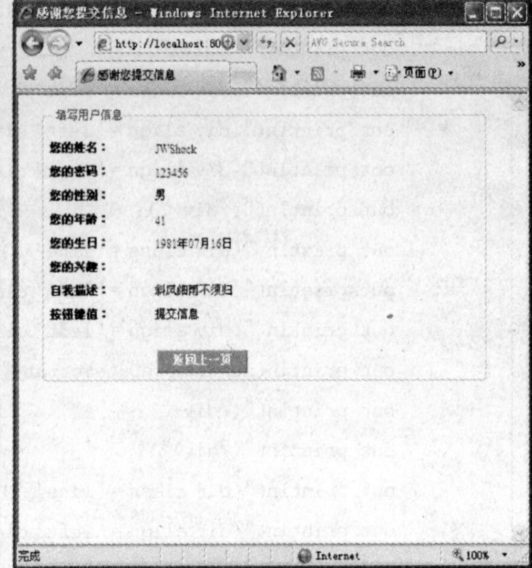

图 3-10　PostServlet 运行效果

从图 3-10 的右图中可以看到，以 POST 方式提交数据时，浏览器地址栏中不显示被提交的内容，提交的数据量也大于 GET。POST 方式是专门为提交数据设计的。

> **提示：**
>
> 当提交的数据长度大于 256 个字符，或者要提交文件时，只能选择 POST 方式。

3.5.3　上传文件客户端

除了提交表单，上传文件也是很常见的客户端与 Web 应用程序交互的操作。电子相册、网络硬盘、邮件附件、视频网站等都是采用 Web 文件上传的形式。相对于 FTP 文件上传，Web 文件上传速度要慢一些，但是使用方便，不需要客户端，仅有一个浏览器就可以，而且权限也比 FTP 容易控制。

Web 文件上传也是采用 POST 的方式。与前面讲的 POST 提交表单不同的是，上传文件需要设置表单(FORM)的 enctype 属性为“multipart/form-data”。由于上传的文件比较大，因此需要设置该参数指定浏览器使用二进制上传。如果不设置，enctype 属性默认为“application/x-www-form-urlencoded”，浏览器将使用 ASCII 向服务器发送数据，导致上传文件失败。

上传文件还需要使用专门的文件域(<input type="file"/>),这时 FORM 的 enctype 属性已经设置为"multipart/form-data"。上传文件网页代码如下:

```
<form action = "servlet/uploadServlet"method = "post"
    enctype = "multipart/form-data ">
<div align = "center"><br/>
    <fieldset style = "width:80 % ">
        <legend>上传文件</legend><br/>
        <div class = 'line'>
            <div align = 'left' class = "leftDiv">上传文件一</div>
            <div align = 'left' class = "rightDiv">
                <input type = "file" name = "file1" class = "text">
            </div>
        </div>
        <div class = 'line'>
            <div align = 'left' class = "leftDiv">上传文件二</div>
            <div align = 'left' class = "rightDiv">
                <input type = "file" name = "file2" class = "text">
            </div>
        </div>
        <div class = 'line'>
            <div align = 'left' class = "leftDiv">上传文件说明一</div>
            <div align = 'left' class = "rightDiv">
                <input tupe = "text" name = "description1" class = "text">
            </div>
        </div>
        <div class = 'line'>
            <div align = 'left' class = "leftDiv">上传文件说明二</div>
            <div align = 'left' class = "rightDiv">
                <input tupe = "text" name = "description2" class = "text">
            </div>
        </div>
        <div class = 'line'>
            <div align = 'left' class = "leftDiv"></div>
            <div align = 'left' class = "rightDiv"><br/>
                <input type = "submit" value = "上传文件"class = "button">
            </div>
        </div>
    </fieldset>
</div>
</form>
```

代码中 FORM 属性粗体部分是上传文件时必须要设置的,否则将不能按正确的格式提交给服务器。上述代码片段设定了名称为“file1”与“file2”的两个文件域，以及名称为“description1”与“description2”的两个文本域。其显示效果如图 3－11 左图所示。

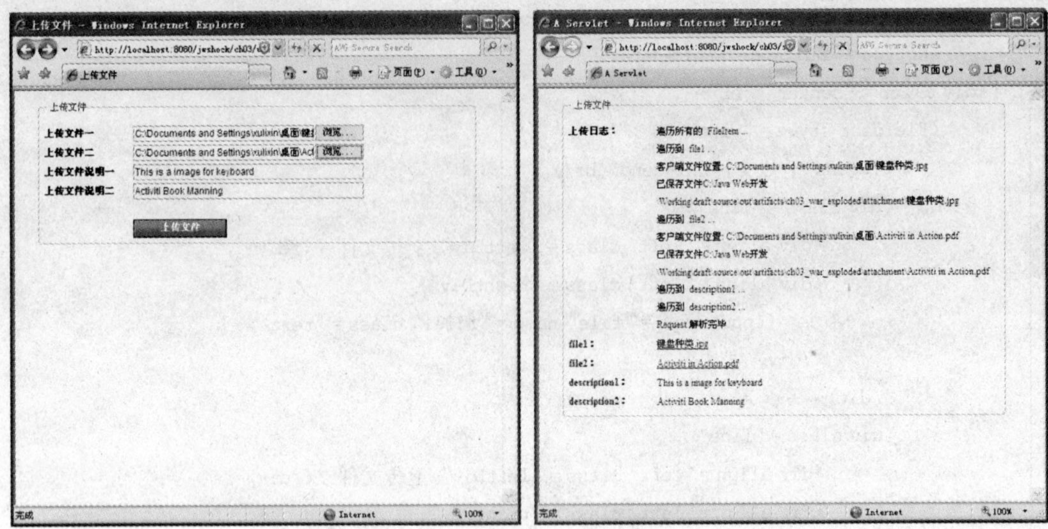

图 3－11 UploadServlet 运行效果

3.5.4 上传文件服务器端

上传文件客户端的代码很简单，服务器端编程要复杂一些。由于上传文件时浏览器是以二进制的方式发送数据，因此在 Servlet 里不能简单地通过 HttpServletRequest 的 getParameter()方法来获取文件域和文本域的内容。要想获取其中的内容，必须根据 HTTP 协议所规定的格式解析浏览器提交的 Request。

解析二进制数据流比较麻烦，已经有许多类库完成了这项工作。Apache Commons Fileupload 是一个实现免费文件上传的开源类库。它是 Apache Commons 众多开源软件中的一员。从 Apache 网站(http://www.apache.org)下载 Apache Commons Upload 类库文件，并将 commons-fileupload.jar 加入到项目的 libraries 中，即“/WEB-INF/lib/”下(没有请新建)。利用向导新建 UploadServlet，源代码如下：

```
packageedu.jwshock.servlet;
import org.apache.commons.fileupload.DiskFileUpload;
import org.apache.commons.fileupload.FileItem;
import org.apache.commons.fileupload.FileUploadException;
public class UploadServlet extends HttpServlet {
  public void doGet(HttpServletRequest request, HttpServletResponse response)
      throws ServletException, IOException {
    response.setCharacterEncoding("UTF-8");                   // 设置编码
    response.getWriter().println("请以 POST 方式上传文件");   // 输出信息
  }
  @SuppressWarnings("unchecked")                              // 消除 unchecked warning
```

```
public void doPost(HttpServletRequest request, HttpServletResponse response)
    throws ServletException, IOException {
  File file1 = null, file2 = null;
  String description1 = null, description2 = null;
  …//略掉部分代码
  //使用 DiskFileUpload 对象解析 request
  DiskFileUpload diskFileUpload = new DiskFileUpload();
  try {
    // 将结果放置在 List 中
    List<FileItem> list = diskFileUpload.parseRequest(request);
    out.println("遍历所有的 FileItem…<br/>");
    for (FileItem fileItem : list) {                    // 遍历所有的 FileItem
      if (fileItem.isFormField()) {                     // 如果是文本域
        // 如果是该参数
        if ("description1".equals(fileItem.getFieldName())) {
          out.println("遍历到 description1…<br/>");
          description1 = new String(fileItem.getString().getBytes(), "UTF-8");
        }
        // 如果是该参数
        if ("description2".equals(fileItem.getFieldName())) {
          out.println("遍历到 description2…<br/>");
          description2 = new String(fileItem.getString().getBytes(), "UTF-8");
        }
      } else {                                          // 否则,为文件域
        // 如果为 file1 文件域
        if("file1".equals(fileItem.getFieldName())){
          File remoteFile = new File(new String(fileItem.getName().getBytes(), "UTF-8"));
          out.println("遍历到 file1…<br/>");
          out.println("客户端文件位置:" + remoteFile.getAbsolutePath() + "<br/>");
          // 服务器端文件,放在 upload 文件夹下
          file1.getParentFile().this.getServletContext().getRealPath("attachment"),
          remoteFile.getName());
          file1.getParentFile().mkdirs();               // 创建文件夹路径
          file1.createNewFile();                        // 创建新文件
          // FileItem 的内容
          InputStream ins = fileItem.getInputStream();
          // 输出到文件中
          OutputStream ous = new FileOutputStream(file1);
          try{
            byte[] buffer = new byte[1024];             // 字节缓存
            int len = 0;                                // 实际缓存长度
            // 循环读入缓存
```

```
                while ((len = ins.read(buffer)) > -1)
                  out.write(buffer, 0, len);
                out.println("已保存文件" + file1.getAbsolutePath() + "<br/>");
              }finally{
                ous.close();
                ins.close();
                }
              }
                if ("file2".equals(fileItem.getFieldName())) {
                    …//部分代码略
                }
              }
            }
            out.println("Request 解析完毕");
          } catch (FileUploadException e) {}
          if (file1 != null) {                          //输出 file1 连接
            out.println("<div class = 'line'>");
            out.println("<div align = 'left' class = 'leftDiv'>file1:</div>");
            out.println("<div align = 'left' class = 'rightDiv'>");
            out.println("<a href = '" + request.getContextPath() + "/attachment/" +
            file1.getName() + "' target = _blank>" + file1. getName() + "</a>");
            out.println("</div>");
            out.println("</div>");
          }
          …file2 输出同 file1 略
          out.println("<div class = 'line'>");
          out.println("<div align = 'left' class = 'leftDiv'>description1:</div>");
          out.println("<div align = 'left' class = 'rightDiv'>");
          out.println(description1);
          out.println("</div>");
          out.println("</div">;
      }
  }
```

UploadServlet 中将上传过程的日志输出到页面上。上传成功后显示上传文件的链接地址,可以直接在浏览器中查看上传后的文件效果。

提示:

上传文件时数据将以二进制形式提交,而非 ASCII 方式提交,因此 Servlet 不能用 request.getParameter()等方法获取提交的文本内容。本例使用 Apache Commons Upload 解析二进制数据获取上传的文本内容。

3.6 Servlet 生命周期

每个 Servlet 都有自己的生命周期，Servlet 的生命周期由服务器来维护。Servlet 的生命周期遵循 Servlet 规范。

3.6.1 Servlet 生命周期

在 CGI 中用户每请求一次 CGI 程序，服务器就会建立一个单独的进程来处理请求，处理完毕再将这个进程销毁。这样反反复复地建立与销毁进程，不仅效率低下，而且占用很多的资源。如果并发请求数(同一时刻请求的数目)很多，CGI 程序往往显得力不从心。

而 Servlet 解决了这个问题。服务器会在启动时(如果 load-on-startup 为 1)或第一次请求 Servlet 时(如果 load-on-startup 为 0)，初始化一个 Servlet 对象，然后用这个 Servlet 对象去处理所有客户端请求。服务器关闭时才销毁这个 Servlet 对象。这样省去了建立与销毁 Servlet 的工作。当然，这种机制也增加了服务器维护 Servlet 的复杂度(不过这是服务器的工作而不是程序员的工作)。

Servlet 会在服务器启动或第一次请求该 Servlet 的时候开始生命周期，在服务器结束的时候结束生命周期。无论请求多少次 Servlet，最多只有一个 Servlet 实例。多个客户端并发请求 Servlet 时，服务器会启动多个线程分别执行该 Servlet 的 service()方法。一个 Servlet 的生命周期如图 3-12 所示。

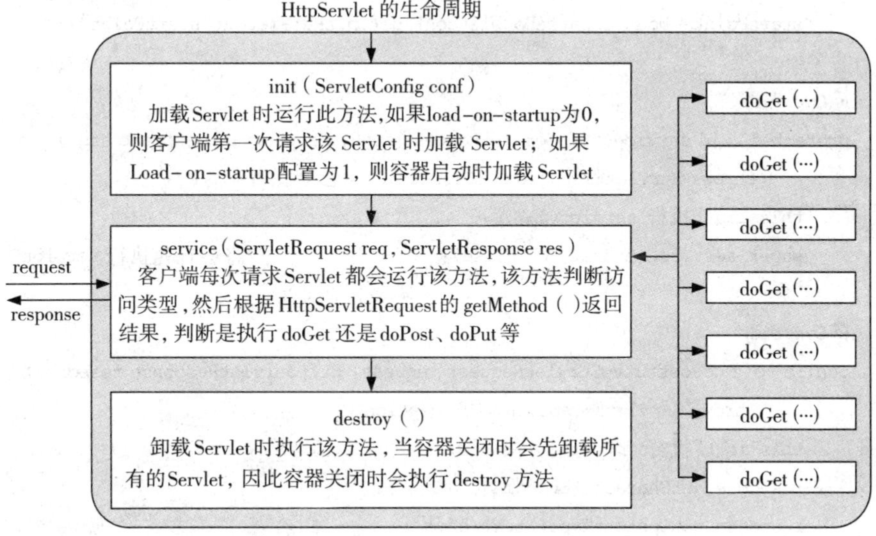

图 3-12 HttpServlet 生命周期

在 Servlet 对象的生命周期中，init(ServletConfig config)方法与 destroy()方法都只会被服务器执行一次，而 service()方法在每次客户端请求 Servlet 时都会被执行。Servlet 中有时会用到一些需要初始化与销毁的资源，因此可以把初始化资源的代码放入 init()方法内，把销毁该资源的代码放入到 destroy()方法内，而不需要每次处理请求时都对资源初始化与销毁。

对于 Servlet 的 init(ServletConfig config)方法,HttpServlet 提供了一个简单的不带参数的替代方法 init()。HttpServlet 加载时会执行这个不带参数的 init()方法,因此只需要把代码放置到 init()中就可以了。对于原来的 ServletConfig 参数,仍然可以通过 getServletConfig()方法获取到。

3.6.2 个税计算器

下面的例子中需要读取 web.xml 中配置的初始化参数 startPoint。前面的例子中也从 web.xml 中读取过初始化参数,但都是在 doGet 或者 doPost 方法中获取的,每一次执行 doGet 或者 doPost 都会读取一次,效率低下。利用 Servlet 的生命周期可以优化该操作。将读取初始化参数写在 init 方法里,既保证了只读取一次,又保证了不耽误 doGet、doPost 的使用。源代码如下:

```
packageedu.jwshock.servlet;
public class LifeCycleServlet extends HttpServlet {
    private static double startPoint = 0                    // 个税起征点,从配置文件中读取
    @Override
    public void init() throws ServletException {            //初始化方法
        this.log("执行 init()方法…");
        ServletConfig conf = this.getServletConfig();   //ServletConfig()对象
        //初始化参数
        startPoint = Double.parseDouble(conf.getInitParameter("startPoint"));
    }
    @Override
    protected void service(HttpServletRequest arg0, HttpServletResponse argl)
            throws ServletException, IOException {
        this.log("执行 servlet()方法…");
        super.service(request, response);                   //将会首先执行 servlet()方法
    }
    @Override
    public void doPost(HttpServletRequest request, HttpServletResponse response)
            throws ServletException, IOException {
        this.log("执行 doPost()方法…");
        response.setCharacterEncoding("UTF-8");
        response.setContentType("text/html");
        PrintWriter out = response.getWriter();
        out.println*("<! DOCTYPE HTML PUBLIC\ >"-//W3C//DTD HTML4.01 Transitional//EN\">");
        out.println("<HTML><HEAD><TITLE>个人所得税计算</TITLE></HEAD>");
        out.println("<link rel='stylesheet' type='text/css' href='…/css/style.css'>");
        out.println("<BODY>");
        out.println("<div align='center'><br/><fieldest style=width:90% >
```

```
                <legend>个税计算器</legend><br/>");
    try{
        // 工资数目
        double income = new Double(request.getParameter("income"));
        double charge = income-startPoint;              // 应纳税部分
        double tax = 0;                                 // 缴税
        if (charge<=0) {tax=0;}                         //计算所得税
        //超出 0-500 部分税率 5%
        if (charge>0&&charge<=2000){tax = charge * 0.05;}
        //超出 500-200 部分税率 1%
        if (charge >500 && charge <= 2000) {tax = charge * 0.1-25;}
        //依此类推
        if (charge >2000 && charge <= 5000) {tax = charge * 0.15-125;}
        if (charge >50000 && charge <= 20000) {tax = charge * 0.2-375;}
        if (charge >20000 && charge <= 40000) {tax = charge * 0.25-1375;}
        if (charge >40000 && charge <= 60000) {tax = charge * 0.30-3375;}
        if (charge >60000 && charge <= 80000) {tax = charge * 0.35-6375;}
        if (charge >100000) {tax = charge * 0.45-15375;}
        out.println("<div style='line'>");
    out.println("<div class='leftDiv'>您的工资为</div><div
                class='rightDiv'>"+income+"元</div>");
    out.println("</div>");
    out.println("<div style='line'>");
    out.println("<div class='leftDiv'>您应纳税</div><div class=
                'rightDiv'>"+tax+"元</div>");
    out.println("</div><br/>");
    out.println("input type='button' onclick='history.go(-1);'
                value='纳税光荣 逃税可耻 返回'class='button'>");
    } catch (Exception e) {
        out.println("请输入数值类型数据。<input type='button'
                    onclick='history.go(-1);' value='返回' class='button'>");
    }
    out.println("</BODY>");
    out.println("</HTML>");
    out.flush();
    out.close();
}
@Override
public void doGet(HttpServletRequest request, HttpServletResponse response)
        throws ServletException, IOException {
    this.log("执行 doGet()方法…");
    response.setCharacterEncoding("UTF-8");
```

```
        response.setContentType("text/html");
        PrintWriter out = response.getWriter();
        out.println("<! DOCTYPE HTML PUBLIC \"-//W3C//DTD HTML 4.01 Transition//EN\">");
        out.println("<link rel='stylesheet' type='text/css' href='…/css/style.css'>");
        out.println("<HTML><HEAD><TITLE>个人所得税计算</TITLE></HEAD>");
        out.println("<BODY>");
        out.println("<div align='center'><br/><fieldset style=width:90% >
                <legend>个税计算器</legend><br/>");
        out.println("<form method='post'>");
        out.println("<div style='line'>");
        out.println("<div class='leftDiv'>您的工资为</div><div align='left' class='
                rightDiv'><input type='text' name='income'>单位:元</div>");
        out.println("</div><br/>");
        out.println("<div style='line'>");
        out.println("<div class='leftDiv'></div><div align='left'
                class='rightDiv'><input type='submit' value='计算个税'
                class=button></div>");
        out.println("</div>");
        out.println("</form>");
        out.println("</BODY>");
        out.println("</HTML>");
        out.flush();
        out.close();
    }
    @Override
    public void destroy(){
        this.log("执行 destroy()方法…");
        startPoint = 0;
    }
}
```

该 Servlet 实现了计算个人所得税的功能。LifeCycleServlet 在初始化的时候需要读取配置在 web.xml 里的个人所得税起征点。该 Servlet 在 web.xml 中配置如下：

```
<servlet>
    <servlet-name>LifeCycleServlet</servlet-name>
    <servlet-class>edu.jwshock.servlet.LifeCycleServlet</servlet-class>
    <inin-param>
        <param-name>startPoint</param-name>
        <param-value>1600</param-value>
    </inin-param>
</servlet>
<servlet-mapping>
```

```
    <servlet-name> LifeCycleServlet <servlet-name>
    <url-pattern>/demo/LifeCycleServlet</url-pattern>
</servlet-mapping>
```

LifeCycleServlet 运行效果如图 3-13 所示。

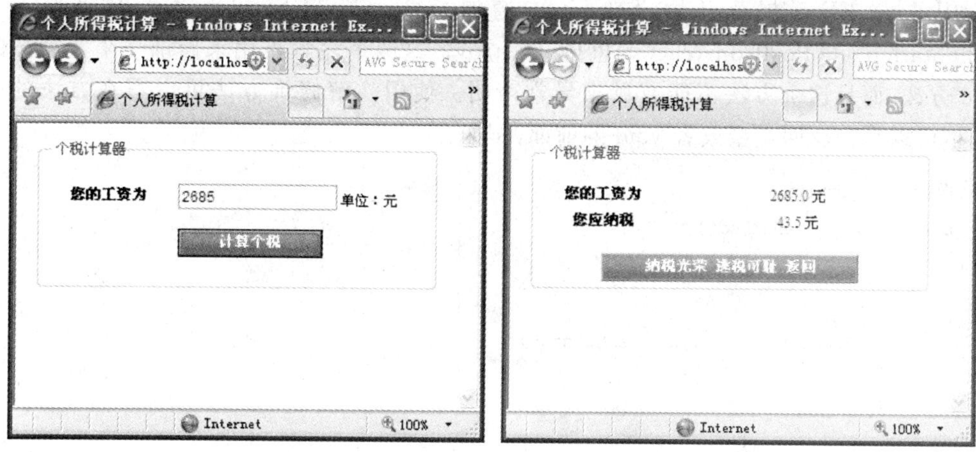

图 3-13　LifeCycleServlet 运行效果

该程序重点演示的是 Servlet 的生命周期，因此在 Servlet 的 init()、service()、doGet()、doPost()、destroy()方法里使用 log 打印出了执行信息。启动 Tomcat，请求 LifeCycleServlet，然后关闭 Tomcat，日志中将展现 Servlet 的一个完整周期。下面是 Tomcat 控制台的部分输出：

```
2012-10-17 0:17:10 org.apache.catalina.core.ApplicationContext log
信息：ContextListener：contextInitialized()
2012-10-17 0:17:10 org.apache.catalina.core.ApplicationContext log
信息：SessionListener：contextInitialized()
2012-10-17 0:17:18 org.apache.catalina.core.ApplicationContext log
信息：LifeCycleServlet：执行 init() 方法 …
2012-10-17 0:17:18 org.apache.catalina.core.ApplicationContext log
信息：LifeCycleServlet：执行 service() 方法 …
2012-10-17 0:17:18 org.apache.catalina.core.ApplicationContext log
信息：LifeCycleServlet：执行 doGet() 方法 …
2012-10-17 0:17:23 org.apache.catalina.core.ApplicationContext log
信息：LifeCycleServlet：执行 service() 方法 …
2012-10-17 0:17:23 org.apache.catalina.core.ApplicationContext log
信息：LifeCycleServlet：执行 doPost() 方法 …
2012-10-17 0:18:14 org.apache.catalina.core.ApplicationContext log
信息：LifeCycleServlet：执行 destroy() 方法 …
2012-10-17 0:18:14 org.apache.catalina.core.ApplicationContext log
信息：SessionListener：contextDestroyed()
```

```
2012-10-17 0:18:14 org.apache.catalina.core.ApplicationContext log
信息：ContextListener：contextDestroyed()
```

3.6.3 S 注解@PostConstruct 与@PreDestroy

从 Java EE 5 规范开始，Servlet 中增加了两个影响 Servlet 生命周期的注解(Annotation)：@PostConstruct 与@PreDestroy。这两个注解被用来修饰一个非静态的 void 方法，而且这个方法不能有抛出异常声明。使用注解修饰方法可以写在方法的前面，也可以写在返回类型或者 void 的前面，例如：

```
@PostConstruct
public void someMethod(){
  …
}
public @PreDestory void anothedMethod(){
  …
}
```

被@PostConstruct 修饰的方法会在服务器加载 Servlet 的时候运行，并且只会被服务器调用一次，类似于 Servlet 的 init()方法。PostConstruct 从字面上讲有“在构造函数之后运行”的意思。实际上，被@PostConstruct 修饰的方法会在构造函数之后、init()方法之前运行。

被@ PreDestroy 修饰的方法会在服务器卸载 Servlet 的时候运行，并且只会被服务器调用一次，类似于 Servlet 的 destroy()方法。虽然 PreDestroy 字面上的意思是“在 destroy 之前运行”，但是被@PreDestroy 修饰的方法会在 destroy()后运行，在 Servlet 被彻底卸载之前。PreDestroy 里的 Destroy 指的是 Servlet 的销毁，而不是 destroy()方法。带有@PreConstruct 与@PreConstruct 注解的 Servlet 生命周期如图 3-14 所示。

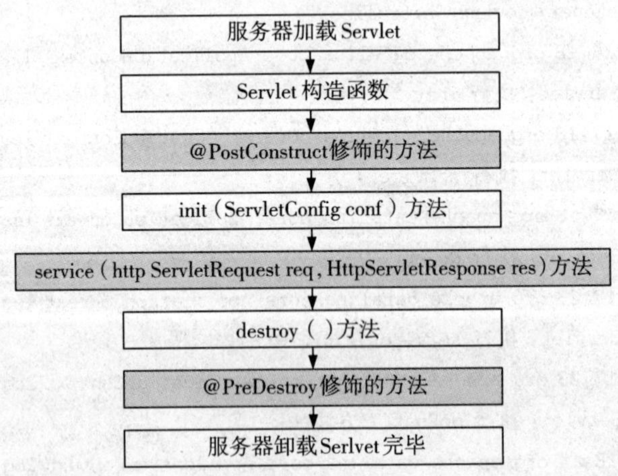

图 3-14 带注解的 Servlet 生命周期

需要注意的是，注解多多少少会影响到服务器的启动速度。服务器在启动的时候，会遍历 Web 应用的 WEB-INF/classes 下所有 class 文件与 WEB-INF/lib 下的所有 jar 文件,以检查哪些类使用了注解,而不支持注解的服务器是不需要这样做的。如果应用程序中没有使用任何注解,可以通过 web.xml 中设置〈web-app〉的 metadata-complete 属性为 true 来关掉服务器启动时例行的注解检查。代码如下:

```
<web-app xmlns = "http://java.sun.com/xml/ns/javaee"
        version = "2.5" metadata-complete = "true">
</web-app>
```

注意:

支持@PreConstruct 与@PreConstruct 注解的服务器需要实现 Servlet 2.5 及以上规范。Tomcat 5.x 仅支持到 Servlet 2.4 规范,因此不支持@PreConstruct 与@PreConstruct。部署 Web 应用时一定要留意,否则会遇到意料之外的程序错误。

3.7 Servlet 之间的跳转

Servlet 之间可以相互跳转,从一个 Servlet 程序跳到另一个 Servlet。利用 Servlet 的跳转可以很容易地把一项任务按模块分开,比如使用一个 Servlet 接收用户提交的数据,然后跳到另一个 Servlet 中读取数据库进行业务操作,然后再跳到另一个 Servlet 把处理结果显示出来。Servlet 的跳转可以实现程序模块化。

MVC(Model-View-Control)框架中经常使用 Servlet 跳转。MVC 框架把程序分成 3 个部分:模型(Model)、视图(View)、控制(Control)。其中 Model 负责处理业务,View 负责显示数据,Control 负责逻辑控制。

3.7.1 转向(Forward)

转向(Forward)是通过 RequestDispatcher 对象的 forward(HttpServletRequest request, HttpServletResponse response)方法来实现的。RequestDispatcher 可以通过 HttpServletRequest 的 getRequestDispatcher()方法获得。例如下面的代码可以跳转到另一个 Servlet:

```
RequestDispatcher dispatcher = request.getRequestDispatcher("demo/LifeCycleServlet");
dispatcher.forward(request, response);
```

getRequestDispatcher()方法的参数必须为以"/"开始,"/"表示本 Web 应用程序的根目录。如要跳转到本 Web 应用程序中的其他 Servlet,其 URL 为"http://localhost:8080/servlet/demo/LifeCycleServlet",则参数应为"/servlet/LifeCycleServlet"。

Forward 是 MVC 框架中常用的一种技术。Forward 不仅可以跳转到本应用的另一个 Servlet 或 JSP 页面,也可以跳转到另外一个文件,甚至 WEB-INF 文件夹下的文件。其中跳转到 Servlet 与 JSP 页面是最常见的。程序框架中常使用一个 Servlet 来集中处理请求然后跳转到其他响应的 Servlet，或者在 Servlet 中处理业务逻辑，然后跳转到 JSP 页面中显示处理结果。

使用向导新建 ForwardServlet，源代码如下：

```
package edu.jwshock.servlet;
public class ForwardServlet extends HttpServlet {
    public void doGet(HttpServletRequest request,HttpServletResponse response)
            throws ServletException, IOException {
        String destination = request.getParameter("destination");
        if ("file".equals(destination)) {                          // 跳转到/WEB-INF/web.xml
            RequestDispatcher dispatcher = request.getRequestDispatcher("/WEB-INF/web.xml");
            dispatcher.forward(request, response);
        } else if ("jsp".equals(destination)) {                    // 跳转到/forward.jsp
            //传递一个 date 对象给 jsp 页面
            request.setAttribute("date", new Date());
            RequestDispatcher dispatcher = request.getRequestDispatcher("/forward.jsp");
            dispatcher.forward(request, response);
        } else if ("servlet".equals(destination)) {               // 跳转到另一个 Servlet
            RequestDispatcher dispatcher = request.getRequestDispatcher
            ("/demo/LifeCycleServlet");
            dispatcher.forward(request, response);
        } else {
            response.setCharacterEncoding("UTF-8");
            response.getWriter().println("缺少参数，用法：" + request.getRequestURL()
                            +"?destination = jsp 或者 file 或者 servlet");
        }
    }
}
```

ForwardServlet 根据地址栏传入的 destination 参数不同而跳转到不同的目的地。如果 destination 参数值为“file”，则跳转到文件“/WEB-INF/web.xml”；如果为“servlet”，则跳转到“/demo/LifeCycleServlet”；如果为“jsp”，则跳转到 JSP 页面“/forward.jsp”。

本例中使用了一个 JSP 文件。在项目 servlet 的 WebRoot 文件夹上右击，在弹出的菜单中选择“New | JSP（Advanced Templates）”命令，在对话框中输入文件名“forward.jsp”后单击“Finish”按钮。输入如下代码：

```
<%@ page language = "java"contentType = "text/html; charset = UTF-8" %>
<jsp:directive.page import = "java.util.Date"/>
<jsp:directive.page import = "java.text.SimpleDateFormat"/>
<%
    Date date = (Date)request.getAttribute("date");
%>
<! DOCTYPE HTML PUBLIC "-//W3C//DTD HTML 4.01 Transitional//EN">
```

```
<html>
<head>
<title>Forward 跳转</title>
<link rel = 'stylesheet'type = 'text/css'
    href ='<% = request.getContextPath() %>/css/style.css'>
</head>
<body>
<div align = 'center'><br/>
    <fieldset style = width:90 %>
    <legend>Forward 跳转</legend><br/>
    <div style = 'line'>
        <div>从 ForwardServlet 中取到 Date 为</div>
        <div>
        <% = new SimpleDateFormat("yyyy-mm-dd HH:mm:ss:SSS").format(date) %>
        </div>
    </div><br/>
    <div style = 'line'>
        <div align = "center">
        <input type = 'button' onclick = 'location = "<% = request.getContextPath() %>/demo/
        ForwardServlet? destination = servlet";' value = '跳转到 Servlet' class = button>
        <input type = 'button' onclick = 'location = "<% = request.getContextPath() %>/demo/
        ForwardServlet? destination = file";' value = '跳转到 web.xml' class = button>
        <input type = 'button' onclick = 'location = "<% = request.getContextPath() %>/
        demo/ForwardServlet? destination = jsp";' value = '跳转到 jsp' class = button>
    </div>
</div>
</fieldset>
</body>
</html>
```

关于 JSP 相关知识在后面的章节中会详细介绍。JSP 中获取了 ForwardServlet 传递的 date 值,见粗体代码。程序运行效果如图 3-15 所示。

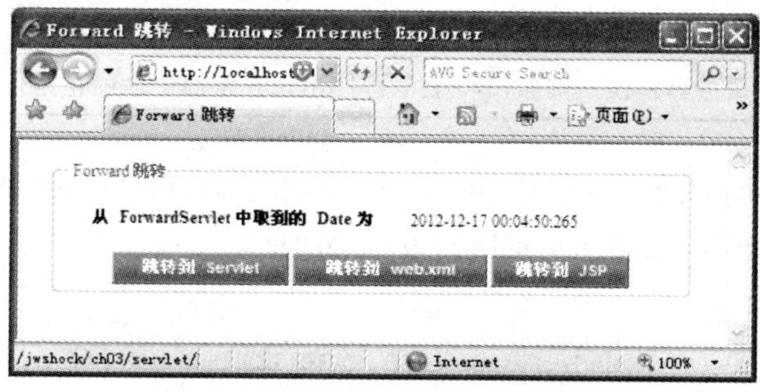

图 3-15　ForwardServlet 转向 forward.jsp 时运行效果

当使用 Forward 形式跳转 Servlet 时，地址栏会显示跳转前的 Servlet 访问地址。因为该跳转是在服务器端实现的，客户端浏览器并不知道发生了跳转动作。也就是说 Forward 跳转对客户端浏览器是透明的。

Forward 是比较常用的 Servlet 跳转方式。在 Struts 等 MVC 框架中，用 Servlet 来处理用户请求，把结果通过 request. setAttribute()放到 request 中，然后 Forward 到 JSP 中显示。

注意：

当执行 Forward 动作的时候，不能有任何输出到达客户端，否则会抛出 IllegalStateException 异常。也就是在 Forward 之前尽量不要使用 out. println()语句向客户端输出结果。

3.7.2 重定向(Redirect)

重定向是利用服务器返回的状态码来实现的。客户端浏览器请求服务器的时候，服务器端会返回一个状态码。比如典型的 404 就是服务器端找不到客户访问的资源时返回给客户端的状态码。Servlet 通过 HttpServletResponse 的 setStatus(int status)方法设置状态码。如果服务器返回 301 或者 302，则浏览器会到新的网址重新请求该资源。状态码代表的意义如表 3-2 所示。

表 3-2 HttpServletResponse 状态码

状态码	意义
1xx	信息状态码。表示该请求已经被接受，正在被处理
2xx	正确状态码。表示该请求已经被正确接收并处理，没有错误等发生。例如，200 表示一切正确
3xx	重定向状态码。例如，301、302 表示该资源已经不存在或者换了地址，客户端需要重新定向到一个新的资源。服务器响应中会附带这个新资源地址
4xx	请求错误。例如，401 表示没有权限访问，404 表示资源不存在，405 表示访问方式错误(如 Servlet 只接受 GET、POST 方式访问，但是客户端却以 DELETE 方式访问)
5xx	服务器错误。例如，500 表示程序出现异常而中途停止运行

301、302 都表示重定向，区别是 301 是永久性重定向，而 302 是临时性重定向。下面的代码将访问该 Servlet 的请求重定向到另一个网址。

```
// 设置状态码为 302
Response. setStatus(HttpServletResponse. SC_MOVED_TEMPORARILY);
// 设置重定向的新网址
Response. setHeader("Location", "http://www. jwshock. edu");
```

HttpServletResponse 类中把常用的状态码封装成了静态的常量。代码中 SC_MOVED_TEMPORARILY 表示的就是 302。另外，HttpServletResponse 把 setStatus 与 setHeader 方法封装成另一个 sendRedirect（String location）方法，只需要调用 sendRedirect 就能实现重定向。

下面的例子利用一个 Servlet 来统计下载文件的下载次数，要下载的文件以及下载次数都保持在一个 Map 中。当单击下载的时候，doGet 获取到文件名，更新下载的次数，并重定向到要下载的文件，达到统计下载次数的目的。代码如下：

```
packageedu.jwshock.servlet;
public class RedirectServlet extends HttpServlet{
    Map<String, Integer> map = new HashMap<String, Integer>();
    @Override
    public void init() throws ServletException{
        map.put("/download/setup.exe", 0);
        map.put("/download/application.zip", 0);
        map.put("/download/01.mp3", 0);
    }
    public void doGet(HttpServletRequest request, HttpServletResponse response)
            throws ServletException, IOException {
        String filename = request.getParameter("filename");
        if(filename != null){                          //统计下载次数
            int hit = map.get(filename);               //取下载次数
            map.put(filename, ++hit);                  //下载次数 +1 后保存
            response.sendRedirect(request.getContextPath() + filename);
                                                       //重定向到文件
        }
        else{                                          //显示下载次数
            response.setCharacterEncoding("UTF-8");
            response.setContentType("text/html");
            PrintWriter out = response.getWriter();
            out.println("<!DOCTYPE HTML PUBLIC \"-//W3C//DTD HTML 4.01
            Transitional//EN\">");
            out.println("<HTML>");
            out.println("<HEAD><TITLE>文件下载</TITLE></HEAD>");
            out.println(" <link rel='stylesheet' type='text/css' href
                    ='…/css/style.css'>");
            out.println("<BODY><br/>");
            out.println("<fieldset align=center style=windth:90%><legend>
                    文件下载</legend>");
            out.println("<table width=100%>");
            out.println("<tr>");
            out.println("<td><b>文件名</b></td>");
```

```
            out.println("<td><b>下载次数</b></td>");
            out.println("<td><b>下载</b></td>");
            out.println("</tr>");
            for(Entry<String, Integer> entry : map.entrySet()){
                out.println("<tr>");
                out.println("<td>" + entry.getKey() + "</td>");
                out.println("<td>" + entry.getValue() + "</td>");
                out.println(" <td>"<a href ='" + request.getRequestURI() + "? filename
                        = " + entry.getKey() + "'" + "target ='blank' onclick = " + "' location
                        = location;'>下载</a></td>");
                out.println("</tr>");
            }
            out.println("</table>");
            out.println("</legend>");
            out.println("</BODY>");
            out.println("</HTML>");
            out.flush();
            out.close();
        }
    }
    @Override
    public void destroy(){
        map = null;
    }
}
```

程序运行效果如图 3-16 所示。

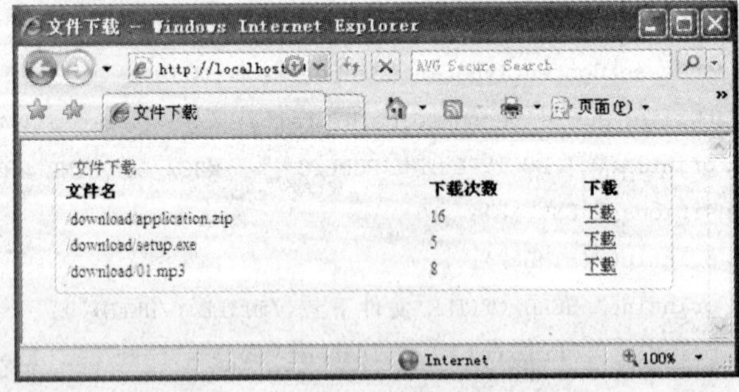

图 3-16 文件下载次数统计

注意:

当使用 Redirect 跳转 Servlet 时,跳转是在客户端实现的。也就是说客户端浏览器实际上请求了两次服务器,第一次获取了重定向状态与重定向的网址,第二次访问真实地址。

3.7.3 自动刷新(Refresh)

自动刷新不仅可以实现一段时间之后自动跳转到另一个页面，还可以实现一段时间之后自动刷新本页面。Servlet 中通过 HttpServletResponse 对象设置 Header 属性实现自动刷新效果，例如：

```
response.setHeader("Refresh","1000; URL = http://localhost:8080/servlet/example.html");
```

其中 1000 为时间间隔，单位毫秒。URL 参数指定的网址就是 1s 之后跳转的页面。当 URL 设置的路径为 Servlet 自己的路径时，就会每隔 1s 自动刷新本页面一次。

某些情况下，自动刷新很有用处，如实时显示股市走势，或者定时检查是否有新邮件到达。

> **提示：**
>
> 自动刷新与重定向原理是差不多的。如果把时间设为 0，把 URL 设为另外一个网址，效果就是重定向。

小　结

在 Java Web 程序中，Servlet 负责接收客户端请求(HttpServletRequest)，根据 Web 访问方式调用 doGet()、doPost()等方法做相应的处理，并将响应(HttpServletResponse)反馈给客户端。Servlet 需要在 web.xml 中配置，一个 Servlet 可以设置多个 URL 访问。Servlet 还可以配置初始化参数，供 Servlet 内部编程使用。一个 Servlet 类只会有一个实例，在它初始化时调用 init()方法，销毁时调用 destroy()方法。

思　考　题

1. 理解 Servlet 的概念，理解它在不同层面上的含义。
2. Web 服务器、客户端页面、Servlet 这三者是按什么样的顺序交互的？
3. 简述使用 Servlet 的一般步骤。一个 Servlet 的最简化配置是什么？如何配置一个 Servlet，使该 Servlet 能被所有页面访问？
4. 在什么请求下使用 doGet()方法，什么请求下使用 doPost()方法？
5. 在什么情况下需要配置〈init-param〉？
6. 简述 Servlet 生命周期。
7. 请说明在 Servlet 中，forward 与 redirect 的区别。

第4章 深入JSP技术

用 Servlet 生成动态 HTML 时是比较麻烦的，每行内容的输出都需要调用 out. println()，JSP 的出现弥补了这种不足。JSP 使用特殊的标记在 HTML 中嵌入 Java 代码，控制 HTML 的动态内容。实际上 JSP 是 Servlet 的一种特殊形式，只是 JSP 看起来更像是 HTML，而 Servlet 是普通的 Java 类。

4.1 JSP 简介

JSP 是一种基于脚本的程序，其特点是 HTML 与 Java 程序共同存在。执行时 JSP 会被 Tomcat 自动编译，这个编译过程对开发者是透明的。编译后的 JSP 跟 HttpServlet 一样，都是 java. servlet. Servlet 接口的子类，因此 JSP 是另一种形式的 Servlet。

4.1.1 JSP 概述

JSP 全称为 Java Server Page，是为了简化 Servlet 的工作而出现的。早期的 Java Web 体系结构中只有 Servlet，接受用户请求、处理业务逻辑、生成 HTML 显示结果都在 Servlet 中完成。虽然 Servlet 可以胜任所有的工作，但是 Servlet 控制 HTML 输出比较困难，而且部署过程也比较复杂。

为了克服 Servlet 的这些弱点，Sun 公司在 1999 年推出了 JSP。作为对 Servlet 的一个补充，JSP 在生成 HTML 代码上比 Servlet 方便许多，而且不需要特殊部署，只要复制到服务器中即可运行。事实上，JSP 也是一种 Servlet，能够完成 Httpservlet 完成的所有事情。

在经历了几次重大的改进之后，JSP 升级到了目前的 2.1 版本，功能也比第一版 JSP 强大很多。JSP 包括很多内容，主要有 JSP 脚本、JSP 指令、JSP 行为、JSP 标签、EL 表达式等。这些强大成熟的技术使得 JSP 在页面的呈现上有很大的优势。

4.1.2 JSP 示例

下面是一个简单的 JSP，能够根据服务器时间显示不同的问候语。

(1)新建 Web 工程。在 Eclipse 菜单中选择“File | New | Dynamic Web Project”命令，在弹出的对话框中输入项目名称“jsp”，并在指定 Web 模块版本后单击“Finish”按钮，如图 4-1 左图所示。

(2)新建 JSP 文件。在 Eclipse 左侧的项目管理器中找到 jsp 项目中的 WebContent 文件夹，使用右键菜单选择“New | JSP File”命令。在弹出的对话框中输入文件名 greeting.jsp，然后单击“Finish”按钮，如图 4-1 右图所示。

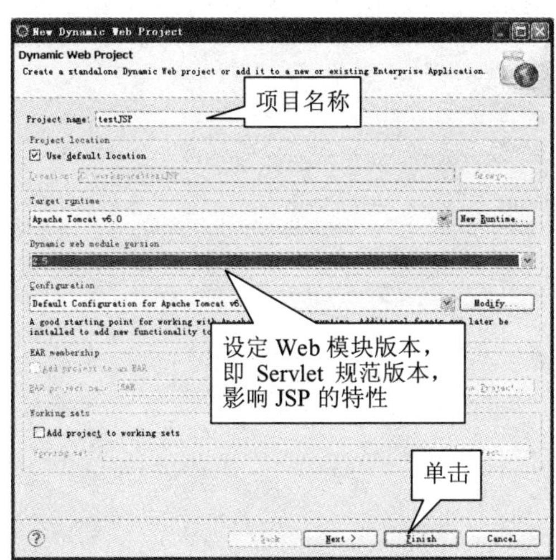

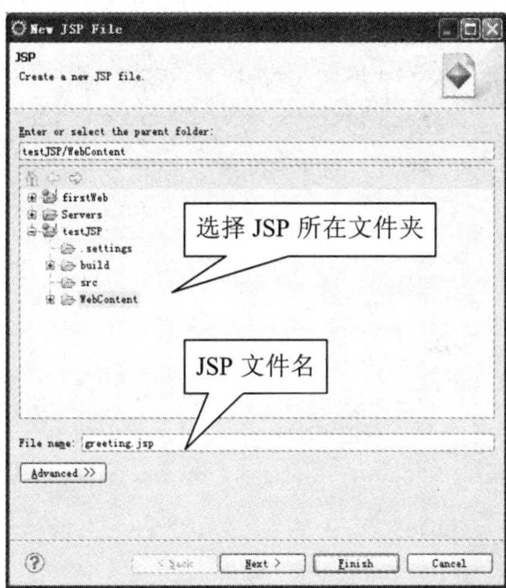

图 4-1　新建 Web 工程(左)与新建 JSP 页面(右)

编辑新建的 greeting.jsp，源代码如下：

```
<%@ page language = "java" import = "java.util.*"
        contentType = "text/html; charset = UTF-8" %>
<%
    Locale locale = request.getLocale();                          // 获取用户的本地化信息
    Calendar calendar =  Calendar.getInstance(locale);            // 获取用户所在地的时间
    int hour = calendar.get(Calendar.HOUR_OF_DAY);                // 获取小时
    String greeting = "";
    if (hour <= 6){
        greeting = "凌晨好，您该睡觉了。良好的睡眠是美好一天的开始。";
    }else if (hour <= 9){
        greeting = "早上好，早餐应该注意营养。";
    }else if (hour <= 12){
        greeting = "上午好，工作时注意保护眼睛。";
    }else if (hour <= 18){
        greeting = "下午好，小心工作中打瞌睡。";
    }else if (hour <= 24){
        greeting = "晚上好，放松一下自己，好好休息。睡觉不要太晚啊～～";
    }else{
```

```
        // noops.
    }
〈%
〈! DOCTYPE HTML PUBLIC "-//W3C//DTD HTML4.01 Transitional//EN"〉
〈html〉
〈head〉
    〈title〉欢迎页面〈/title〉
    〈meta http-equiv="pragma" content="no-cache"〉
    〈meta http-equiv="cache-control" content="no-cache"〉
    〈meta http-equiv="expires" content="0"〉
    〈meta http-equiv="keyword" content="keyword1,keyword2,keyword3"〉
    〈meta http-equiv="description=content="This is my page"〉
〈/head〉
〈body〉
〈table〉
    〈tr〉
        〈td〉〈%=greeting%〉〈/td〉
    〈/tr〉
〈/table〉
〈/body〉
〈/html〉
```

JSP 中粗体部分就是 Java 程序代码(与普通 Java 类代码没什么区别),其他的部分是 HTML 代码。编辑完毕后使用 Eclipse 将项目 jsp 部署到 Tomcat 下面,详细步骤请参看第 2 章。启动 Tomcat,在浏览器中输入"http://localhost:8080/jsp/greeting.jsp",即可访问该 JSP 程序。其运行效果如图 4-2 所示。

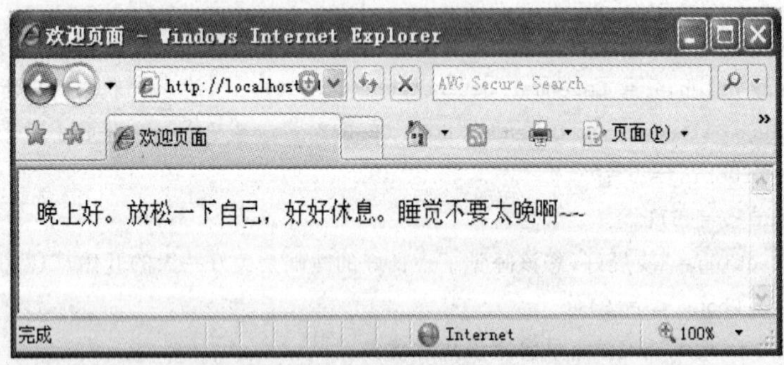

图 4-2 晚上时 greeting.jsp 运行效果

从上面的例子中可以看出,JSP 可以将 Java 代码嵌入在 HTML 中。而 Servlet 只能使用 out.println("〈html〉") 输出 HTML。另外,JSP 程序不需要在 web.xml 中部署,直接使用网址访问即可。该 Web 项目中只含有 JSP 程序而没有 Servlet,因此部署时不需要 web.xml。

> **注意：**
>
> 在 Java EE 5.0 规范中，如果一个 Web 应用只含有 JSP 程序以及 HTML 页面、图片等静态文件资源，则部署 Web 应用时不需要 web.xml。Tomcat 6 中也不需要 web.xml，而在早期的版本如 J2EE 1.4 中，无论是否有 Servlet 等高级程序，部署时必须使用 web.xml。Tomcat 5 中就必须使用 web.xml。

客户端第一次请求 greeting.jsp 时，Tomcat 先将 greeting.jsp 转化为标准的 Java 源代码 greeting_jsp.java，存放在“C:\tomcat tomcat－6.0.36\work\Catalina\localhost\jsp\org\apache\jsp”目录下；然后将 greeting_jsp.java 编译为类文件 greeting_jsp.class，该 class 文件便是 JSP 对应的 Servlet。编译完毕后，再运行 class 文件来响应客户端请求。以后客户端访问 greeting.jsp 时，服务器将不再重新编译 JSP 文件，而是直接调用 greeting_jsp.class 来响应客户端请求。

由于 JSP 只会在客户端第一次请求的时候被编译，因此第一次请求 JSP 时会感觉比较慢。而之后的请求因为不再编译 JSP，所以速度就快多了。如果将 Tomcat 保存的 JSP 编译后的 class 文件删除，Tomcat 也会重新编译 JSP。

开发 Web 程序时，经常需要修改 JSP，Tomcat 能够自动检测到 JSP 程序的变化。如果检测到 JSP 源代码发生了变化，Tomcat 会在下次客户端请求 JSP 时，重新编译 JSP 而不需要重启 Tomcat。这种自动检测功能默认是开启的，检测变化消耗的时间不多，也可以在部署 Web 应用程序时将其关掉。

4.1.3 JSP 生命周期

JSP 是一种 Servlet，运行时也只有一个实例，但是与 HttpServlet 的工作过程并不完全相同。HttpServlet 是先由源代码编译为 class 文件，后部署到服务器中，即先编译后部署；而 JSP 则是先部署源代码后编译为 class 文件的，是先部署后编译。JSP 会在客户端第一次请求 JSP 文件时被编译为 HttpJspPage 类(接口 Servlet 的一个子类)，该类会被临时存放在服务器工作目录里。

在 JSP 生命周期中首先是编译阶段(将 JSP 编译成 Servlet)，其他阶段都和 Servlet 类似，有实例初始化、请求处理和销毁阶段，如图4－3所示。

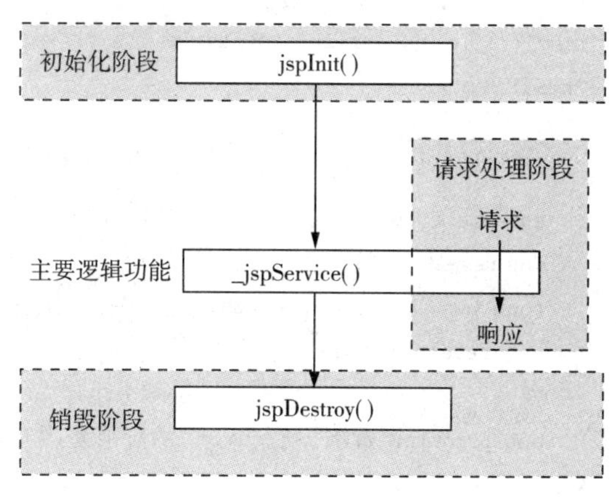

图 4－3 JSP 生命周期

JSP 在初始化阶段会调用 jspInit()方法，销毁阶段调用 jspDestroy()方法，利用这两个方法可以完成对一些资源的初始化与清除工作。可根据需要在 JSP 中覆盖这两个方

法,使用方式如下:

```
<%!   //注意这里是%!
public void jspInit() {
    //初始化时运行的代码
}
public void jspDestroy() {
    //销毁时运行的代码
}
%>
```

4.2 JSP 语法

JSP 是 HTML 与 Java 代码的混合体,其中的 HTML 部分遵循 HTML 语法,称为模板数据,Java 部分遵循 Java 语法。无论程序怎样运行,模板数据输出到客户端浏览器时都不会发生变化。嵌入的 Java 代码称为 JSP 元素,JSP 元素必须遵守规定的语法,否则在编译时会发生错误。JSP 元素包括脚本(Scriptlet)、指令(Directive)、行为(Action)等。

4.2.1 JSP 脚本

JSP 中的 Java 代码也叫做 Scriptlet(脚本)。JSP 脚本必须使用"<%"与"%>"括起来,否则被视为 HTML。"<%"与"%>"中间的部分必须遵循 Java 语法,否则会发生编译错误。JSP 脚本可以出现在 JSP 文件的任何地方,例如:

```
<%@ page language = "java" contentType = "text/html; charset = UTF-8" %>
<html>
<head><title>JSP Scriptlets</title>
</head>
<body>
<%
    int num = 10;
    int result = 1;
    for (int i = 1; i <= num; i++) {  //循环计算10次
        result *= i;
    }
    out.println("数字" + num +"的阶乘为:"+ result);
%>
</body>
</html>
```

粗体部分为 JSP 脚本。第一行为 JSP 指令,指明页面内容类型以及编码方式。程序输出到客户端浏览器的 HTML 内容如下:

```
<html>
<head><title>JSP Scriptlets</title>
</head>
<body>
数字 10 的阶乘为:3628800
</body>
</html>
```

粗体部分为 JSP 脚本生成的代码。

4.2.2 JSP 表达式

上一节中显示的结果是使用 out.println()方法输出来的，类似于 Servlet 中的输出。JSP 中还可以使用“<%=”与“%>”输出各种类型数据，包括 int、double、boolean、String、Object 等，例如：

```
<%@ page language="java" contentType="text/html;charset=UTF-8"%>
<html>
<head><title>JSPExpression</title>
</head>
<body>
<%
    int num = 10;
    int result = 1;
    for(int i = 1; i <= num; i++){
        result *= i;
    }
%>
数字<%=num%>的阶乘为:<%=result%>
</body>
</html>
```

其输出效果与上面是一样的。

注意：

使用“<%=”与“%>”输出变量的时候后面不能有“;”号。输出某个类对象是调用该对象的 toString()方法。

4.2.3 JSP 定义

JSP 中可以声明方法与变量（全局变量），这些方法与变量属于整个 JSP 页面（类似 Servlet 的属性和方法）。JSP 声明方法或者变量时，使用“<%!”与“%>”，例如：

```
<%@ page language="java" contentType="text/html; charset=UTF-8" %>
<%@ page import="java.util.Date" %>
<%!                                                          //注意是%!
private static String loadTime = new Date().toString();     // 全局变量
private static String getLoadTime(){                         // 获取 JSP 调入内存的时间
    return loadTime;
}
private static String getCurrentTime(){                      // 获取当前时间
    return new Date().toString();
}
%>
<html>
<head>
<title>JSP Declarations</title>
<head>
<body><br/>
此 JSP 文件调入内存的时间为:<%=getLoadTime()%>。<br>
当前的时间为:<%=getCurrentTime()%>
</body>
</html>
```

粗体代码为定义的方法与变量,运行结果如下:

```
此 JSP 文件调入内存的时间为:Sun Jan 22 21:44:13 CST 2012。
当前的时间为:Sun Jan 22 21:46:17 CST 2012
```

在 JSP 脚本中也可以定义变量(即在"<%"与"%>"之间声明),这种变量是临时变量(局部变量)。

JSP 可以使用多个"<%!"与"%>"声明多个方法,也可以将多个方法声明在一对"<%!"与"%>"中。

> **注意:**
> 编译后的 JSP 类,除了具有 Servlet 接口的方法之外,还定义了自己的方法,如 jspInit、jspDestroy、_jspService 等,它们用于完成 JSP 的初始化、销毁与请求处理时的工作。用户自定义方法时应该避免使用上述方法名称。如果自定义方法与上述方法名称相同,则认为覆盖了 JSP 定义的方法。

4.2.4 JSP 注释

注释是编程中常用的程序元素。"<%--"与"--%>"引起 JSP 注释。使用 JSP 注释标记的内容不会输出到客户端浏览器。另外在 JSP 脚本中可以使用 Java 注释,例如:

```
<%@ page language="java" contentType="text/html; charset=UTF-8" %>
```

```
<%
//这是 Java 单行注释
String path = request.getContextPath();
/*
这是 Java 多行注释
可根据需要书写多行
*/
%>
<! DOCTYPE  HTML PUBLIC" - //W3C//DTD HTML4.01 Transitional//EN">
<html>
  <head>
    <title>JSP 注释</title>
  </head>
<%--
    这才是 JSP 注释,可以书写多行
--%>
  <body>
    This is my JSP page.<br>
  </body>
</html>
```

4.2.5 JSP 指令

JSP 指令用来声明 JSP 页面的一些属性,如编码方式、文档类型等。JSP 指令以“<%@”开始,以“%>”结束。JSP 指令格式如下:

```
<%@ directive {attribute = "value"} *  %>
```

星号(*)代表可以有 0 个或者多个属性。例如前面例子中指定编码方式的指令。

```
<%@ page language = "java" contentType"text/html; charset = UTF-8"  %>
```

该指令中 directive 为 page,因此该指令是一个 page 指令,包含 language 与 contentType 两个属性。有关 JSP 指令的更多用法在 4.4 节介绍。

4.2.6 JSP 行为

JSP 行为(JSP Actions),是对 JSP 功能的抽象与封装,只需要书写很少的标签代码就能使用 JSP 提供的丰富功能。JSP 行为包括两种:自定义 JSP 行为与标准 JSP 行为。自定义行为就是 JSP 自定义标签;标准 JSP 行为是一组 JSP 内置的标签,其格式如下:

```
<jsp:elements {attribute = "value"} *  />
```

一个 JSP 行为能够指定 0 个或者多个属性对:

```
<jsp:forward page = "/main.jsp">
```

这是一个支持页面转向的标准行为,可以转向 JSP 页面或静态 HTML 页面。有关标准

JSP 行为的使用在 4.5 节介绍。

4.3 JSP 的流程控制

使用 JSP 脚本，能够充分利用 Java 语言流程控制机制。下面简单介绍如何使用分支语句和循环语句动态建立 HTML 网页。

4.3.1 分支语句

JSP 脚本中可以使用 if 语句。不同的是，if 语句块中可以包含大段的 HTML 代码。如果 if 语句块包含有 HTML 代码，if 语句块前后必须使用"{"与"}"，例如：

```
<%@ page language = "java" contentType = "text/html; charset = UTF-8" %>
<html>
<head><title>JSPDecision - Making Statements</title>
</head>
<body>
<%
    int value = 23;
    Stringnumber = request.getParameter("number");
    int guess = number == null ? -1: Integer.parseInt(number);
    if (guess == 0) {
%>
请使用参数 number 输入你猜出的数，注意：不能使用负数。<br/>
<%
    } else if (guess == value) {
%>
恭喜你，猜中了这个数。(不过没有任何奖励哟)<br/>
<%
    }else if (guess<value) {
%>
抱歉，你所猜的数比实际值的小！<br/>
<%
    } else {
%>
抱歉，你所猜的数比实际值的大！<br/>
<%
    }
%>
</body>
</html>
```

粗体部分为 JSP 脚本。程序根据 URL 地址中 number 参数决定输出什么内容。当使用"http://1ocalhosr:8080/jsp/if.jsp? number=3"访问该 JSP 时，生成的 HTML 内容如下：

```
<html>
<head><title>JSP Decision on-Making Statements</titile>
</head>
<body>
    抱歉，你所猜的数比实际的小！<br/>
</body>
</html>
```

4.3.2 循环语句

JSP 中可以使用 for 语句来循环输出内容。for 与 if 一块使用会使程序流程更加灵活，产生令人惊奇的效果，例如：

```
<%@ page language="java"contentType="text/html; charset=UTF-8"%>
<html>
<head>
    <title>JSPLoop Statements</title>
    <link rel="stylesheet" type="text/css"href="css/style.css">
</head>
<body>
<%
    java.util.List<String[]> menus = new java.util.ArrayList<String[]>();
    menus.add(new String[]{"首页","home.html"});
    menus.add(new String[]{"资源","resource.html"});
    menus.add(new String[]{"文档","document.html"});
    menus.add(new String[]{"下载","download.html"});
    menus.add(new String[]{"关于","about.html"});
    menus.add(new String[]{"邮件","email.html"});
    menus.add(new String[]{"社区","forum.html"});
%>
<table width="100%" cellspacing="1"bgcolor="#999999">
    <tr>
        <td bgcolor="#666666"colspan="7"
            style="color: #FFFFFF; font-size:32px; height:60px; ">
JWShock 演示网站
        </td>
    </tr>
    <tr style="font-size: 12px">
        <%
            for(int i = 0; i <menus.size(); i++) {
```

```
            String[] menu = menus.get(i);
        %>
        <td bgcolor="#DDDDDD"align="center">
            <a href="<%=menu[1]%>"><%=menu[0]%></a>
        </td>
        <%} // end of for %>
    </tr>
</table>
</body>
</html>
```

粗体部分为 for 循环语句。该程序使用二维数组保存菜单信息，并使用 for 循环将菜单信息显示出来。程序运行效果如图 4-4 所示。

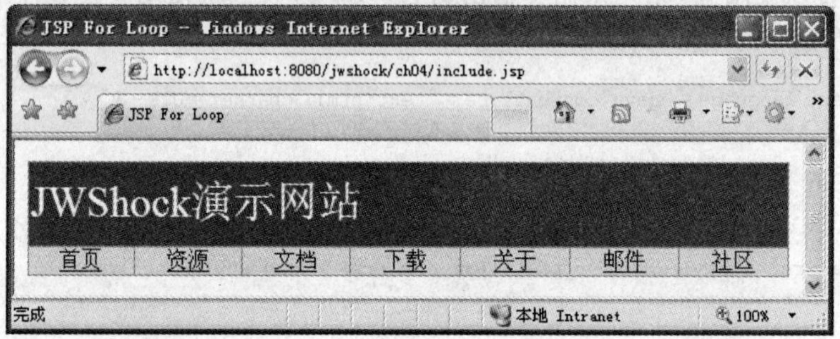

图 4-4 for 循环运行效果

while 循环与 for 循环实质上是一样的。while 循环可以改写成 for 循环，for 循环也可以改写成 while 循环，在 JSP 中也不例外。while 循环在 JSP 中的写法如下：

```
<%@ page language="java" contentType="text/html; charset=UTF-8" %>
<html>
<head>
    <title>JSP While Statements</title>
    <link rel="stylesheet"type="text/css"href="css/style.css">
</head>
<body>
<%
    java.util.List<String[]> menus = new java.util.ArrayList<String[]>();
    menus.add(new String[]{"首页","home.html"});
    menus.add(new String[]{"资源","resource.html"});
    menus.add(new String[]{"文档","document.html"});
    menus.add(new String[]{"下载","download.html"});
    menus.add(new String[]{"关于","about.html"});
    menus.add(new String[]{"邮件","email.html"});
    menus.add(new String[]{"社区","forum.html"});
```

```
%>
<table width="100%" cellspacing="1"bgcolor="#999999">
    <tr>
        <td bgcolor="#666666"colspan="7"
            style="color: #FFFFFF; font-size:32px; height:60px; ">
            JWShock 演示网站
        </td>
    </tr>
    <tr style="font-size: 12px">
        <%
            java.util.Iterator<String[]> it = menus.iterator();
            while (it.hasNext()) {
                String[] menu = it.next();
        %>
        <td bgcolor=#DDDDDD align=center>
            <a href="<%=menu[1]%>"><%=menu[0]%></a>
        </td>
        <% } // end of while %>
    </tr>
</table>
</body>
</html>
```

提示：

while 循环还有另外一种方式，就是 do… while 形式，跟 Java 中完全一样。for、while、do… while 都能实现循环功能，可以根据需要选择使用。

4.3.3 return 语句

有时在 JSP 代码执行过程中，需要中途停止而不再继续往下运行，JSP 初学者往往不知道这时应该怎么办。其实很简单，使用 return 语句就可以终止程序的继续运行。return 语句会忽略其后面的所有语句(包括 Java 代码以及 HTML 代码)，直接结束运行，例如：

```
<%@page language="java" contentType="text/html; charset=UTF-8"%>
<html>
<head><title>JSPReturn Statements</title>
</head>
<body>
<%
    StringsPower = request.getParameter("power");
```

```
        if (sPower ! = null) {
        int power = Integer.parseInt(sPower);
            if (power <= 5) {
                        out.println(" * 电量耗尽,准备关机! * ");
            } else if (power< 10) {
                        out.println(" * 替换电池! * ");
            } else if(power< 30){
                        out.println(" * 电量较低 * ");
            } else{
                        out.println(" * 电量充足 * ");
        }
        return;
    }
    %>
        <form action = "return.jsp" method = "get">
            电量值:<input type = "text" name = "power" value = ""/>
            <input type = "submit" name = "submit" value = "提交"/>
        </form>
    </body>
    </html>
```

不带参数访问该 JSP 时会显示文本框,要求输入当前电量。当输入电量值并提交后,即使用"http://localhost:8080/jsp/return.jsp? power = 3"访问时,程序会执行 return 语句,显示电量耗尽的提示信息,而电量输入的文本框不会输出。带参数访问时的 HTML 输出如下:

```
<html>
<head><title>JSP with Return Statement</title>
</head>
<body>
 * 电量耗尽,准备关机! *
```

可以看到,return 之后连最后的</body>、</html>等标签都没有输出。

提示:

return 语句执行后,其后面的代码便不再运行,因此注意保持输出的 HTML 代码的完整。本例中输出的 HTML 便不完整,没有</body>、</html>等结束标签。

4.3.4 break 语句

break 跟 return 差不多,都能改变程序的运行流程。不同的是 return 是直接返回,后面的代码不再继续运行,而 break 则是跳出一个程序代码块,如 for 循环、while 循环、

switch 子句等,break 跳出后,程序代码块外层的代码仍然会继续运行。break 只能出现在 for 循环、while 循环、switch 子句等代码块的内部;而 return 不仅可以出现在 for 循环、while 循环、switch 子句等内部,也能出现在其外部。例如:

```
〈%@page language="java" contentType="text/html; charset=UTF-8"%〉
〈html〉
〈head〉〈title〉JSP with break Statement〈/title〉
〈/head〉
〈body〉
〈%
    for(int i=0;i<5;i++){
%〉    break 所在的循环,i=〈%=i%〉.〈br/〉
〈%
        if(i==2)break;
    }
%〉    break 循环完毕.〈br/〉
〈%
    for(int i=0;i<5;i++){
%〉    return 所在的循环,i=〈%=i%〉.〈br/〉
〈%
        if(i==2) return;
}
%〉    return 循环完毕。〈br/〉
〈/body〉
〈/html〉
```

代码中 break 与 return 语句都处于循环体之中。两个循环体的条件都是一样的。执行 break 之后跳出循环体,代码继续向下执行,而执行 return 之后,程序就结束了,不再继续往下运行。输出的 HTML 代码如下:

```
〈html〉
〈head〉〈title〉JSP with break Statement〈/title〉
〈/head〉
〈body〉
    break 所在的循环,i=0.〈br/〉
    break 所在的循环,i=1.〈br/〉
    break 所在的循环,i=2.〈br/〉
    break 循环完毕。〈br/〉
    return 所在的循环,i=0.〈br/〉
    return 所在的循环,i=1.〈br/〉
    return 所在的循环,i=2.〈br/〉
```

return 语句被执行之后,“return 循环完毕”并没有输出来。

> 📖 **提示：**
>
> 跟 Java 中一样，break 能用在 for 循环、while 循环中。break 执行后，跳出循环，后面的代码仍继续运行。

4.4 JSP 指令

JSP 指令为 JSP 页面传递重要的信息，它主要影响 JSP 的编译和解释。JSP 指令以符号“〈%@”开始，以符号“%〉”结束，主要包括 page、taglib、include 三个指令。

4.4.1 page 指令

page 指令是最常用的指令，用来声明 JSP 页面的属性等。JSP 指令的多个属性可以写在一个 page 指令里，也可以写在多个指令里，例如：

```
/* 一个指令写多个属性 */
<%@ page language="java" contentType="text/html; charset=UTF-8" %>
<%@ page pageEncoding="UTF-8" %>          //一个指令写一个属性
<%@ page import="java.util.*" %>           //另一个属性
```

需要注意的是，只有 import 属性可以出现多次，而 page 其他的属性都只能出现一次，否则会出现编译错误。import 属性可使用多条 page 指令，page 指令允许的属性如表 4-1 所示，注意属性名称是区分大小写的。

表 4-1　page 指令的常见属性

属性名	取值范围	描述
language	Java	指明解释该 JSP 文件时采用的语言，默认为 Java
extends	任何类的全名	指明编译该 JSP 文件时继承哪个类。JSP 也是 Servlet，因此当指明继承普通类时需要实现 Servlet 的 init、destroy 等方法
import	任何包名、类名	引入该 JSP 用到的类、包等。import 是唯一可以声明多次的 page 指令属性。一个 import 属性可以引用多个类，中间用英文逗号隔开，如〈%@ page import="java.util.list,java.util.ArrayList" %〉。 JSP 中下面 4 个包里的类可以直接使用：java.lang.*、javax.servlet.*、javax.servlet.jsp.*、javax.servlet.http.*
session	true,false	指明该 JSP 内是否内置 session 对象。如果为 true，则内置 session 对象，可直接使用；否则不内置 session 对象。默认为 true

（续表）

属性名	取值范围	描述
autoFlush	true,false	是否运行缓存。如果为 true,则使用 out. println()等方法输出的字符串并不是立刻到达客户端,而是暂时存在缓存里,缓存满或者程序执行完毕或者执行 out. flush()操作时才到客户端。默认为 true
buffer	none 或者数字+kb	指定缓存大小。当 autoFlush 设为 true 时有效,如〈%@ page buffer="10kb" %〉
isThreadSafe	true,false	指定是否线程安全。如果为 true,则运行多个线程,同时执行该 JSP 程序;否则只有一个线程执行该 JSP,其余线程等待。默认为 false
isErrorPage	true,false	指定该页面是否为错误处理页面。如果为 true,则该 JSP 内置有一个 Exception 对象 exception,可直接使用;否则没有。默认为 false
errorPage	某个 JSP 页面的相对路径	指明一个错误显示页面。如果该 JSP 程序抛出了一个未捕捉的异常,则转到 errorPage 指定的页面。errorPage 指定的页面通常 isErrorPage 属性为 true,且内置的 exception 对象为未捕捉的异常
contentType	有效的文档类型	客户端浏览器根据该属性判断文档类型,例如: HTML 格式为 text/html 纯文本格式为 text/plain JPG 图像为 image/jpeg GIF 图像为 image/gif WORD 文档为 application/msword
info	任意字符串	指明 JSP 的信息。该信息可以通过 Servlet. getServletInfo()方法获取到
trimDirective Whitespaces	true,false	是否去掉指令所占位置输出的空白字符。默认为 false

有一些旧属性,如 isXml、isELEnables、isScriptingEnabled 等,存在于某些 JSP 草稿版本中,而非 JSP 最终版本,已经被取消。

JSP 2.1 规范中新增加了属性 trimDirectiveWhitespaces,默认值为 false。当该属性被指定为 true 时能够取消指令占据位置输出的空白字符。如果不指定该属性,或者指定为 false,指令所在的位置会出现空白字符。例如下面的代码:

```
〈%@ page language="java" %〉
〈%@ page contentType="text/html; charset=UTF-8" %〉
〈%@ page trimDirectiveWhitespces="false" %〉
〈%@ page pageEncoding=UTF-8” %〉
```

```
<%@ page buffer = "10kb" %>
<%@ page info = "Test JSP Directive" %>
<html>
<head><title>JSP Directive</title>
</head>
<body>
    This is a JSP file.
</body>
</html>
```

输出的 HTML 代码前面会有 5 个空白行。这 5 个空白行是 JSP 中的 5 个 page 指令输出来的。下面是输出的代码(注意前面的空行)：

```





<html>
<head><title>JSP Directive</title>
</head>
<body>
    This is a JSP file.
</body>
</html>
```

尽管多输出了 5 个空白行,但是并不影响在浏览器里的显示效果。如果想取消类似的多余空白行,可以指定 page 指令的 trimDirectiveWhitespaces 属性为 true。需要注意的是,有些 Java 服务器如 Tomcat 的某些版本,在处理 trimDirectiveWhitespaces 属性时,会与 JSP2.1 规范有些出入。

> **提示:**
>
> 在 HTML 文件中,空行是不影响显示效果的,但如果输出的是 XML 文件,则可能有问题。因为某些 XML 解析器不允许 XML 文件前面有空行,如果有空行,则可能会解析出错,这时必须禁止输出空行。

4.4.2 include 指令

include 指令比较简单,使用形式为<% @ include file = "relativeURL"%>。relativeURL 表示本 Web 应用程序内另一个 JSP 文件或者 HTML 文件的路径。例如,网站内所有页面均有一个统一风格的导航栏 head.jsp 与页脚版权 foot.jsp,则可以使用 include 指令。include 指令用来实现 JSP 页面的区块化,如使用了 include 指令的页面代码如下：

```
<%@ page language = "java" contentType = "text/html;charset = UTF - 8" %>
<%@ include file = "head.jsp" %>
<div style = "float: left"><img src = "images/main3.jpg"></div>
<div style = "font - size: 12px">
<br/><br/><b>欢迎光临 jwshock 演示网站</b>
<br>由 demo<br>发布时间:2006 - 03 - 15<br>
<img src = "images/print.gif"><a href = "print.htm" target = "_blank">打印</a>
<img src = "images/email.gif"><a href = "email.htm">邮件</a><br><br>
网站内容正在建设中,期待您的加入! <br><br>
<a href = "update.htm">点击这里</a> 开发更新和修改网站的内容。<br><br>
<a href = "remark.htm">文章评论(0)</a>
</div>
<%@ include file = "foot.jsp" %>
```

粗体代码为 include 指令。所有的导航栏内容全部放进了 head.jsp,所有的版权内容都放进了 foot.jsp,本 JSP 文件中只包含少量的文本内容与图像显示。其执行效果如图 4 - 5 所示。

图 4 - 5 include.jsp 执行效果

head.jsp 的源代码如下:

```
<%@ page language = "java" contentType = "text/html;charset = UTF - 8" %>
<html>
<head>
    <title>JSP Sxriptlets</title>
    <link rel = "stylesheet" type = "text/css"href"css/style.css">
</head>
<body>
<table width = "100 % " cellspacing = "1"bgcolor = "#999999">
    <tr>
        <td bgcolor = "#666666"colspan = "7"
            style = "color:#FFFFFF;font - size:40px;height:60px;">
        JWShock 演示网站
```

```
        </td>
    </tr>
    <tr>
        <td bgcolor = "#DDDDDD"align = "center">首页</td>
        <td bgcolor = "#DDDDDD"align = "center">资源</td>
        <td bgcolor = "#DDDDDD"align = "center">文档</td>
        <td bgcolor = "#DDDDDD"align = "center">下载</td>
        <td bgcolor = "#DDDDDD"align = "center">关于</td>
        <td bgcolor = "#DDDDDD"align = "center">邮件</td>
        <td bgcolor = "#DDDDDD"align = "center">社区</td>
    </tr>
</table>
```

foot.jsp 的源代码如下：

```
<%@ page language = "java" contentType = "text/html;charset = UTF-8" %>
<table width = "100%"cellspacing = "1"bgcolor = "#CCCCCC">
    <tr>
        <td align = "center"bgcolor = "#666666"
            style = "color:#FFFFFF;font-size:14px;height:20px;">
Copyright 2007-2010&copyJWShock
        </td>
    </tr>
    <tr></tr>
</table>
</body>
</html>
```

如果导航的头文件有多个，还可以使用 if 语句包含头文件，以实现动态跳转。例如：

```
<%
if("style1".equals(request.getParameter("style"))){
%>
    <%@include file = "head1.jsp" %>
<%
} else if("style2".equals(request.getParameter("style"))){
%>
    <%@include file = "head2.jsp" %>
<%
}else{
%>
    <%@ include file = "head.jsp" %>
<%}%>
```

JSP 中还提供另一种包含文件的行为：<jsp:include page="relativeURI"/>。该行为

与 include 指令使用方法基本一致，page 属性也是相对文件路径。不同的是，〈%@ includefile="relativeURI"%〉是把 head.jsp 与 foot.jsp 的源代码添加到了 include.jsp 中，然后编译成一个 class 文件，属于先包含后编译；而〈jsp:include page="relativeURI"/〉行为则是运行时单独执行 head.jsp 与 foot.jsp，然后把执行结果包含到 include.jsp 中，属于先运行后包含行为。〈jsp:include page="relativeURI"/〉会在后面的章节中介绍。

除了使用 include 指令与〈jsp:include/〉行为包含文件外，还可以在 web.xml 中通过 JSP 配置来包含文件。JSP 配置稍后会详细讲到。

4.4.3 taglib 指令

JSP 支持标签技术，使用标签功能能够实现视图代码重用，很少量的代码就能实现很复杂的显示效果。要使用标签功能必须先声明标签库以及标签前缀。taglib 指令用来指明 JSP 页面内使用的 JSP 标签库。taglib 指令有两个属性，uri 为类库的地址，prefix 为标签的前缀，例如：

```
〈%@ page language="java" contentType="text/html;charset=UTF-8" %〉
〈! DOCTYPE HTML PUBLIC "-//W3C//DTD HTML 4.01 Transitional//EN"〉
〈%@ taglib uri="http://java.sun.com/jsp/jstl/core"prefix= ="c"%〉
〈html〉
〈head〉
〈title〉My JSP'taglib.jsp'starting page〈/title〉
〈/head〉
〈body〉
    〈c:forEach var="item" item="${arrays}"〉
        〈c:out value="item"〉〈/c:out〉
    〈/c:forEach〉
〈/body〉
〈/html〉
```

提示：

标签库是 JSP 最常用的功能，详情请参看本书中 JSP 标签的相关章节。

4.5 JSP 行为

与指令不同的是，JSP 行为在运行期请求处理时起作用。JSP 定义了一系列的标准动作，它们使用 XML 语法形式，都用 jsp 作为前缀，本节讲述常用的几个 JSP 标准行为。

4.5.1 〈jsp:include〉行为

〈jsp:include/〉行为用于运行时包含某个文件。如果被包含的文件为 JSP 程序，则先执行 JSP 程序，然后再把执行的结果包含进来。

〈jsp:include/〉行为的语法为〈jsp:include page="relativeURI" flush="true"/〉。属性 page 是必需的，为被包含文件的相对路径，必须为当前 Web 应用程序内的文件。属性 flush 取值为 true 或者 false。默认为 false，设置读入被保存文件内容前是否清空缓存，例如：

```
<%@ page language="java" contentType="text/html;charset=UTF-8" %>
<jsp:include flush="true" page="/head.jsp"/>
这里是正文
<jsp:include flush="true" page="/foot.jsp"></jsp:include>
```

前面提到 include 指令(〈%@include file="relativeURI"/〉)与〈jsp:include/〉行为都能包含一个文件，但是二者的原理与 include 发生的时刻是不一样的。前者是在编译时包含的，包含的是源代码；而后者是在运行时才包含的，只包含运行结果。〈jsp:include/〉行为实际上是使用 request.getRequestDispatcher("relativeURL").forward(request,response)来执行被包含文件的。

4.5.2 使用 Java Bean(POJO)

Java Bean 行为是一组与 Java Bean 相关的行为，包括 useBean 行为、setProperty 行为、getProperty 行为等。

Java Bean 就是普通的 Java 类，也被称为 POJO(简单古老的 Java 对象，Plain Old Java Object)，是 Java 程序设计中被广泛应用的一种技术。Java Bean 类非常简单，简单到只有私有的属性以及对应的 getter 方法与 setter 方法，而且构造方法只能是无参数的。

getter 方法用于获取该属性，因此 getter 方法有返回值。setter 方法用于设置该属性，因此是 void 类型，没有返回值。如果一个属性名称为 xxx，那么它的 getter、setter 方法名称分别为 getXxx()与 setXxx。对于 boolean 类型的属性 xxx，习惯上一般把 getter 方法写做 isXxx()，而不是 getXxx()。下面看一个 POJO 类的代码：

```
package edu.jwshock.jsp.bean;
    public class Person {
    private String name;                    //姓名
    private int age;                        //年龄
    private String sex;                     //性别
    private boolean secret;                 //是否保密信息
    public int getAge(){                    //age 的 getter 方法
        return age;
    }
    public void setAge(int age){            //age 的 setter 方法
        this.age = age;
    }
    public String getName(){                //name 的 getter 方法
        return name;
```

```
    }
    public void setName(String name){           //name 的 setter 方法
        this.name = name;
    }
    public String getSex(){                     // sex 的 getter 方法
        return sex;
    }
    public void setsex(String sex){             // sex 的 setter 方法
        this.sex = sex;
    }
    public void setSecret(boolean secret){      // secret 的 getter 方法
        this.secret = secret;
    }
    // secret 的 secret 方法,形式为 isXxx
    public Boolean isSecret(boolean secret){
        return secret;
    }
}
```

useBean 行为用于在 JSP 中定义一个 Java Bean 对象。useBean 行为的格式为〈jsp:useBean id="beanId" class="className"scope="value"/〉。其中的属性如表 4-2 所示。

表 4-2 useBean 行为属性

属性名	取值范围	描述
id	合法的 Java 变量名称	指明 Java Bean 对象的名称。JSP 中可以使用该名称引用的 Java Bean 对象
class	Java Bean 类的全名	Java Bean 类的全名,带包名
scope	page, request, session, aplication	该 Java Bean 对象的范围。当为 page 时,只在该 JSP 页面内有效。当为 request 时,在当前的 request 中有效。当为 session 时,对当前用户有效。当为 application 时,当前 Web 应用程序内有效。默认为 page

useBean 行为定义了 Java Bean 对象后,就可以通过 getProperty 行为来获取 Java Bean 属性,或者通过 setProperty 行为来设置 Java Bean 属性。

getProperty 行为格式如下:

```
<jsp:getProperty name = "beanName" property = "propertyName"/>
```

setProperty 行为格式如下:

```
<jsp:setProperty name = "beanName"property = "propertyName"value = "aValue"/>
```

其中 name 为 Java Bean 的名称,也就是 useBean 行为里的 id 属性,property 为 Java Bean 属性,value 为属性值。

下面为使用 HTML 页面向 JSP 页面提交数据，JSP 页面中使用 Java Bean 行为来处理提交的表单的一个例子。HTML 页面代码如下：

```
〈html〉
〈head〉
    〈title〉Java Bean Actions Form〈/title〉
    〈link rel = "stylesheet" type = "text/css" herf = "css/style.css"〉
〈/head〉
〈body〉
〈br/〉
〈div align = "center"〉
〈form action = "useBean.jsp" method = "post"〉
    〈fieldset style = 'width: 300'〉
    〈legend〉请填写 Person 信息〈/legend〉
        〈table align = "center"width = "400"〉
        〈tr〉
            〈td align = "right"style = "font - weight:bold;"〉姓名:〈/td〉
            〈td〉
                〈input type = "text" name = "name" value = ""
                        style = "width:200px;"/〉
            〈/td〉
        〈/tr〉
        〈tr〉
            〈td align = "right" style = "font - weight:bold;"〉年龄:〈/td〉
            〈td〉〈input type = "text" name = "age" value = ""
                        style = "width:200px;"/〉
            〈/td〉
        〈/tr〉
        〈tr〉
        〈td align = "right"style = "font - weight:bold;"〉性别:〈/td〉
        〈td〉
            〈input type = "radio" name = "sex" value = "Male"/〉Male
            〈input type = "radio" name = "sex" value = "Female"/〉Female
            〈/td〉
        〈/tr〉
        〈tr〉
            〈td align = "right" style = "font - weight:bold;"〉〈/td〉
            〈td〉
            〈input type = "submit" name = "search" value = "提交 Person 信息"
                    class = "button"〉
            〈/td〉
        〈/tr〉
```

```
        </table>
    </fieldset>
</form>
</div>
</body>
</html>
```

粗体代码为 Form 表单部分。包含有 Java Bean 行为的 JSP 页面代码如下：

```
<%@ page language = "java" contentType = "text/html; charset = UTF-8" %>
<html>
<head>
    <title>Java Bean Actions</title>
    <link rel = "stylesheet" type = "text/css" href = "css/style.css">
</head>
<body>
<br/>
<% --声明 Person 类对象 person -- %>
<jsp:useBean id = "person" class = "edu.jwshock.jsp.bean.Person" scope = "page" />
<% --设置 person 的所有属性,属性值从 request 中自动取得。*表示所有属性 -- %>
<jsp:setProperty name = "person" property = "*" />
<div align = "center">
<form action = "method.jsp" method = "get">
    <fieldset style = 'width: 300'>
    <legend>请填写 Person 信息</legend>
        <table align = "center" width = "400">
            <tr>
                <td align = "right" style = "font-weight:bold;">姓名:</td>
                <td>
                    <% --获取 person 的 name 属性 -- %>
                    <jsp:getProperty name = "person" property = "name"/>
                </td>
        </tr>
        <tr>
            <td align = "right" style = "font-weight:bold;">年龄:</td>
            <td>
                <% --获取 person 的 age 属性 -- %>
                <jsp:getProperty name = "person" property = "age"/>
            </td>
        </tr>
        <tr>
            <td align = "right" style = "font-weight:bold;">性别:</td>
            <td>
```

```
            <%--获取 person 的 sex 属性--%>
            <jsp:getProperty name="person" property="sex"/>
        </td>
    </tr>
    <tr>
        <td align="right" style="font-weight:bold;">性别:</td>
        <td>
            <input type="button" onclick="history.go(-1);"
                value="返回" class="button">
        </td>
    </tr>
  </table>
 </fieldset>
</form>
</div>
</body>
</html>
```

粗体代码为 Java Bean 行为代码。setProperty 行为会自动从 request 中获取提交的数据，然后赋给对应的 Java Bean 属性，可以看到程序中没有处理表单的代码。程序运行效果如图 4-6 所示。

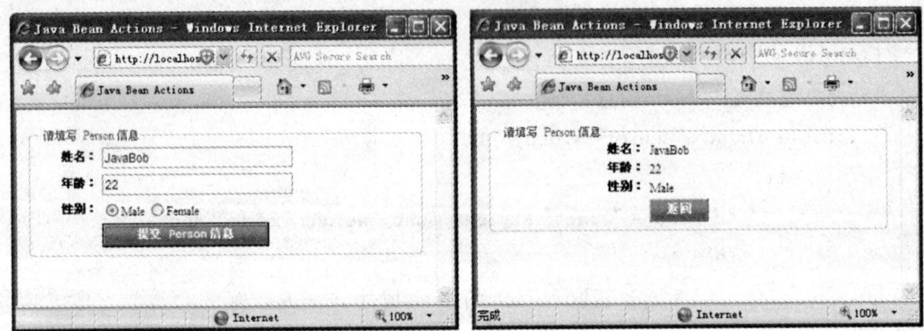

图 4-6　useBean.jsp 运行效果

提示：

本 JSP 程序中没有使用"<%"与"%>"引起的 JSP 脚本，而是全部由 JSP 行为完成的。JSP 行为使代码显得更整齐，可读性好。JSP 开发中推荐全部使用行为（包括内置的<jsp:useBean/>等标签以及自定义的 JSP 标签）。JSP 2.1 标准中也内置一套 JSTL 标准 JSP 标签。

4.5.3　scope 实现各种计数器

上面的示例中使用的 scope 属性为 page，只有在当前 JSP 页面内才能使用 Java Bean 对象。scope 属性除了可以为 page，还可以为 request、session、application。这 4 个属性

(page、request、session、application)的范围是依次增大的。

设置为 page 时;只能在当前页面内使用该 Java Bean 对象。设置为 request 时,只能在当前 request 内使用该 Java Bean 对象(一个 request 可能通过 forward、include 等贯穿于若干个 JSP 页面)。设置为 session 时,只能在当前 session 内使用该 Java Bean 对象。设置为 application 时,在本 Web 应用程序内都能够使用。

通过设置 Java Bean 不同的 scope 属性能够实现特殊的效果,例如计数器功能。当 scope 设置为 session 时能够统计某个特定用户的访问次数,设置为 application 时能够统计所有用户的访问次数。计数器的 Java Bean 源代码如下:

```
packageedu. jwshock. jsp. bean;
public class counter{
    private int count;        //计数器
    public int getCount(){    //每访问一次,计数器自加 1
        return + + count;
    }
    public void setCount(int count){
        this. count = count;
    }
}
```

显示访问次数的 JSP 页面代码如下:

```
〈%@ page language = "java"content Type = "text/html;charset = UTF - 8" %〉
〈html〉
〈head〉
    〈meta http - equiv = "Content - Type" content = "text/html; charset = UTF - 8" /〉
    〈title〉计数器〈/title〉
〈link rel = "stylesheet" type = "text/css" href = "css/style. css"〉
〈/head〉
〈body〉〈br/〉
〈% - - 定义一个 session 范围内的计数器,记录个人访问信息 - - %〉
〈jsp:useBean id = "personCount" class = "edu. jwshock. jsp. bean. Counter" scope = "session"/〉
〈% - - 定义一个 application 范围内的计算器,记录所有人的访问信息 - - %〉
〈jsp:useBean id = "totalCount" class = "edu. jwshock. jsp. bean. Counter"scope = "application"/〉
〈div align = "center"〉
        〈form action = "method. jsp" method = "get"〉
            〈fieldset style = "width:300"〉
                〈legend〉计算器〈/legend〉
                〈table align = "center" width = "400"〉
                    〈tr〉
                        〈td width = 150 align = "right" style = "font - weight:bold;"〉
                        您的访问次数〈/td〉
                        〈td〉
```

```
                <%--获取个人的访问次数--%>
                <jsp:getProperty name="personCount" property="count" />次
                    </td>
                </tr>
                <tr>
                    <td width=150 align="right" style="font-weight:bold;">
                    总共的访问次数:</td>
                    <td>
                <%--获取所有人的访问次数--%>
                <jsp:getPerperty name="totalCount" property="count">次
                    </td>
                </tr>
            </table>
        </fieldset>
    </form>
</div>
</body>
</html>
```

使用浏览器访问该页面时就会显示访问次数。其运行效果如图 4-7 所示。

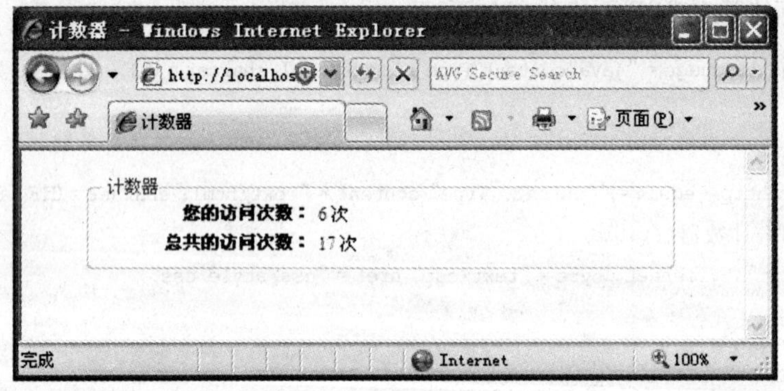

图 4-7　counter.jsp 运行效果

第一行显示的是个人的访问次数,第二行显示的是所有人的访问次数。如果新开浏览器窗口访问该页面,会发现个人访问次数从 1 开始递增,而总共的访问次数会从当前数字 17 开始递增。

> **提示:**
>
> 合理的使用作用域(page、request、session、application),可以很轻松地实现数据共享的多种效果。

4.5.4 〈jsp:forward〉行为

Servlet 中能够通过 request.getRequestDispatcher("someServlet").forward(request,response)跳转到另一个 Servlet 或者另一个文件,JSP 中也可以。〈jsp:forward/〉实际上是对 forward 方法的一个封装,例如:

```
〈%@ page language = "java" contentType = "text/html;charset = UTF - 8" %〉
〈%@ page trimDirectiveWhitespaces = "false" %〉
〈%
    out.clear();
    if("1".equals(request.getParameter("param"))){
%〉
        〈jsp:forward page = "/include.jsp"〉
        〈jsp:param name = "param1" value = "value1"/〉
〈jsp:param name = "param2" value = "value2"/〉
〈jsp:forward〉
〈%
    }
%〉
〈html〉
〈head〉
        〈title〉&lt, jsp:forward/& gt;行为〈/title〉
        〈link rel = "stylesheet" type = "text/css"href = "css/style.css"〉
〈/head〉
〈body〉
请使用地址栏参数 param = 1 访问该页面
〈/body〉
〈/html〉
```

当使用 param 参数为 1 时,该 JSP 页面将跳转到指定的页面,并且跳转的时候 URL 地址参数为〈jsp:param〉指定的值。同 Servlet 一样,跳转动作发生之前不能有任何输出到达客户端浏览器,否则会抛出 IllegalStateException。因此在跳转之前使用out.clear()清除输出。

4.5.5 〈jsp:directive〉行为

〈jsp:directive〉行为对应前面介绍的 JSP 指令。〈jsp:directive.page〉行为对应于〈%@ page%〉指令,〈jsp:directive.include〉行为对应于〈%@ include%〉指令,〈jsp:directive.taglib〉行为相当于〈%@ taglib%〉指令,例如:

```
〈jsp:directive.page language = "java" contentType = "text/html; charset = UTF - 8"/〉
〈jsp:directive.page trimDirectiveWhitespaces = "false"/〉
〈jsp:directive.page import = 'java.util.Data"/〉
```

```
<jsp:directive.page import='java.util.List"/>
<jsp:directive.page import='java.util.ArrayList"/>
<jsp:directive.include file="head.jsp"/>
<jsp:directive taglib uri=http://java.sun.com/jsp/jstl/core prefix="c"/>
```

<jsp:directive>行为与 JSP 指令可以相互改写。<jsp:directive>行为原来是为 XML 格式的 JSP 准备的，在普通的 JSP 中也可以使用。

> **注意：**
> 现在的 Java Web 开发平台更倾向于使用<jsp:directive/>行为，而不使用 JSP 指令。这是因为<jsp:directive>行为比 JSP 指令更整洁，可读性更好。例如，用 Eclipse 创建 Servlet 2.5 版本的 Web 模块，在生成 JSP 时会使用 directive 行为。

4.5.6 <jsp:plugin>嵌入 Applet

Java Applet 是运行在客户端浏览器里的 Java 小应用程序。客户端浏览器允许在网页里运行 Java Applet。在 HTML 中定义 Java Applet 元素需要使用<applet>或者<object>标签。HTML 中的<applet>与<object>标签参数繁多复杂，对程序开发者来说是非常难记忆的。因此 JSP 中提供一组 plugin 行为来简化嵌入 Applet 的操作。使用 plugin 行为，Java 程序开发者无须过多地关注 HTML 细节。

plugin 行为包括<jsp:plugin>、<jsp:params>、<jsp:param>、<jsp:fallback>。其中，<jsp:plugin>用于在 JSP 中定义 Java Applet，并声明 Applet 的宽度、高度等属性；<jsp:params>用于定义一组一对多的参数；<jsp:param>用于定义单个的参数；<jsp:fallback>用于定义不支持 Applet 时的替代信息，例如：

```
<%@ page language="java" contentType="text/html;charset=UTF-8"%>
<!doctype html public "-//w3c//dtd html 4.0 transitional//en">
<!--
Example of using jsp:plugin for an applet that uses Java 2 or later.
-->
<html>
<head>
<title>Using jsp:plugin</title>
<link rel="stylesheet"href="jsp-styles.css" type="text/css">
</head>
<body>
<center>
<table border="5"><tr><th class="title">
        Using jsp:plugin
        </th></tr></table>
<p>
```

```
<jsp:plugin type="applet" codebase="." code="PluginApplet.class"
            width="370" height="420">
<jsp:params>
    <jsp:param name="title" value="jsp:plugin"/>
</jsp:params>
    <jsp:fallback>Unable to initialize Java Plugin</jsp:fallback>
</jsp:plugin>
</center></body></html>
```

pulgin 行为生成了 Applet 运行所需要的一切代码，Java 程序开发者无须关心 HTML 细节。上述<jsp:pulgin>行为会生成下面的 HTML 代码。生成之后的 HTML 代码完全符合 HTTP 标准。

```
<object classid="clsid:8AD9C840-044E-11D1-B3E9-00805F499D93" width="370" height
="420" codebase="http://java.sun.com/products/plugin/1.2.2/jinstall-1_2_2-win.cab
#Version=1,2,2,0">
<param name="java_code" value="PluginApplet.class">
<param name="java_codebase" value=".">
<param name="type" value="application/x-java-applet">
<comment>
<EMBED type="application/x-java-applet" width="370" height="420" pluginspage="http://
java.sun.com/products/plugin/" java_code="PluginApplet.class" java_codebase="."/>
<noembed>Unable to initialize Java Plugin</noembed>
</comment>
</object>
```

程序运行效果如图 4-8 所示。本程序引用了自己编写的 Applet，使用<jsp:plugin/>中 codebase 属性设置相对的 class 文件路径。

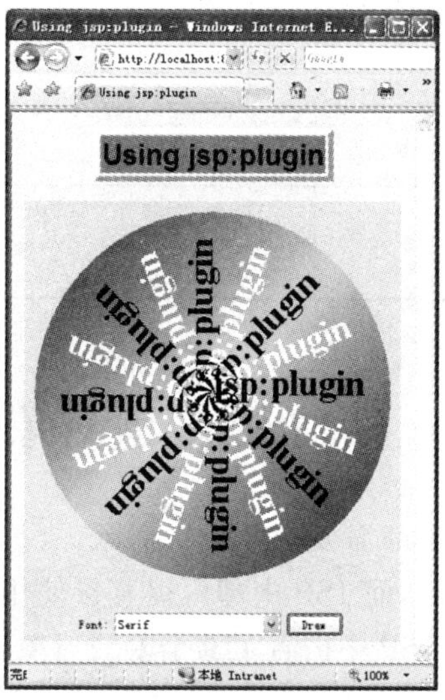

图 4-8 plugin.jsp 运行效果

注意：

Applet 的 class 文件不要放在 WEB-INF 文件夹下，否则客户端浏览器无法访问。严格地说，Applet 程序并不属于 Java Web 体系，所使用的 classpath 也是不一样的。Java Web 程序由 Tomcat 执行，而 Applet 程序由浏览器执行。

除了上面代码里用到的属性，〈jsp:plugin〉还有若干个其他属性，如 Java 版本号、自动下载 Java 插件的地址等。〈jsp:plugin〉行为的属性如表 4-3 所示。

表 4-3 〈jsp:plugin〉行为的属性

属性名	取值范围	描述
type	bean,applet	该插件的类型一般是 Applet
code	字符串	Applet 的类名
codebase	字符串	Applet 所在的位置，可以是相对路径
align	bottom, top, middle, left,right	对齐方式
achive	字符串	运行时依赖的 jar 文件，多个 jar 文件时用英文逗号(,)隔开
height	数字	高度
width	数字	宽度
hspace	数字	水平空隙
vspace	数字	垂直空隙
name	字符串	Applet 的名称。该页面内的其他 Applet 可以通过该名称访问此 Applet
jreversion	Java 版本号	运行此 Applet 所需要的最低 Java 版本
nspluginurl	网址	Netscape 浏览器如果找不到插件，则自动到该网址下载插件
iepluginurl	网址	IE 浏览器下，如果找不到插件，则自动到该网址下载插件

4.6 JSP 隐藏对象

Servlet 和 JSP 中输出数据都需要使用 out 对象。Servlet 中的 out 对象是通过 response. getWriter()方法获取的，而 JSP 中却可以直接使用，这是因为 out 是 JSP 内置的隐藏对象(Implicit Objects)。JSP 中内置了 9 个隐藏对象，使得 JSP 比 Servlet 使用起来更简单、更方便。

JSP中内置的隐藏对象有out、request、response、config、session、application、page、pageContext、exception。

4.6.1 out输出流对象

隐藏对象out是javax.servlet.jsp.Jsp.Writer类的实例。服务器向客户端输出的字符类内容,可以通过out对象输出。out对象的常用方法如表4-4所示。

表4-4 out对象的常用方法

方法名	描述
void append(CharSequence cs)	向out缓存中添加字符类输出。当缓存满或者执行out.flush()操作时,这些内容会输出到客户端浏览器
void clear()	清空要输出的内容
void flush()	将缓存内容立刻输出到客户端浏览器
void println(String str)	向客户端输出内容
boolean isAutoFlush()	返回缓存满时是否自动flush。如果为false,缓存满时会抛出异常
int getBufferSize()	返回缓存大小。单位为KB
int getRemaining()	返回缓存剩余大小。单位为KB

4.6.2 request请求对象

隐藏对象request是javax.servlet.ServletRequest类的实例,代表着客户端的请求。request包含客户端的信息以及请求的信息,如请求哪个文件、附带的URL地址参数等。每次客户端请求都会产生一个request实例。request对象的常用方法如表4-5所示。

表4-5 request对象的常用方法

方法名	描述
void setAttribute (String name,Object value)	设置request属性(即在request中保存一个对象)。本页面内或者forward之后的页面中可以通过getAttribute(String name)方法获取该对象
Object getAttribute(String name)	返回request属性,即获取request中指定名称的对象
String getMethod()	返回提交方式,一般为GET或者POST
String getParameter(String key)	返回提交的参数
String[] getParameterValues(String key)	返回提交的多个同名参数值。以字符串数组形式返回
Enumeration getParameterNames()	返回所有提交的参数名称
Cookie[] getCookies()	返回所有的Cookie

（续表）

方　法　名	描　　述
String getContextPath()	返回应用程序路径，如"/jsp"
String getRequestURI()	返回请求的 URI 路径，如"/jsp/method. jsp"
void setCharacterEncoding(String encoding)	设置 request 的编码方式
String getHeader(String name)	获取 request 头信息
Enumeration getHeaderNames()	返回所有的 request 头信息名称
Dispatcher getRequestDispatcher()	返回 Dispatcher 对象。Dispatcher 对象可以执行 forward 操作
HttpSession getSession()	返回 HttpSession 对象

4.6.3　response 响应对象

隐藏对象 response 是 javax. servlet. ServletResponse 类的实例，代表对客户端的响应。服务器端的任何输出，都通过 response 对象发送到客户端浏览器。每次请求服务器端都会生成一个 response 响应实例。response 对象的常用方法如表 4－6 所示。

表 4－6　response 对象的常用方法

方 法 名	描　述
void clear()	清空暂存在缓冲区的输出
void addCookie(Cookie cookie)	添加 Cookie
OutputStream getOutputStream()	返回服务器输出流。可以通过该输出流输出二进制信息
void sendRedirect(String url)	重定向 redirect。从本页面重定向到另一个页面
void setContentType(String contentType)	设置文档类型。HTML 的文档类型为 text/html
PrintWriter getOut()	返回 out 对象
void setHeader(String name,String value)	设置 response 头信息
void setStatus(int status)	设置 response 状态码

4.6.4　config 配置对象

隐藏对象 config 是 javax. servlet. ServletConfig 类的实例。ServletConfig 封装了配置在 web. xml 中初始化 JSP 的参数，JSP 中通过 config 获取这些参数，JSP 共用一个 config 对象。config 对象的常用方法如表 4－7 所示。

表 4－7　config 对象的常用方法

方法名	描　述
String getInitParameter(String name)	返回配置在 web. xml 中的初始化参数
Enumeration getInitParameterNames()	返回所有的初始化参数名称
ServletContext getServletContext()	返回 ServletContext 对象
String getServletName()	返回 Servlet 的名称

4.6.5　session 会话对象

隐藏对象 session 是 javax. servlet. http. HttpSession 类的实例。session 与 cookie 是记录客户访问信息的两种机制，session 用于在服务器端保存用户信息，cookie 用于在客户端保存用户信息。Servlet 中需要通过 request. getSession()来获取 session 对象，而 JSP 中可以直接使用。如果 JSP 页面中使用指令〈%@page session＝"false"%〉，则隐藏对象 session 不可用。每个用户对应一个 session 对象。session 对象的常用方法如表 4－8 所示。

表 4－8　session 对象的常用方法

方法名	描　述
String getId()	返回 session 的 Id
Object getAttribute(String name)	返回 session 属性，即获取 session 中指定名字的对象
Enumeration getAttributeName()	返回 session 的所有属性名
long getCreationTime()	返回该 session 创建的时间
long getLastAccessedTime()	返回该 session 最后一次访问的时间
int getMaxInactiveInterval()	返回 session 的最大允许的时间间隔。单位为秒
void setAttribute(String name, Object value)	设置 session 属性(在 session 中保存一个对象)
void setMaxInactiveInterval(long second)	设置最大允许的时间间隔

4.6.6　application 应用程序对象

隐藏对象 application 是 javax. servlet. ServletContext 类的对象。application 封装了 JSP 所在的 Web 应用程序的信息，如 web. xml 中配置的全局初始化信息。Servlet 中 application 对象需要通过 ServletConfig. getServletContext()方法来获取。整个 Web 应用程序对应一个 application 对象。application 对象的常用方法如表 4－9 所示。

表 4-9 application 对象的常用方法

方法名	描述
Object getAttribute(String name)	返回 application 属性,即获取 application 中指定名字的对象
Enumeration getAttributeName()	返回 application 中的所有属性名
void setAttribute(String name,Object value)	设置 application 属性(在 application 中保存一个对象)
void removeAttribute(String name)	移除 application 属性
String getInitParameter(String name)	返回指定名称的全局初始化参数
Enumeration getInitParameterNames()	返回所有的全局初始化参数名称
String getMimeType(String filename)	返回文件的文档类型。如 getMimeType("abc. html")将返回"text/html"
String getRealPath(String relativePath)	返回 Web 应用程序内相对网址对应的实际路径

4.6.7 page 页面对象

隐藏对象 page 为 javax. servlet. jsp. httpJspPage 类的实例。page 对象代表当前 JSP 页面,是当前 JSP 编译后的 Servlet 类的对象,page 相当于普通 Java 类中的关键字 this。

4.6.8 pageContext 页面上下文对象

隐藏对象 pageContext 为 javax. servlet. jsp. PageContext 类的实例。pageContext 对象代表当前 JSP 页面编译后的内容,通过 pageContext 能够获取到 JSP 中的资源。pageContext 对象的常用方法如表 4-10 所示。

表 4-10 pageContext 对象的常用方法

方法名	描述
Object findAttribute(String name)	在 JSP 页面中查找指定名称的属性
void forward(String url)	forward 到另一个地址的网页或其他资源
Object getAttribute(String name)	返回页面属性,即返回当前页面中指定名字的对象
Object getAttribute (String name,int scope)	返回指定范围内的属性。范围包括 PAGE_SCOPE、REQUEST_SCOPE、SESSION_SCOPE、APPLICATION_SCOPE
JspWriter getOut()	返回 out 对象
Obejct getPage()	返回 page 对象
ServletRequest getRequest()	返回 request 对象
ServletResponse getResponse()	返回 response 对象
HttpSession getSession()	返回 session 对象

4.6.9 exception 异常对象

隐藏对象 exception 为 java.lang.Exception 类的对象，exception 封装了 JSP 中抛出的异常信息。要使用 exception 隐藏对象，需要设置〈%@ page isErrorPage="true"%〉。隐藏对象 exception 通常被用来处理错误页面，例如：

```
<%@ page language="java" contentType="text/html;charset=UTF-8"errorPage="error.jsp" %>
<%
        String str = null;
        int length = str.length();      // length()操作会抛出 NullpointerException
%>
<html>
<head><title>Exception Page</title></head>
<body></body>
</html>
```

该 exception.jsp 为普通的 JSP 页面。如果该页面内抛出了异常，将被 forward 到 errorPage 属性指定的错误处理页面 error.jsp。error.jsp 的源代码如下：

```
<%@ page language="java" contentType="text/html; charset=UTF-8"isErrorPage="true" %>
<html>
<head><title>Error Page</title>
</head>
<body>
<%
    out.println("程序抛出了一个异常:" + exception);
%>
</body>
</html>
```

error.jsp 需要设置 isErrorPage 为 true，否则 exception 隐藏对象将不能使用。error.jsp 页面会将错误信息显示出来。运行时使用“http://localhost:8080/jsp/exception.jsp”访问，在 exception.jsp 页面产生的异常转向 error.jsp 中显示。输出的 HTML 结果如下：

```
<html>
<head><title>JSP</title>
</head>
<body>
程序抛出了一个异常:java.lang.NullPointerException
</body>
</html>
```

📖 提示：

在 Servlet 规范中，errorPage 与 isErrorPage 被设计为一种处理异常的机制，但实际应用中经常失效。更常用的办法是使用 Filter 捕捉异常，或者使用 Struts、Spring 等框架的 ExceptionHandler 机制捕捉异常。请查阅相关技术资料。

4.7 EL 表达式

JSP 2 中可以使用 EL(Expression Language)表达式。EL 表达式是用“＄{}”括起来的脚本，用来更方便地读取对象。EL 表达式写在 JSP 的 HTML 代码中，而不能写在“〈%”与“%〉”包含的 JSP 脚本中。

4.7.1 EL 表达式简介

EL 表达式提供了获取对象以及属性的简单方式。某些情况下 EL 表达式完全可以替代 JSP 脚本或者 JSP 行为，例如：

```
〈jsp:useBean id = "person"class = "edu. jwshock. jsp. bean. Person"/〉
〈body〉
欢迎您 . $ {person}. 〈! - - 相当于 request. qetAttribute{"person"}
或 session. getAttribute{"person"} - - 〉
您的年龄为 $ {person. age},〈! - - 相当于 person. getAge() - - 〉
〈 % - - 也相当于〈jsp:getProperty name = "person" property = "age" /〉 - - % 〉
您的性别为 $ {person. sex}. 〈! - - 相当于 person. getSex() - - 〉
〈/body〉
```

代码中先使用 useBean 行为将 Person 类的对象放置到 request 中(也可使用 request 或者 session 的 setAttribute(String name，Object value)方法放置对象)。形式为＄{preson}的 EL 表达式读取名字为 person 的对象。EL 表达式先从 request 中查找 person 属性(即 request 中名字为 person 的对象)。如果 request 中不存在名字为 person 的对象，EL 表达式会到 session 的属性中查找。

EL 表达式通过调用＄{person. age}可以输出 person 的 age 属性，相当于调用 getAge()方法。如果对象的属性为另一个 Java Bean，EL 表达式也可以输出该 Java Bean 的属性，例如：

```
您所在的国家是：$ {person. city. province. country}
〈! - - 相当于 person. getCity(). getProvince(). getCountry() - - 〉
〈 % - -
也相当于〈jsp:getProperty name = "person" property = "city. province. country"/〉
- - % 〉
```

> 📖 **提示：**
>
> 旧版本的 Servlet 规范不支持 EL 表达式。例如，Tomcat 4.x 及以前的版本都不支持 EL 表达式。EL 表达式用来替代 JSP 小脚本，简化和规范页面编程。

4.7.2 隐藏对象

EL 表达式不仅可以读取 request、session 中的属性，还可以读取其他 JSP 隐藏对象的属性，例如：

```
${param.foo}      <!--读取请求参数，相当于 request.getParameter("foo")-->
${initParam.foo}<!--读取初始化参数，相当于 config.getInitParamter("foo")-->
${header.host}  <!--读取 head 参数，相当于 request.getHeader("host")-->
```

param、initParam、header 均返回 Map 类型对象。对于存放在 Map 里的对象，还可以用数组的形式获取。上面的代码可以这样写：

```
${param["foo"]}         <!--相当于${param.foo}-->
${initParam["foo"]}  <!--相当于${initParam.foo}-->
${header["host"]}       <!--相当于${header.host}-->
```

EL 表达式中获取隐藏对象的方式如表 4-11 所示。

表 4-11 EL 表达式中的隐藏对象

类　别	标识符	描　述	示　例
请求参数	param	包含所有参数的 Map。可以获取参数值（返回 String）	${param.foo}，${param["foo"]}
	paramValues	包含所有参数的 Map。可以获取参数数组（返回 String[]）	提交多个参数，如 el.jsp? a=first&a=second 提交的参数 a 为多个值{"first","second"}。使用 param 只能获取第一个值，而使用 paramValues 能够获取到全部的值。${paramValues.a[0]}将输出"first"，${paramValues.a[1]}，将输出"second"
头信息	header	获取头信息，返回字符串	${header.host}，可能返回 localhost:8080
	headerValues	获取头信息数组，返回字符串集合	${headerValues host[0]}。当头信息为数组时可以取多个值
Cookie	cookie	包含所有 Cookie 的 Map，key 为 Cookie 的 name 属性	使用<% response.addCookie(new Cookie("userName","jwshock")); %>设置 Cookie 后，${cookie.userName}返回该 Cookie，而 ${cookie.userName.value} 返回"jwshock"，${cookie.userName.name}返回"userName"

（续表）

类　别	标 识 符	描　述	示　例
初始化参数	initParam	包含所有初始化参数的 Map。可以获取初始化参数	$ {initParam. encoding}
作用域	pageScope	包含 page 作用域内变量的 Map	使用〈jsp:useBean id= "person" class= "edu. jwshock. jsp. bean. Person" scope = "page"/〉声明 pageScope 范围内的 Person 对象后，$ {pageScope. person. age}输出该对象的 age 属性值
	requestScope	包含 request 作用域内变量的 Map	使用〈jsp:useBean id= "person" class= "edu. jwshock. jsp. bean. Person"/〉声明对象后，$ {requestScope. person. age}将输出 person 的 age 属性。useBean 域默认的作用域为 request
	sessionScope	包含 session 作用域内变量的 Map	使用〈jsp:useBean id="person"class="edu. jwshock. jsp. bean. Person"scope = "session"/〉声明 person 对象后，$ {sessionScope. person. age}将输出 person 对象的 age 属性
	appliicationScope	包含 application 作用域内变量的 Map	使用〈jsp:useBean id= "person"class= "edu. jwshock. jsp. bean. Person"scope="application"/〉声明 person 对象后，$ {applicationScope. person. age}将输出对象的 age 属性
	pageContext	包含页面内变量的 Map，包含 request、response、page、application、config 等所有隐藏对象	$ {pageContext. request. remoteAddr}将返回客户端 IP 地址。相当于执行〈% = pageContext. getRequest() . getRemoteAddr()%〉

表 4－11 中的前缀表明了 EL 表达式读取对象的范围。另外还有不带任何前缀的使用，就是前面用到的 $ {person. age}，会先在 request 中查找，如果没有，再在 session 中查找。

4.7.3 EL 表达式运算

EL 表达式支持简单的运算，包括加(＋)、减(－)、乘(＊)、除(/或者 div)、取余(%或者 mod)、三目运算符(exp? varl ：var2)等，例如：

```
${1 + 2}              〈! - - 输出 3 - -〉
${1.2E4 + 1.4}        〈! - - 输出 12001.4 - -〉
${3 - 1}              〈! - - 输出 2 - -〉
${2 * 1.2E2}          〈! - - 输出 240 - -〉
${6 / 2}              〈! - - 输出 3 - -〉
${6div2}              〈! - - 输出 3 - -〉
${5 % 2}              〈! - - 输出 1 - -〉
${5mod2}              〈! - - 输出 1 - -〉
${1 = = 2 ? 3 : 4}    〈! - - 输出 4 - -〉
```

EL 表达式也支持简单的比较运算，包括大于(＞或者 gt)、小于(＜或者 lt)、等于(= =或者 eq)、不等于(! =或者 ne)、大于等于(＞=或者 ge)、小于等于(＜=或者 le)等。例如：

```
${1< 2}                 <! -- 输出 true -->
${1 lt 2}               <! -- 输出 true -->
${1 >(4/2)}             <! -- 输出 false -->
${1 gt (4/2)}           <! -- 输出 false -->
${4.0>= 3}              <! -- 输出 true -->
${4.0 ge 3}             <! -- 输出 true -->
${4<= 3}                <! -- 输出 false -->
${4 le 3}               <! -- 输出 false -->
${100.0 == 100}         <! -- 输出 true -->
${100.0 eq 100}         <! -- 输出 true -->
${(10 * 10) != 100}     <! -- 输出 false -->
${(10 * 10) ne 100}     <! -- 输出 false -->
```

多个比较运算可以用与(&& 或者 and)、或(|| 或者 or)、非(! 或者 not)以及括号等连接起来，例如：

```
${1 != 2 && 3 != 4}       <! -- 输出 true -->
${1 == 2 or 2 == 2}       <! -- 输出 true -->
${not (1 == 2)}           <! -- 输出 true -->
```

某些比较运算也适用于字符比较，例如：

```
$('a'<'b')                      <! -- 输出 true -->
$('hip'>'hit')                  <! -- 输出 false -->
$('abcdefg' == param.name)      <! -- 当提交的 name 参数为 abcdefg 时输出 true -->
```

字符比较时，大于小于操作 EL 表达式会调用 int compare(char ss)方法进行比较，等于操作时会调用 equals()方法来进行比较。

对于 Map 或者数组类，还可以使用[]取值，或者使用 empty 判断是否为空，例如：

```
${param.paramA[0]}        <! -- 输出提交的 paramA 参数的第一个值 -->
${empty param.paramA}     <! -- 提交的 paramA 参数是否为空或者个数为 0 -->
```

提示：

EL 表达式能方便地操作 Java Bean 甚至集合等，并支持简单的运算。但是 EL 表达式不能直接访问普通的方法以及静态属性。

4.8 JSP 2 标签文件(Tag Files)

标签是 JSP 中重要的语法要素，前面介绍的 JSP 行为实际上是一组 JSP 内置的标签,JSP标签类似HTML标签,只需要书写很少的代码就能使用JSP提供的丰富功能。早期的JSP标签开发比较复杂,在JSP 2.0以后改进了标签的开发与使用机制。

4.8.1 什么是标签

新版JSP中不推荐使用JSP脚本,而推荐使用JSP标签,JSP标签已经作为Java EE分层架构中显示层的一种解决方案。

为什么不使用JSP脚本呢?因为JSP中使用JSP脚本(即使用"〈%%〉"镶嵌Java代码),那么HTML与〈%%〉中的Java代码混在一起,则可读性和可维护性都比较差;而且JSP脚本不便于代码重用。要实现比较复杂的显示功能,JSP脚本也不是很方便。

JSP标签与HTML标签很类似,严格遵循XML标签的语法。使用了JSP标签让JSP显得整洁而干净,可读性非常好。更重要的是,JSP标签可以重复使用。

JSP标签使用起来十分简单,例如:

```
〈display:table name = "persons" defaultsort = "1"〉
    〈display:column property = "id" sortable = "true" title = "编号" /〉
    〈display:column property = "name" sortable = "true" /〉
    〈display:column property = "age" /〉
    〈display:column property = "address" /〉
    〈display:column property = "phone"sortable = "true" title = "电话"/〉
    〈display:column property = "cellPhone"sortable = "true" title = "手机"/〉
    〈display:column property = "city" title = "城市"/〉
    〈display:column property = "description" title = "说明"/〉
〈/display:table〉
```

这里使用了两个标签:〈display:table〉与〈display:column〉。标签包括标签前缀、标签名称、标签属性以及标签体等。其中display为标签的前缀,table、column为标签的名称,name、sortable、property等为标签属性,标签中间的内容为标签体。运行时,JSP标签生成相应的HTML代码。这段代码的运行效果如图4-9所示。

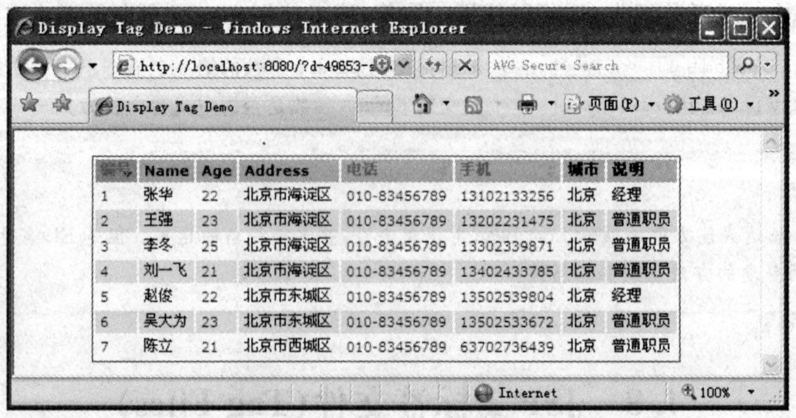

编号	Name	Age	Address	电话	手机	城市	说明
1	张华	22	北京市海淀区	010-83456789	13102133256	北京	经理
2	王强	23	北京市海淀区	010-83456789	13202231475	北京	普通职员
3	李冬	25	北京市海淀区	010-83456789	13302339871	北京	普通职员
4	刘一飞	21	北京市海淀区	010-83456789	13402433785	北京	普通职员
5	赵俊	22	北京市东城区	010-83456789	13502539804	北京	经理
6	吴大为	23	北京市东城区	010-83456789	13502533672	北京	普通职员
7	陈立	21	北京市西城区	010-83456789	63702736439	北京	普通职员

图4-9 table、column标签效果图

尽管JSP标签使用起来很简单，但可以实现非常复杂的功能。图4-9中使用的标签是比较复杂的自定义标签设计，详情可参阅本书的第9章自定义标签的内容。

4.8.2 JSP 2标签文件

标签文件是JSP 2新增的功能，目的是让开发人员不用学习有关标签开发的复杂知识和技术，直接使用JSP语法来制作标签。这大大降低了标签开发与使用的难度，增强了标签的可用性和灵活性。

标签文件是以.tag或者.tagx作为扩展名，一般常用.tag作为标签文件扩展名，使用.tagx扩展名的标签文件必须严格遵守XML语法。如果标签文件中还包含了其他部分片段的标签文件，那么被包含的标签文件可用.tagf作为扩展名。

标签文件必须存放在WEB-INF目录下，最好是在WEB-INF目录下新建一个tags目录，然后将所有的标签文件集中存放在里面。例如，在WEB-INF/tags目录下有一个echo.tag的标签文件，其源代码如下所示：

```
<%@ attribute name="message" rtexprvalue="true" required="true" %>
<br/><%=message %><jsp:doBody/>
```

标签文件的内容与JSP类似，可以使用几乎所有的JSP元素，但是不能使用page指令，因为标签文件不是一个完整的页面。本标签文件使用attribute指令用于外部JSP页面向标签文件传递数据。attribute指令是专门为编写标签文件新增的指令，具体内容详见4.8.3。另外标签文件通过JSP行为<jsp:doBody>加入标签体内容，<jsp:doBody>也是JSP 2中新增加的JSP行为。

标签文件使用时与其他标签相同，在JSP页面使用标签文件时，首先要引用标签文件的标签库描述，使用taglib指令完成。比如<%@ taglib tagdir="/WEB-INF/tags" prefix="jwshock"%>，其中tagdir属性指定标签文件的地址，对应标签文件在Web应用程序中存放的位置，即/WEB-INF/tags。调用标签文件的形式为<jwshock:echo>。调用标签文件的JSP源代码如下所示：

```
<%@ page contentType="text/html;charset=UTF-8" %>
<%@ taglib tagdir="/WEB-INF/tags" prefix="jwshock" %>
<!DOCTYPE HTML PUBLIC "-//W3C//DTD HTML 4.01 Transitional//EN">
<html>
<head><title>Tag File Test</title></head>
<body bgcolor="white">
<jwshock:echo message="Hello,Tag files."/>
<jwshock:echo message="Hello,Beijing."/>
<%-- Tag文件标签带标记体 --%>
<jwshock:echo message="这是标签文件的演示">太神奇了！</jwshock:echo>
<jwshock:echo message="北京欢迎你!">天坛欢迎您！</jwshock:echo>
</body>
</html>
```

如果标签有标签体，则采用开始标签与结束标签形式〈jwshock：echo〉〈/jwshock：echo〉。实际运行效果如下所示：

```
Hello,Tag files.
Hello,Beijing.
这是标签文件的演示 太神奇了!
北京欢迎你！天坛欢迎您!
```

4.8.3 标签文件的指令

在编写标签文件时需要使用一些指令，主要有 taglib、include、tag、attribute、variable。其中，tag、attribute、variable 是专门为标签文件添加的指令；taglib、include 指令是前面介绍的 JSP 指令。下面主要介绍新增的用于标签文件的指令：tag、attribute 和 variable。

标签文件中，可使用 tag 指令指定一些属性的值，以便从总体上影响标签文件的处理和表示。tag 指令类似于 JSP 文件中的 page 指令。tag 指令的语法如下：

```
<%@ tag display-name="显示名称"
        body-content="scriptless | tagdependent | empty"
        dynamic-attributes="动态属性名称"
        small-icon="小图标" large-icon="大图标"
        description="描述" example="示例描述"
        language="语言" import="导入列表" pageEncoding="编码"
        isELIgnored="true | false"%>
```

tag 指令常用的属性有 body-content、language、import 和 pageEncoding。tag 指令的属性说明如表 4-12 所示。

表 4-12 tag 指令的属性

属性名	描述
display-name	可视化开发工具显示标签文件使用的名称
body-content	可能的值有 3 种，分别是 empty、scriptless、tagdependent。empty 代表标签中没有标签体，scriptless 代表标签体内容可以有 EL 表达式、JSP 动作元素，但不可以有 JSP 脚本元素，tagdependent 表示标签体内容交由标签自己去处理，默认值为 scriptless
dynamic-attributes	设定标签文件动态属性的名称。设定 dynamic-attributes 将会产生一个 Map 类型的集合对象，用来存放属性的名称和值
small_icon	在可视化开发工具中显示所指定的 TLD 相对路径的小图标，大小为 16×16
large-icon	在可视化开发工具中显示所指定的 TLD 相对路径的大图标，大小为 32×32
description	用来说明此标签文件的相关信息
example	用来说明此标签应用时的范例

（续表）

属 性 名	描　述
language	与 page 指令对应的属性相同
import	同上
pageEncoding	同上
isELIgnored	同上

修改上节使用的〈jwshock. echo〉标签文件，加入 tag 指令。代码如下所示：

```
〈%@ tag body-content="empty" %〉
〈%@ attribute name="message" rtexprvalue="true" required="true" %〉
〈br/〉〈%=message%〉
```

注意到代码中去掉了〈jsp:doBody〉行为，这是因为使用 tag 指令说明本标签文件在使用时不包括标签体内容。在调用标签文件时只能使用〈jwshock:echo/〉这种不带标签体的形式，如果使用开始标签〈jwshock:echo〉和结束标签〈/jwshock:echo〉的形式，运行时会出错。

标签文件充当着可复用代码的角色，如果一个标签文件允许 JSP 页面向其传递数据，这会使标签文件功能变得更加强大。在标签文件中，使用 attribute 指令用于接收 JSP 页面向标签文件传递的参数。attribute 指令的格式如下：

```
〈%@ attribute name="属性名" required="true | false" type="对象类型" rtexprvalue
="true | false" fragment="true | false" description="描述" %〉
```

attribute 指令中常用的属性是 name、required 和 type。如果使用 attribute 指令，name 属性是必需的，name 属性代表传递数据的对象引用。type 指定对象的类型，类型必须带有包名。attribute 指令的属性说明如表 4-13 所示。

表 4-13　attribute 指令的属性

属 性 名	描　述
name	表示属性的名字
required	表示是否为必需。默认为 false
type	表示这个属性的类型。默认值为 java. lang. String
rtexprvalue	表示属性值是否可以为运行期表达式。若为 true，表示属性可用动态的方式来指定，如〈mytag:read num="${param. num}" /〉；若为 false，则一定要用静态的方式来指定属性值。默认为 true
fragment	表示传递内容时是否还含有其他标签的动态属性。默认值为 false
description	用来说明此指令的相关描述信息

在 4.8.2 节的示例中，标签〈jwshock:echo〉使用 attribute 指令接受 JSP 页面向其传

递参数,标签文件中使用 attribute 指令代码如下:

```
<%@ attribute name = "message" rtexprvalue = "true" required = "true" %>
```

required 属性值为 true,表明在 JSP 页面调用此标签文件时必须设置 message 属性的值。也就是说,attribute 指令指定的 name 属性值为 message。调用此标签文件时设置的属性必须有 message。JSP 页面调用标签文件的代码如下所示:

```
<jwshock:echo message = "这是标签文件的演示"/>
<%
    String title = "常回家看看!";
%>
<jwshock:echo message = "<% = title %>"/>
```

上面的代码中,JSP 页面调用标签文件设置 message 属性时,还使用了 JSP 脚本中定义的局部变量 title,这是因为 attribute 指令的 rtexprvalue 属性设置为 true,允许使用 JSP 脚本中的动态表达式。如果 rtexprvalue 属性为 false,则 message 属性只能使用静态文本而不能使用 JSP 表达式或 EL 表达式。

注意:
在 Tag 文件中不能重新定义已有 attribute 指令的 name 属性,如果出现了相同名字的 attribute 指令,将隐藏指定的对象使其失效。

标签文件使用 variable 指令将标签文件中的对象返回给调用该标签文件的 JSP 页面。

```
<%@ variable (name-given = "输出对象名称" |
        (name-from-attribute = "属性名" alias = "局部名称"))
        variable-class = "输出对象类型"
        scope = "AT_BEGIN | AT_END | NESTED"
        declare = "true | false" description = "描述" %>
```

variable 指令常用的属性有 name-given、variable-class 和 scope。name-given 属性指定对象的名称,如果使用了 name-given 属性,则不再使用 name-from_attribute 和 alias 属性。variable-class 指定对象的类型,类型必须带有包名。variable 指令的属性说明如表 4 - 14 所示。

表 4 - 14 variable 指令属性

属性名	描述
name-given	指定返回变量的名称
name-from-attribute	表示以自定义标签的某个属性值为变量名称。与 alias 配合使用
alias	声明一个局部范围属性,用来接收变量的值。与 name-from-attribute 配合使用

（续表）

属 性 名	描　述
variable-class	返回变量的类名。默认值为 java. lang. String
declare	表示此变量是否声明。默认值为 true
scope	表示此变量的范围。范围是 AT_BEGIN、AT_END 和 NESTED，默认值为 NESTED
description	用来说明此指令的相关描述信息

属性 scope 影响返回对象的有效范围。当 scope 的值是 AT_BEGIN 时，JSP 一旦调用标签文件就可以使用 variable 指令中给出的对象，即 JSP 页面在调用标签文件的标签体或标签结束后都可以使用 variable 指令给出的对象。当 scope 的值是 NESTED 时，JSP 页面只能在调用标签体时使用 variable 指令给出的变量。当 scope 的值是 AT_END 时，JSP 页面只有在标签结束后，才可以使用 variable 指令给出的变量。下面是使用 variable 指令的标签文件。源代码如下所示：

```
<%@ tag body-content="empty" %>
<%@ tag import="java.util.*" %>
<%@ variable name-given="time" variable-class="java.util.Date" scope="AT_END" %>
<%
    jspContext.setAttribute("time",new Date());
%>
```

标签文件中可以使用隐藏对象 jsContext、request、response、session、application、out、config。其中 jspContext 隐含对象的类型为 javax. servlet. jsp. JspContext，它用来管理标签范围的变量，相当于 JSP 页面的 pageContext 隐藏对象一样。

标签文件只有将对象的名字及其引用存储到 jspContext 中，JSP 页面才可以使用该对象，另外，在标签文件中的 Java 脚本不能直接操作 variable 指令中的对象。下面是使用 GiveDate. tag 标签文件的 JSP 页面 lookTime. jsp 的源代码：

```
<%@ page contentType="text/html; charset=UTF-8" %>
<%@ taglib tagdir="/WEB-INF/tags" prefix="jwshock" %>
<html>
<head>
<title>JSP Tag file test GiveDate</title>
</head>
<body>
    <jwshock:GiveDate/><%-- 标签文件使用标记 --%>
    <h3>当前时间:</h3>
    <%=time%><%-- 使用 GiveDate.tag 文件返回 time 对象 --%>
</body>
</html>
```

由于 variable 指令中的 scope 属性设置值为 AT_END，在〈jwshock：GiveDate〉标记之后，JSP 页面使用了标签文件返回的结果对象 time。

> **提示：**
>
> 在 JSP 页面中，不可以再定义与 Tag 文件返回的对象具有相同名字的变量，否则 Tag 文件无法将 variable 指令定义的对象返回给 JSP 页面（将出现编译错误）。
>
> 如果 Tag 文件同时使用 variable 指令和 attribute 指令，那么 variable 指令的 name-given 属性和 attribute 指令中的 name 属性指定的对象名称不能相同（如果相同会出现编译错误）。

4.9 JSP 配置

JSP 文件部署到服务器后便可以直接访问，而不像 Servlet 必须在 web. xml 中配置。如果 Web 应用程序中只含有 JSP 程序与 HTML、图片等静态文件，则可以省略 web. xml 配置文件，这是 JSP 的方便之处。当然同 Servlet 一样，JSP 也可以在 web. xml 中配置。

4.9.1 JSP 配置

配置 JSP 与配置 Servlet 形式上完全一样，只是 Servlet 使用〈servlet－class〉标签，而 JSP 使用〈jsp-file〉标签，例如：

```
<servlet>
    <servlet-name>configuration</servlet-name>
    <jsp-file>/configuration.jsp</jsp-file>
</servlet>
<servlet-mapping>
    <servlet-name>configuration</servlet-name>
    <url-pattern>/configuration</url-pattern>
</servlet-mapping>
```

配置完毕后，既可以使用原来的 JSP 文件名"/configuration. jsp"访问，也可以使用配置的名称"/configuration"访问。JSP 配置也可以声明初始化参数或者多个地址映射方式，例如：

```
<servlet>
    <servlet-name>configuration</servlet-name>
    <jsp-file>/configuration.jsp</jsp-file>
    <init-param>
        <param-name>message</param-name>
        <param-value>welcome to JSP</param-value>
    </init-param>
    <init-param>
        <param-name>encoding</param-name>
```

```
        〈param-value〉UTF - 8〈param-value〉
    〈/init-param〉
    〈load-on-startup〉1〈/load - on - atartup〉
〈/servlet〉
〈servlet-mapping〉
    〈servlet-name〉configuration〈/servlet-name〉
    〈url-pattern〉configuration〈/url-pattern〉
    〈url-pattern〉configuration. html〈/url-pattern〉
    〈url-pattern〉configuration. php〈/url-pattern〉
〈/servlet-mapping〉
```

初始化参数通过 JSP 中的隐藏对象 config 的 getInitParameter(String name)方法获取。

4.9.2 〈jsp-config〉标签

web. xml 中的〈jsp-config〉标签支持对 JSP 的一些共同特性进行集中统一配置。〈jsp-config〉标签包括两个子标签:〈taglib〉与〈jsp-config-group〉。〈taglib〉标签从 JSP1.2 时就已经加入了,用于定义 taglib 属性。〈jsp-config-group〉标签是从 JSP 2.0 时加入的,用于定义 JSP 属性,例如:

```
〈jsp-config〉
    〈taglib〉
        〈taglib - uri〉taglib〈/taglib - uri〉〈! - - 定义 taglib - uri - - 〉
        〈! - - 定义 tld 文件位置 - - 〉
    〈taglib-location〉/WEB - INF/tld/taglib. tld〈/taglib-location〉
〈/taglib〉
〈jsp-property-group〉
        〈! - - 适用范围:所有/news 下的所有 jsp 文件 - - 〉
        〈url-pattern〉/news/ * . jsp〈/url-pattern〉
        〈! - - 是否忽略 EL 表达式。默认为 false - - 〉
        〈el-ignored〉true〈/el-ignored〉
        〈page-encoding〉UTF - 8〈/page-encoding〉〈! - - 编码方式 - - 〉
        〈! - - 是否忽略 JSP 脚本。默认 false - - 〉
        〈scripting-invalid〉true〈/scripting-invalid〉
        〈! - - 在执行 JSP 之前执行该文件 - - 〉
        〈include-prelude〉/head. jspf〈/include-prelude〉
        〈! - - 在执行 JSP 之后执行该文件 - - 〉
        〈include-coda〉/foot. jspf〈/include-coda〉
    〈/jsp-property-group〉
〈/jsp-config〉
```

各种标签的作用见声明中的注释。其中,〈include-prelude〉标签指定一个执行 JSP 之前执行的文件,相当于在 JSP 的文件前面包含了该文件。〈include-coda〉标签正好相反，指定一个执行 JSP 之后执行的文件，相当于在 JSP 文件的后面包含了该文件。该类用于被包含的文件，其文件名一般以“jspf(Java Server Page Fragment)”为后缀。

小 结

JSP 是一种简化了的 Servlet，最终也将被编译为 Servlet 类。JSP 中 Java 代码与 HTML 代码交互在一块，比 Servlet 更方便地输出 HTML 代码。JSP 中也可以声明方法与变量，JSP 指令用来声明 JSP 页面的一些属性，如编码方式、文档类型等。JSP 行为是对常用的 JSP 功能的抽象与封装，JSP 中内置 out、request、response、session 等常用的对象。

与 Servlet 相比，JSP 更适合与 HTML 打交道；而 Servlet 更适合与 Java 打交道。它们的特点决定了它们的分工不同，在现在的 Java EE 系统中，Servlet 用于处理业务逻辑，JSP 用于显示结果。

思 考 题

1. JSP 技术有哪些主要特点？
2. JSP 是 Servlet 吗？如果是，它与一般的 Servlet 究竟有何不同？
3. 客户端访问 JSP 页面的步骤是怎样的？
4. 一个 JSP 文件一般由哪几部分构成？
5. JSP 文件中的注释有几种？分别有什么特点？
6. include 指令和〈jsp:include/〉行为有何不同？各自的主要特点是什么？
7. 常见的 JSP 行为有哪些？都有何用途？
8. 什么是 JavaBean？它有什么特点？如何在 JSP 页面中使用 Java Bean?
9. 如何实现不同页面之间的参数传递？都可以使用哪些对象？
10. request 对象主要用来做什么？其 getAttribute()和 getParameter()方法有什么不同？
11. 将 request、pageContext、session、application 这些对象如何按作用范围排序。
12. EL 表达式中如何使用运算符，运算符的优先级如何？

第 5 章 跟踪会话 Session

会话(Session)跟踪是 Web 程序中常用的技术,用来跟踪用户访问 Web 程序的过程。常用的会话跟踪技术是 Cookie 与 Session。Cookie 通过在客户端记录信息确定用户身份,Session 通过在服务器端记录信息确定用户身份。本章将系统地讲述 Cookie 与 Session 机制,通过比较说明什么时候不能用 Cookie,什么时候不能用 Session。

5.1 Cookie 机制

在程序中,会话跟踪比较重要。理论上,一个用户的所有请求操作都应该属于同一个会话,而另一个用户的所有请求操作则应该属于另一个会话,二者不能混淆。例如,用户 A 在超市购买的任何商品都应该放在 A 的购物车内,不论用户 A 是什么时间购买的,这都是属于同一个会话的,不能放入用户 B 或用户 C 的购物车内,这不属于同一个会话。

Web 应用程序是使用 HTTP 协议传输数据的。HTTP 协议是无状态的协议,一旦数据交换完毕,客户端与服务器端的连接就会关闭,再次交换数据需要建立新的连接。这就意味着服务器无法从连接上跟踪会话,即用户 A 购买了一件商品放入购物车内,当再次购买商品时服务器已经无法判断该购买行为是属于用户 A 的会话还是用户 B 的会话。要跟踪用户的会话,必须引入一种机制。

Cookie 就是这样的一种机制,它可以弥补 HTTP 协议无状态的不足。在 Session 出现之前,基本上所有的网站都采用 Cookie 来跟踪会话。

5.1.1 什么是 Cookie

由于 HTTP 是一种无状态的协议,服务器端从网络连接上无法知道客户身份,这怎么办呢? 于是就给客户端们颁发一个通行证吧,每人一个,无论谁访问都必须携带自己的通行证,这样服务器就能从通行证上确认客户身份了。这就是 Cookie 的工作原理。

Cookie 实际上是一小段的文本信息。客户端请求服务器,如果服务器需要记录该用户状态,就使用 response 向客户端浏览器颁发一个 Cookie。客户端浏览器会把 Cookie 保存起来,当浏览器再请求该网站时,浏览器把请求的网址连同该 Cookie 一同提交给服务器。服务器检查该 Cookie,以此来辨认用户状态。服务器还可以根据需要修改 Cookie 的内容。

Cookie 是由 W3C 组织提出,最早是由 Netscape 社区发展的一种机制。目前 Cookie 已经成为标准,所有的主流浏览器如 IE、Firefox、Chrome 等都支持 Cookie。

查看某个网站颁发的 Cookie 很简单。在浏览器地址栏输入"javascript:alert(document.cookie)"就可以了。javascript 脚本会弹出一个对话框显示本网站颁发的所有 Cookie 内容。

图 5-1 中弹出的对话框中显示的为 Baidu 网站的 Cookie。其中第一行 BAIDUID 记录的就是作者的身份 jwshock,只是 Baidu 使用特殊的方法将 Cookie 信息加密了。

图 5-1 Baidu 网站颁发的 Cookie

说明:Cookie 功能需要浏览器的支持。如果浏览器不支持 Cookie(如大部分手机中的浏览器)或者把 Cookie 禁用了,Cookie 功能就会失效。不同的浏览器采用不同的方式保存 Cookie。IE 浏览器会在"C:\Documents and Settings\你的用户名\Cookies"文件夹下以文本文件形式保存,一个文本文件保存一个 Cookie。

5.1.2 记录用户访问次数

Java 中把 Cookie 封装成了 javax.servlet.http.Cookie 类,每个 Cookie 都是该 Cookie 类的对象。服务器通过操作 Cookie 类的对象对客户端 Cookie 进行操作,通过 response.addCookie(Cookie cookie) 给客户端设置 Cookie。

Cookie 对象使用 key-value 属性对的形式保存用户状态,一个 Cookie 对象保存一个属性对,一个 request 或者 response 同时使用多个 Cookie。因为 Cookie 类位于包 javax.servlet.http.* 下面,所以 JSP 中不需要 import 该类。

下面看一个使用 Cookie 记录用户账号以及登录次数的例子。在 Eclipse 中新建 Dynamic Web Project,选择 Web 模块版本为 2.5,输入项目名称为 session。新建 JSP 页面 cookie.jsp,输入源代码如下:

```
<%@ page language = "java" import = "java.util.*" pageEncoding = "UTF-8"errorPage =
"login.jsp" %>
<%
    request.setCharacterEncoding("UTF-8");
    String username = "";
    int visitTimes = 0;
    Cookie[] cookies = request.getCookies();            //所有的 Cookie
    遍历所有的 Cookie 寻找用户账号信息与登录次数信息
    for (int i = 0; cookies! = null && i<cookies.length; i + +){
        Cookie cookie = cookies[i];
        if("username".equals(cookie.getName())){
            user name = Cookie.getValue();
        }else if("visitTimes".equals(Cookie.getName())){
            visitTimes = Integer.parseInt(cookie.getValue());
            cookie.setvalue("" + + + visitTimes);
        }
    }
    //如果没有找到 Cookie 中保存的用户名,则转到登录界面
    if (username = = null || username.trim().equals("")){
        throw new Exception("您还没有登录。请先登录");
    }
    //修改 Cookie,更新用户的访问次数
    Cookie visitTimesCookie = new Cookie("visitTimes",Integer.toString( + + visitTimes));
    response.addCookie(visitTimesCookie);
%>
<! DOCTYPE HTML PUBLIC " - //W3C//DTD HTML 4.01 Transitional//EN">
<html>
<head>
    <title>显示 cookie 信息</title>
    <link rel = "stylesheet">type = "text/css"href = "css/style.css">
</head>
<body>
<div align = "center" style = "margin:10px">
    <fieldset>
        <legend>登录信息</legend>
        <form action = "login.jsp" method = "post">
          <table>
            <tr>
                <td>您的账号:</td>
                <td><% = username %></td>
            </tr>
            <tr>
```

```
                <td>登录次数:</td>
                <td><% = visitTimes %></td>
            </tr>
            <tr>
            <td></td>
            <td>
                <input type = "button" value = "刷新"
                onclick = "location ='<% = request.getRequestURI() %>? ts
                                 ='+ new Date().getTime();" class = "button"/>
            </td>
        </tr>
    </table>
    </form>
    </fieldset>
    </div>
  </body>
</html>
```

程序使用 Cookie 记录用户的访问次数。如果用户没有登录,则显示登录界面。工作原理是程序先检查 Cookie,如果没有找到包含 username 属性的 Cookie,则抛出异常,页面跳转到 errorPage 指定的错误处理页面 login.jsp,其源代码如下:

```
<%@ page language = "java" import = "java.util.*" pageEncoding = "UTF-8" isErrorPage = "true" %>
<%
    request.setCharacterEncoding("UTF-8");
    response.setCharacterEncoding("UTF-8");
    if("POST".equals(request.getMethod())){
        Cookie usernameCookie = new Cookie("username",request.getParameter("username"));
        Cookie visitTimesCookie = new Cookie("visitTimes","0");
        response.addCookie(usernameCookie);
        response.addCookie(visitTimesCookie);
        response.sendRedirect(request.getContextPath() + "/cookie.jsp");
        return;
    }
%>
<!DOCTYPE HTML PUBLIC "-//W3C//DTD HTML 4.01 Transitional//EN">
<html>
    <head>
    <title>请先登录</title>
    <link rel = "stylesheet" type = "text/css" href = "css/style.css">
    </head>
    <body>
        <div align = "center" style = "margin:10px">
```

```
        <fieldset>
        <legend>登录</legend>
        <form action = "login.jsp" method = "post">
        <table>
            <tr>
                <td></td>
                <td><span><img  src = "images/errorstate.gif"/></span>
        <span style = "color:red;">< % = exception.getMessage() % ></span></td>
            </tr>
            <tr>
                <td>账号:</td>
    <td><input type = "text" name = "username" style = "width:200px"/></td>
            </tr>
            <tr>
            <td>密码:</td>
    <td><input type = "password" name = "password" style = "width:200px"/></td>
            </tr>
            <tr>
                <td></td>
                <td>
                    <input type = "submit" value = "登录" class = "button"/>
                </td>
            </tr>
        </table>
    </form>
    </fieldset>
    </div>
  </body>
</html>
```

程序运行效果如图 5-2 所示。

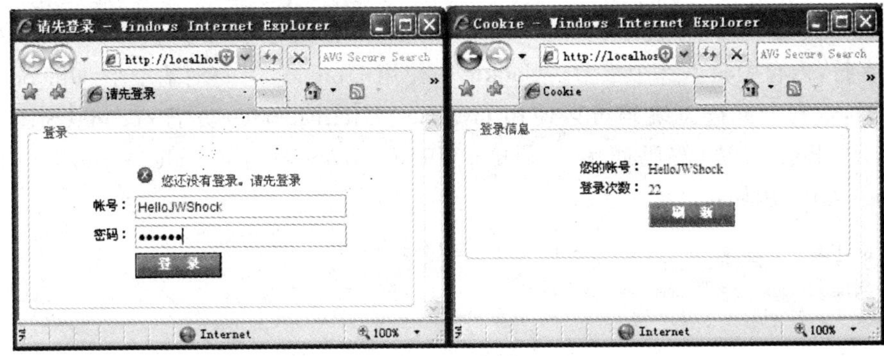

图 5-2　使用 Cookie 记录用户访问次数

客户端 A 与客户端 B 都可能访问该程序，A 会提交 A 的 Cookie，B 会提交 B 的 Cookie。代码 request. getCookies()并没有指明获取谁的 Cookie，这句代码取的是谁的 Cookie 呢？答案是 A 执行时取的是 A 的 Cookie，B 执行时取的是 B 的 Cookie，这是 Cookie 机制规定的。程序只需要简单执行 request. getCookies()就可以了，服务器只会返回当前客户的 Cookie，而不会返回其他客户的 Cookie，各客户端的 Cookie 彼此独立，互不可见。

5.1.3 Cookie 的不可跨域名性

很多网站都会使用 Cookie。例如，Google 会向客户端颁发 Cookie，Baidu 也会向客户端颁发 Cookie。那浏览器访问 Google 会不会也携带上 Baidu 颁发的 Cookie 呢？或者 Google 能不能修改 Baidu 颁发的 Cookie 呢？

答案是否定的。Cookie 具有不可跨域名性。根据 Cookie 规范，浏览器访问 Google 只会携带 Google 的 Cookie，而不会携带 Baidu 的 Cookie。Google 也只能操作 Google 的 Cookie，而不能操作 Baidu 的 Cookie。

Cookie 在客户端是由浏览器来管理的。浏览器能够保证 Google 只会操作 Google 的 Cookie 而不会操作 Baidu 的 Cookie，从而保证用户的隐私安全。浏览器判断一个网站是否能操作另一个网站 Cookie 的依据是域名，Google 与 Baidu 的域名不一样，因此 Google 不能操作 Baidu 的 Cookie。

需要注意的是，虽然网站 images. google. com 与网站 www. google. com 同属于 Google，但是域名不一样，二者同样不能互相操作彼此的 Cookie。

注意：

用户登录网站 www. google. com 之后会发现访问 images. google. com 时登录信息仍然有效，而普通的 Cookie 是做不到的，这是因为 Google 做了特殊处理。本章后面也会对 Cookie 做类似的处理。

5.1.4 Unicode 编码：保存中文

中文与英文字符不同，中文属于 Unicode 字符，在内存中占 4 个字节，而英文属于 ASCII 字符，内存中只占 2 个字节。Cookie 中使用 Unicode 字符时需要对 Unicode 字符进行编码，否则会乱码。编码可以使用 java. net. URLEncoder 类的 encode(String str, String encoding)方法，解码使用 java. net. URLDecoder 类的 decode(String str, String encoding)方法，例如：

```
<%@ page language="java" pageEncoding="UTF-8"%>
<%@page import="java.net.*"%>
<%
    Cookie cookie = new Cookie(URLEncoder.encode("姓名","UTF-8"),URLEncoder.encode("李
                    响","UTF-8"));
```

```
        response.addCookie(cookie);
    %>
    <!DOCTYPE HTML PUBLIC "-//W3C//DTD HTML 4.01 Transitional//EN">
    <html>
        <head>
        <title>Cookie Encoding</title>
        </head>
        <body>
        <%
        if(request.getCookies()!=null){
            for(Cookie cc:request.getCookies()){
                String cookieName = URLDecoder.decode(cc.getName(),"UTF-8");
                String cookieValue = URLDecoder.decode(cc.getValue(),"UTF-8");
                out.println(cookieName + "=" + cookieValue + ";<br/>");
        }
        }
        else{
            out.println("Cookie已经写入客户端,请刷新页面。");
        }
        %>
      </body>
    </html>
```

程序使用UTF-8编码了Cookie内容,然后再使用UTF-8解码Cookie并显示出来。程序运行效果如图5-3所示。

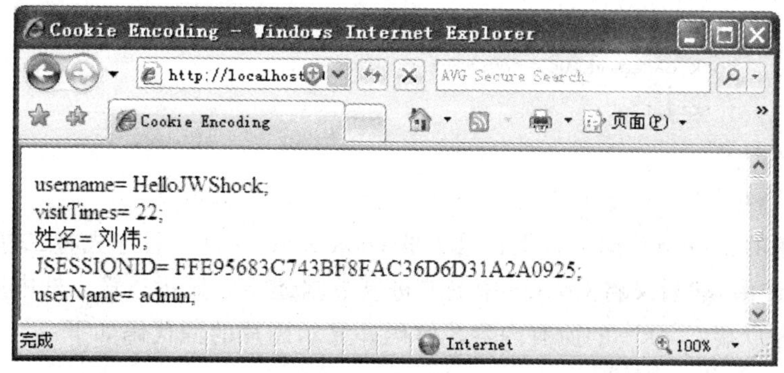

图5-3 Cookie的UTF-8编码

说明:Cookie中保存中文必须编码,一般使用UTF-8编码即可。不推荐使用GBK等中文编码,因为浏览器不一定支持,而且JavaScript也不支持GBK编码。

5.1.5 base64编码:保存二进制图片

Cookie不仅可以使用ASCII字符与Unicode字符,还可以使用二进制数据,如在

Cookie 中使用数字证书，提供安全度。使用二进制数据时也需要进行编码。下面的例子为使用 BASE64 编码在 Cookie 中保存二进制文件，源代码如下：

```
<%@ page language="java" pageEncoding="UTF-8"%>
<jsp:directive.page import="java.io.*"/>
<jsp:directive.page import="sun.misc.*"/>
<%
    File file=new File(this.getServletContext().getRealPath("cookie.gif"));
    byte[] binary = new byte[(int)file.length()];
    InputStream ins =this.getServletContext().getResourceAsStream(file.getName());
    ins.read(binary);
    ins.close();
    String content=BASE64Encoder.class.newInstance().encode(binary);
    Cookie cookie=new Cookie("file",content);
    response.addCookie(cookie);
    %>
<!DOCTYPE HTML PUBLIC "-//W3C//DTD HTML 4.01 Transitional//EN">
<html>
        <head>
        <title>Cookie Encoding</title>
        </head>
        <body>
            从 Cookie 中获取二进制图片:<img src="base64_decode.jsp"/><br/>
            <textarea id='cookieArea' style='width:100%; height:200px;'>
            </textarea>
            <script type="text/javascript">
            cookieArea.value=document.cookie;
            </script>
        </body>
</html>
```

程序使用的二进制数据来自根目录下的 cookie.gif 文件。程序先将二进制数据写进客户端 Cookie 中，然后又将 Cookie 中的二进制数据还原并显示。输入框中用 JavaScript 程序显示了客户端 Cookie 的所有内容。解码并显示图片的源代码如下：

```
<%@ page language="java" pageEncoding="UTF-8"%>
<jsp:directive.page import="sun.misc.*"/>
<jsp:directive.page trimDirectiveWhitespase="true"/>
<%
    out.clear();
    for(Cookie cookie:request.getCookies()){
        if(cookie.getName().equals("file")){
        byte[] binary=BASE64Decoder.class.newInstance().decodeBuffer(cookie.getValue()
```

```
                    .replace("",""));
        response.setHeader("Content-Type","image/gif");
        response.setIntHeader("Content-Disposition","inline; filemane=cookie.gif");
        response.setHeader("Connection","close");
        response.setContentLength(binary.length);
        response.getOutputStream().write(binary);
        response.getOutputStream().flush();
        response.getOutputStream().close();
        return ;
    }
  }
%>
```

程序运行效果如图 5－4 所示。图中选中的部分为二进制 Cookie 编码后的内容，输入框上方的小图标就是解密后 Cookie 显示的图片。

图 5－4　Cookie 中的二进制数据

说明：本程序仅用于展示 Cookie 中可以存储二进制内容，并不实用。由于浏览器每次请求服务器都会携带 Cookie，因此 Cookie 内容不宜过多，否则会影响速度。Cookie 的内容应该少而精。

5.1.6　设置 Cookie 的所有属性

除了 name 与 value 之外，Cookie 还具有其他几个常用的属性。每个属性对应一个 getter 方法与一个 setter 方法。Cookie 类的常用属性如表 5－1 所示。

表 5-1 Cookie 常用属性

属 性 名	描 述
String name	该 Cookie 的名称。Cookie 一旦创建,名称便不可更改
Object value	该 Cookie 的值。如果值为 Unicode 字符,需要为字符编码。如果值为二进制数据,则需要使用 BASE64 编码
int maxAge	该 Cookie 失效的时间,单位为秒。如果为正数,则该 Cookie 在 maxAge 秒之后失效。如果为负数,该 Cookie 为临时 Cookie,关闭浏览器即失效,浏览器也不会以任何形式保存该 Cookie。如果为 0,表示删除该 Cookie。默认为-1
boolean secure	该 Cookie 是否使用安全协议传输。安全协议有 HTTPS、SSL 等。在网络上传输数据之前先将数据加密。默认为 false
String path	该 Cookie 的使用路径。如果设置为"/session",则只有 contextPath 为"/session"的程序可以访问该 Cookie。如果设置为"/",则本域名下的 contextPath 都可以访问该 Cookie。注意最后一个字符必须为"/"
String domain	可以访问该 Cookie 的域名。如果设置为".google.com",则所有以"google.com"结尾的域名都可以访问该 Cookie。注意第一个字符必须为"."
String comment	该 Cookie 的使用说明。浏览器显示 Cookie 信息的时候显示该说明
int version	该 Cookie 使用的版本号。0 表示遵循 Netscape 的 Cookie 规范,1 表示遵循 W3C 的 RFC 2109 规范

下面是一个使用所有参数设置 Cookie 的一个例子,源代码如下:

```
<%@ page language="java" pageEncoding="UTF-8"%>
<%@page import="java.net.URLEncoder"%>
<%!
    boolean isNull(String str){
        return str==null||str.trim().length()==0;
    }
%>
<%
    request.setCharacterEncoding("UTF-8");
    if("POST".equals(request.getMethod())){
        String  name=request.getParameter("name");
        String  value=request.getParameter("value");
        String  maxAge=request.getParameter("maxAge");
        String  domain=request.getParameter("domain");
        String  path=request.getParameter("path");
        String  comment=request.getParameter("comment");
```

```
            String  secure = request.getParameter("secure");
            if(!isNull(name)){
                Cookie cookie = new Cookie(URLEncoder.encode(name,"UTF-8"),
                                        URLEncoder.encode(value,"UTF-8"));
                if(!isNull(maxAge))
                    cookie.setMaxAge(Integer.parseInt(maxAge));
                if(!isNull(domain)) cookie.setDomain(domain);
                if(!isNull(path)) cookie.setDomain(path);
                if(!isNull(comment)) cookie.setDomain(comment);
                if(!isNull(secure))
                    cookie.setSecure("true".equalsIgnoreCase(secure));
                response.addCookie(cookie);
        }
    }
%>

<!DOCTYPE HTML PUBLIC "-//W3C//DTD HTML 4.01 Transitional//EN">
<html>
    <head>
    <title>设置 Cookie</title>
    <link rel="styleheet" type="text/css" href="css/style.css">
    </head>
    <body>
        <div align="center" style="margin:10px;">
        <fieldset>
            <legend>当前有效的 Cookie</legend>
            <script type="text/javascript">
                document.write(document.cookie);
            </script>
        </fieldset>
        <fieldset>
                <legend>设置新 Cookie</legend>
                <form action="setCookie.jsp" method="post">
        <table>
        <tr>
            <td>name:</td>
            <td><input name="name" type="text" style="width:200px;"></td>
        </tr>
        <tr>
```

```
            <td>value:</td>
            <td><input name="value" type="text" style="width:200px;"></td>
        </tr>
        <tr>
            <td>maxAge:</td>
            <td><input name="maxAge" type="text" style="width:200px;"></td>
        </tr>
        <tr>
            <td>domain:</td>
            <td><input name="domain" type="text" style="width:200px;"></td>
        </tr>
        <tr>
            <td>path:</td>
            <td><input name="path" type="text" style="width:200px;"></td>
            </tr>
            <tr>
            <td>comment:</td>
            <td><input name="comment" type="text" style="width:200px;"></td>
        </tr>
        <tr>
            <td>secure:</td>
            <td><input name="secure" type="text" style="width:200px;"></td>
        </tr>
        <tr>
            <td></td>
            <td>
        <input type="submit" value="提交" class="button"/>
        <input type="button" value="刷新"class="button"onclick="location
        ='setCookie.jsp'"/>
            </td>
        </tr>
        </table>
            </form>
            </fieldset>
        </div>
    </body>
</html>
```

程序运行效果如图 5-5 所示。

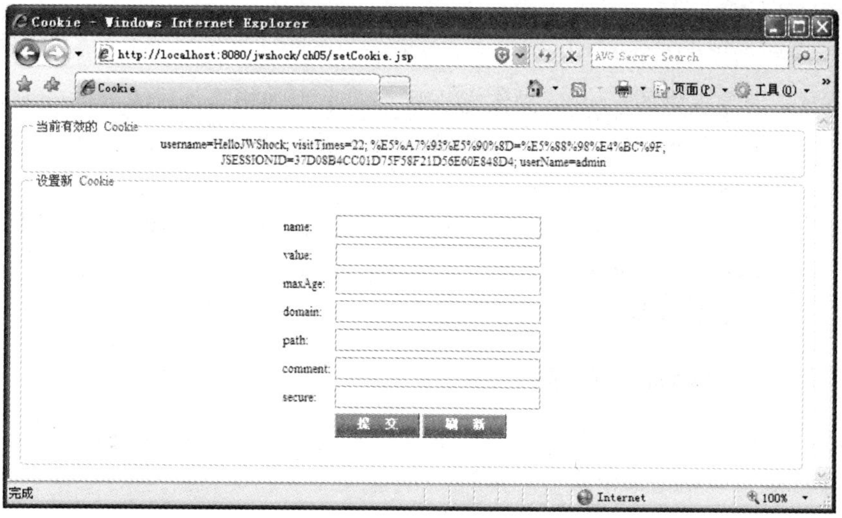

图 5－5 动态设置 Cookie

程序显示了所有的有效 Cookie，并且可以使用不同属性参数创建 Cookie，体会 Cookie 属性的用处。例如，将 maxAge 设为 0 可以删除同名的 Cookie，注意这个 Cookie 是 Tomcat 自动生成的。

说明：本例是一个演示程序，可以创建不同属性的 Cookie。

5.1.7 Cookie 的有效期

Cookie 的 maxAge 属性决定着 Cookie 的有效期，单位为秒（Second）。Cookie 中通过 getMaxAge()方法与 setMaxAge(int maxAge)方法来读写 maxAge 属性。

如果 maxAge 属性为正数，则表示该 Cookie 会在 maxAge 属性设置的秒数之后自动失效。浏览器会将 maxAge 为正数的 Cookie 持久化，即写到对应的 Cookie 文件中。无论客户关闭了浏览器还是电脑，只要还在 maxAge 秒之前，登录网站时该 Cookie 仍然有效。下面代码中的 Cookie 信息将永远有效。

```
Cookie cookie = new Cookie("username","jwshock - admin");
cookie.setMaxAge(Integer.MAX_VALUE);
response.addCookie(cookie);
```

如果 maxAge 为负数，则表示该 Cookie 仅在本浏览器窗口以及本窗口打开的子窗口内有效，关闭窗口后该 Cookie 即失效。maxAge 为负数的 Cookie，为临时性 Cookie，不会被持久化，不会被写到 Cookie 文件中。Cookie 信息保存在浏览器内存中，关闭浏览器该 Cookie 就消失了。Cookie 默认的 maxAge 值为－1。

如果 maxAge 为 0，则表示删除该 Cookie。Cookie 机制没有提供删除 Cookie 的方法，因此通过设置该 Cookie 立刻失效能实现删除 Cookie 的效果。失效的 Cookie 会被浏览器从 Cookie 文件或者内存中删除，例如：

```
Cookie cookie = new Cookie("username","jwshock");
```

```
cookie.setMaxAge(0);
response.addCookie(cookie);
```

Response 对象提供的 Cookie 操作方法只有一个添加操作 add(Cookie cookie)。要想修改 Cookie。只能使用一个同名的 Cookie 来覆盖原来的 Cookie,达到修改的目的。删除时只要把 maxAge 修改为 0 即可。

说明:从客户端读取 Cookie 时,包括 maxAge 在内的其他属性都是不可读的,也不会被提交。浏览器提交 Cookie 时只会提交 name 与 value 属性。maxAge 属性只被浏览器用来判断 Cookie 是否过期。

5.1.8 Cookie 的修改、删除

Cookie 并不提供修改、删除操作。如果要修改某个 Cookie,只需要新建一个同名的 Cookie,并添加到 response 中覆盖原来的 Cookie。

如果要删除某个 Cookie,只需要新建一个同名的 Cookie,并将 maxAge 设置为 0。再将 maxAge 添加到 response 中覆盖原来的 Cookie。注意是 0 而不是负数,负数代表其他的意义。读者可以通过上例的程序进行验证,设置不同的属性。

说明:修改、删除 Cookie 时,新建的 Cookie 除 value、maxAge 之外的所有属性,如 name、path、domain 等,都要与原 Cookie 完全一样。否则,浏览器将视为两个 Cookie,导致修改、删除失败。

5.1.9 Cookie 的域名

Cookie 是不可跨域名的。域名 www.google.com 颁发的 Cookie 不会被提交到域名 www.baidu.com,这是由 Cookie 的隐私安全机制决定的。隐私安全机制能够禁止网站非法获取其他网站的 Cookie

正常情况下,同一个一级域名下的两个二级域名如 www.jwshock.com 和 images.jwshock.com 也不能交互使用 Cookie,因为二者的域名并不严格相同。如果想所有的 jwshock.com 名下的二级域名都可以使用该 Cookie,需要设置 Cookie 的 domain 参数,例如:

```
Cookie cookie = new Cookie("time","20080808");
cookie.setDomain(".jwshock.com");
cookie.setPath("/");
cookie.setMaxAge(Integer.MAX_VALUE);
response.addCookie(cookie);
```

读者可以修改本机"C:\WINDOWS\system32\drivers\etc 下的 hosts"文件来配置多个临时域名,然后使用 setCookie.jsp 程序来设置跨域名 Cookie 验证 domain 属性。

说明:domain 参数必须以点(".")开始。另外,name 相同但 domain 不同的两个 Cookie 是两个不同的 Cookie。如果想要两个域名完全不同的网站共有 Cookie,可以将两个 name 相同的 Cookie、domain 属性分别生成为两个域名,输出到客户端。

5.1.10 Cookie的路径

domain属性决定运行访问Cookie的域名，而path属性决定允许Cookie的路径(即ContextPath)。例如，如果只允许"/session/"下的程序使用Cookie，可以这么写：

```
Cookie cookie = new Cookie("time","20080808");
cookie.setPath("/sessionWeb/");
response.addCookie(cookie);
```

Path属性需要使用符号"/"结尾，要注意的是只有在domain核实完毕之后才会对path属性进行比较。Path属性仅设置为"/"时，允许所有路径使用Cookie。

> **注意：**
> 页面只能获取其所在path的Cookie。例如"/sessionWeb/test/a.jsp"不能获取到路径为"/session/abc/"的Cookie，使用时一定要注意。

5.1.11 Cookie的安全属性

HTTP协议不仅是无状态的，而且是不安全的。使用HTTP协议的数据不经过任何加密就直接在网络上传播，极有可能被截获，因此使用HTTP协议传输机密内容存在安全隐患。如果不希望Cookie在HTTP等非安全协议中传输，可以设置Cookie的secure属性为true，浏览器只会在HTTPS和SSL等安全协议中传输此类Cookie。下面的代码设置secure属性为true：

```
Cookie cookie = new Cookie("time","20080808");
cookie.setSecure(true);
response.addCookie(cookie);
```

说明：secure属性并不能对Cookie内容加密，因而也不能保证绝对的安全。如果需要高安全性，需要在程序中对Cookie内容加密、解密，以防泄密。

5.1.12 JavaScript操作Cookie

Cookie是保存在浏览器端的，因此浏览器具有操作Cookie的能力。浏览器可以使用脚本程序如JavaScript或者VBScript等操作Cookie。这里以JavaScript为例介绍常用的Cookie操作，如下面的代码会输出本页面所有的Cookie：

```
<script>document.write(document.cookie);</script>
```

各Cookie之间用分号";"隔开，如"cookiel=A;cookie2=B"。JavaScript中并没有专门处理Cookie的API，如果想单独获取某个Cookie值，只能手工写代码解析字符串。例如下面代码中自定义的setCookie()与getCookie()方法：

```
<%@ page language = "java" pageEncoding = "UTF-8" %>
<! DOCTYPE HTML PUBLIC "-//W3C//DTD HTML 4.01 Transitional//EN">
```

```
〈html〉
    〈head〉
        〈title〉javaScript 读写 Cookie〈/title〉
        〈script type = "text/javascript"〉
    function getCookie(name){                              //返回 name 指定名字的 cookie
        var str = document. cookie;
        if(! str||str. indexOf(name + " = ")<0)            //没有 cookie
            return;
        var cookies  =  str. split(";");                   //将 cookie 串按;号隔开
        for(var i = 0;i<cookies. length;i + + ){           //遍历每个 cookie 值
            var cookie = cookies[i];
            if(! cookie.  indexOf(name + " = ")> = 0){     //查找指定名字的值对
                var value = cookie. substring(name. length + 1);
                return decodeURI(value);
            }
        }
    }                                                      //设置 cookie
    function setCookie(name,value){
        document. cookie = name + " = " + encodeURI(value);
    }
    〈/script〉
    〈Link rel = "stylesheet"type = "text/css"href = "css/style. css"〉
    〈/head〉
        〈body〉
            〈div align = "center" style = "margin: 10px;"〉
                〈fieldset〉
                    〈legend〉
                value Cookie
                〈/legend〉当前有效的 cookie〈/legend〉
                〈div id = "cookieDiv"〉〈/div〉
                〈script type = "text/javascript"〉
                    cookieDiv. innerHTML = document. cookie;
    〈/script〉
                〈/fieldset〉
                〈fieldset〉
                    〈legend〉
                        请使用如下操作
                    〈/legend〉
                    〈table〉
                        〈tr〉
                            〈td〉
                        读取 Cookie:
```

```
                </td>
                <td>
                    <input name = "name1"/>
                    <input class = "button" type = "button" value = "读取"
                    onclick = "alert(getCookie(name1.value));">
                </td>
            </tr>
            <tr><td> </td><td> </td></tr>
            <tr>
                <td>
                    设置 Cookie:
                </td>
                <td></td>
            </tr>
            <tr>
                <td align = "right">
                    Name 属性:
                </td>
                <td>
                    <input name = "name2"/>
                </td>
            </tr>
            <tr>
                <td align = "right">
                    Value 属性:
                </td>
                <td>
                    <input name = "value2"/>
                </td>
            </tr>
            <tr>
                <td></td>
            <td>
                <input type = "button" value = "设置" onclick = "setCookie
                ( name2.value, value2.value ); cookieDiv.innerHtml =
                document.cookie;" class = "button">
            </td>
        </tr>
      </table>
   </fieldset>
  </div>
</body>
```

```
</html>
```

代码使用 JavaScript 实现了读写 Cookie,其运行效果如图 5-6 所示。

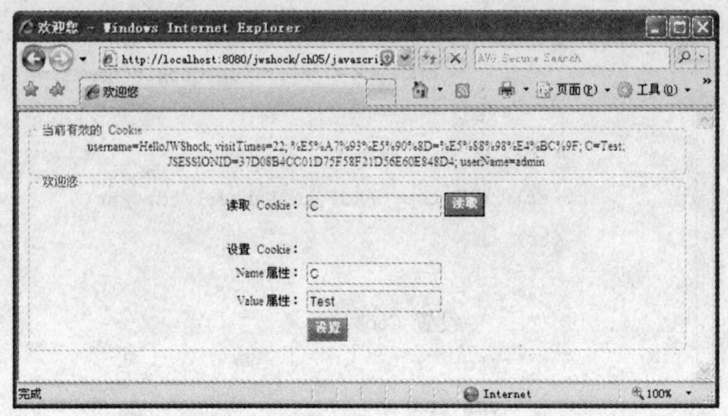

图 5-6 JavaScript 读写 Cookie

上面的 setCookie()是个简化了的方法,只能设置 name 与 value 属性。如果要设置所有 Cookie 属性,可以使用下面的完全版本。

```
function setCookie(name,value){
    var expires = (arguments.length>2)? argumnets[2]:null;
    var path = (arguments.length>3)? argumnets[3]:null;
    var domain = (arguments.length>4)? argumnets[4]:null;
    var secure = (arguments.length>5)? argumnets[5]:false;
    document.cookie = name + " = " + encodeURI(value) +
    ((expires = = null)?"":("; expires = " + expires.toGMTString())) +
    ((path = = null)?"":("; path = " + path)) +
    ((domain = = null)?"":("; domain = " + domain)) +
    ((secure = = true)?"; secure = ":"") +
}
```

由于 JavaScript 能够任意地读写 Cookie,使用 JavaScript 程序是否可以窥探用户在其他网站的 Cookie,答案是否定的。W3C 组织早就意识到 JavaScript 对 Cookie 的读写带来的安全隐患并加以防范,遵守 W3C 标准的浏览器会阻止 JavaScript 读写任何不属于自己网站的 Cookie。换句话说,A 网站的 JavaScript 程序读写 B 网站的 Cookie 不会有任何结果。

5.1.13 案例:永久登录

如果用户是在自己家的电脑上网,登录时可以记住自己的登录信息,下次访问时不需要再次登录,直接访问即可。实现方法是把登录信息如账号、密码等保存在 Cookie 中,并控制 Cookie 的有效期,下次访问时再验证 Cookie 中的登录信息即可。

保存登录信息有多种方案。最直接的是把用户名与密码都保存到 Cookie 中,下次访问时检查 Cookie 中的用户名与密码。这是一种比较危险的选择,一般不把密码等重要信息保存到 Cookie 中。

还有一种方案是把密码加密后保存到 Cookie 中，下次访问时解密并比较。这种方案略微安全一些。如果不希望保存密码，还可以把登录的时间戳保存到 Cookie 与数据库中，到时只验证用户名与登录时间戳就可以了。

这几种方案验证账号时都要查询数据库。下面将采用另一种方案，只在登录时查询一次数据库，以后访问验证登录信息时不再查询数据库。实现方式是把账号按照一定的规则加密后，连同账号一块保存到 Cookie 中。下次访问时只需要判断账号的加密规则是否正确即可。本例把账号保存到名为 account 的 Cookie 中，把账号连同密钥用 MD5 算法加密后保存到名为 ssid 的 Cookie 中。验证时检查 Cookie 中的账号与密钥加密后是否与 Cookie 中的 ssid 相等。相关代码如下：

```
<%@ page language="java" pageEncoding="UTF-8" isErrorPage="false" %>
<%@ page import="java.security.MessageDigest" %>
<%!
    //密钥
    private static final String KEY = ":cookie@jwshock.edu";
    // MD5 加密算法
    public final static String calcMD5(String ss) {
        String s = ss==null ? "" : ss;
        char hexDigits[] = {'0','1','2','3','4','5','6','7','8','9','a','b','c','d','e','f'};
        try {
        byte[] strTemp = s.getBytes();
        MessageDigest mdTemp = MessageDigest.getInstance("MD5");
        mdTemp.update(strTemp);
        byte[] md = mdTemp.digest();
        int j = md.length;
        char str[] = new char[j * 2];
        int k = 0;
        for (int i = 0; i < j; i++) {
        byte byte0 = md[i];
        str[k++] = hexDigits[byte0>>> 4 & 0xf];
        str[k++] = hexDigits[byte0 & 0xf];
        }
        return new String(str);
        } catch (Exception e) {
        return null;
        }
    }
%>
<%
    request.setCharacterEncoding("UTF-8");
    response.setCharacterEncoding("UTF-8");
    String action = request.getParameter("action");
```

```
if("login".equals(action)){
    String account = request.getParameter("account");
    String password = request.getParameter("password");
    int timeout = new Integer(request.getParameter("timeout"));
    // 把账号连同密钥使用 MD5 后加密后保存
    String ssid = calcMD5(account + KEY);
    // 把账号保存到 Cookie 中 并控制有效期
    Cookie accountCookie = new Cookie("account",account);
    accountCookie.setMaxAge(timeout);
    // 把加密结果保存到 Cookie 中 并控制有效期
    Cookie ssidCookie = new Cookie("ssid",ssid);
    ssidCookie.setMaxAge(timeout);
    response.addCookie(accountCookie);
    response.addCookie(ssidCookie);
    // 重新请求本页面
    response.sendRedirect(request.getRequestURI() + "?" + System.currentTimeMillis());
    return;
}
else if("logout".equals(action)){
    // 删除 Cookie 中的账号
    Cookie accountCookie = new Cookie("account","");
    accountCookie.setMaxAge(0);
    // 删除 Cookie 中的加密结果
    Cookie ssidCookie = new Cookie("ssid","");
    ssidCookie.setMaxAge(0);
    response.addCookie(accountCookie);
    response.addCookie(ssidCookie);
    // 重新请求本页面
    response.sendRedirect(request.getRequestURI() + "?" + System.currentTimeMillis());
    return;
}
boolean loggin = false;
String account = null;
String ssid = null;
//获取 Cookie 中的 account 与 ssid
if(request.getCookies() != null){
    for(Cookie cookie : request.getCookies()){
        if(cookie.getName().equals("account"))
            account = cookie.getValue();
        if(cookie.getName().equals("ssid"))
            ssid = cookie.getValue();
    }
```

```
    }
    if(account != null && ssid != null){
        // 如果加密规则正确,则视为已经登录
        loggin = ssid.equals(calcMD5(account + KEY));
    }
%>
<!DOCTYPE HTML PUBLIC "-//W3C//DTD HTML 4.01 Transitional//EN">
<html>
<head>
    <title><%= loggin ? "欢迎您回来" : "请先登录" %></title>
    <linkrel="stylesheet" type="text/css" href="css/style.css">
</head>
<body>
<div align="center" style="margin:10px; ">
    <fieldset>
        <legend>当前有效的 Cookie</legend>
        <script>document.write(document.cookie);</script>
    </fieldset>
    <fieldset>
        <legend><%= loggin ? "欢迎您回来" : "请先登录" %></legend>
        <% if(loggin){ %>
            欢迎您,${ cookie.account.value }.   
            <a href="${ pageContext.request.requestURI }?action=logout">注销</a>
        <% } else { %>
        <form action="${ pageContext.request.requestURI }?action=login" method="
        post">
            <table>
                <tr>
                    <td>账号:</td>
                    <td>
                <input type="text" name="account" style="width:200px; ">
                    </td>
                </tr>
                <tr>
                    <td>密码:</td>
                    <td>
                <input type="password" name="password" style="width:200px; ">
                    </td>
                </tr>
                <tr>
                    <td>有效期:</td>
                <td>
```

```
                <input type = "radio" name = "timeout" value = " - 1" checked> 关闭浏览器即
                失效 <br/>
                <input type = "radio" name = "timeout" value = "<% = 30 * 24 * 60 * 60
                %>"> 30 天内有效 <br/>
                <input type = "radio" name = "timeout" value = "<% = Integer.MAX_VALUE
                %>"> 永久有效 <br/>
                  </td>
                </tr>
                <tr>
                <td>
                </td>
                  <td>
                <input type = "submit" value = " 登  录 " class = "button">
                  </td>
                </tr>
            </table>
        </form>
        <% } %>
    </fieldset>
</div>
</body>
</html>
```

登录时可以选择登录信息的有效期:关闭浏览器即失效、30 天内有效与永久有效。通过设置 Cookie 属性来实现,注意观察代码。程序运行效果如图 5-7 所示。

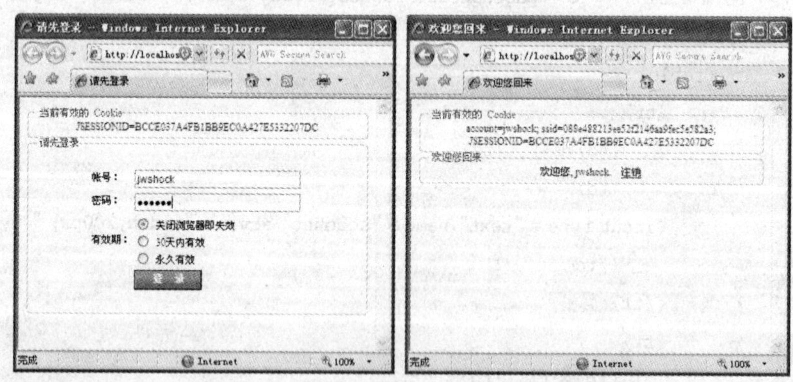

图 5-7 永久登录

说明:该加密机制中最重要的部分为算法与密钥。由于 MD5 算法的不可逆性,即使用户知道了账号与加密后的字符串,也不可能解密得到密钥。因此,只要保管好密钥与算法,该机制就是安全的。

5.2 Session 机 制

除了使用 Cookie,Web 应用程序中还经常使用 Session 来记录客户端状态。Session 是服务器端使用的一种记录客户端状态的机制,使用上比 Cookie 简单一些,相应的也增加了服务器的存储压力。

5.2.1 什么是 Session

Session 是另一种记录客户状态的机制,不同的是 Cookie 保存在客户端浏览器中,而 Session 保存在服务器上。客户端浏览器访问服务器的时候,服务器把客户端信息以某种形式记录在服务器上,这就是 Session。客户端浏览器再次访问时只需要从该 Session 中查找该客户的状态就可以了。

如果说 Cookie 机制是通过检查客户身上的"通行证"来确定客户身份的话,那么 Session 机制就是通过检查服务器上的"客户明细表"来确认客户身份。Session 相当于程序在服务器上建立的一份客户档案,客户来访的时候只需要查询客户档案表就可以了。

5.2.2 实现用户登录

Session 对应的类为 javax.servlet.http.HttpSession 类。每个来访者对应一个 Session 对象,所有该客户的状态信息都保存在这个 Session 对象里。Session 对象是在客户端第一次请求服务器的时候创建的。Session 也是一种 key-value 的属性对,通过 getAttribute(String key)和 setAttribute(String key,Object value)方法读写客户状态信息。Servlet 里通过 getSession()方法获取该客户的 Session,例如:

```
HttpSession session = request.getSession();
session.setAttribute("loginTime",new Date());
out.println("登录时间为:" + (Date)session.getAttribute("loginTime"));
```

request 还可以使用 getSession(boolean create)来获取 Session。区别是如果该客户的 Session 不存在,getSession()方法会返回 null,而 getSession(true)会先创建 Session 再将 Session 返回。

Servlet 中必须使用 request 获取 HttpSession 对象,而 JSP 中内置 session 隐藏对象,可以直接使用。如果使用声明了〈%@page session"false"%〉,则 session 隐藏对象不可用。下面的例子使用 Session 记录客户账号信息,源代码如下:

```
<%@ page language = "java" pageEncoding = "UTF-8" %>
<%@ page import = "edu.jwshock.session.bean.Person" %>
<%@ page import = "java.text.SimpleDateFormat" %>
<%@ page import = "java.text.DateFormat" %>
<%@ page import = "java.util.Date" %>
<%!
    DateFormat dateFormat = new SimpleDateFormat("yyyy-MM-dd");
```

```
%>
<%
        response.setCharacterEncoding("UTF-8");
        Person[] persons = {
            new Person("jwshock","123456",33,dateFormat.parse("1982-01-01")),
            new Person("kitty","hellokitty",23,dateFormat.parse("1984-02-25")),
            new Person("Garfield","garfield_ok",23,dateFormat.parse("1994-09-12")),
    };
    String message = "";
    if(request.getMethod().equals("POST")){
        for(Person person : persons){
            // 如果用户名正确且密码正确
      if ( person.getName ( ) .equalsIgnoreCase ( request.getParameter ( " username ")) &&
           person.getPassword().equals(request.getParameter("password"))){
                // 登录成功,设置将用户的信息以及登录时间保存到 Session
                session.setAttribute("person",person);
                session.setAttribute("loginTime",new Date());
                response.sendRedirect(request.getContextPath() +"/welcome.jsp");
                return;
            }
        }
        // 登录失败
        message = "用户名密码不匹配,登录失败。";
    }
%>
<!DOCTYPE HTML PUBLIC "-//W3C//DTD HTML 4.01 Transitional//EN">
<html><!-- HTML 的内容是一个 FORM,代码从略。--></html>
```

登录界面验证用户登录信息,如果登录正确,就把用户信息以及登录时间保存进 Session,然后转到欢迎页面 welcome.jsp。welcome.jsp 从 Session 中获取信息,并将用户资料显示出来。welcome.jsp 代码如下:

```
<%@ page language="java" pageEncoding="UTF-8"%>
<%@ page import="edu.jwshock.session.bean.Person"/%>
<%@ page import="java.text.SimpleDateFormat"%>
<%@ page import="java.text.DateFormat"%>
<%@ page import="java.util.Date"%>
<%!
    DateFormat dateFormat = new SimpleDateFormat("yyyy-MM-dd");
%>
<%
    if(session.getAttribute("person") == null){
        response.sendRedirect("session.jsp");
```

```
            return;
        }
%>
<!DOCTYPE HTML PUBLIC "-//W3C//DTD HTML 4.01 Transitional//EN">
<html>
<head>
<title>欢迎您，${person.name}</title>
<link rel="stylesheet" type="text/css" href="css/style.css">
</head>
<body>
<div align="center" style="margin:10px;">
    <fieldset>
        <legend>欢迎您 ${ person.name }</legend>
            <table>
                <tr>
                    <td>您的姓名:</td>
                    <td>${person.name}</td>
                </tr>
                <tr>
                    <td>登录时间:</td>
                    <td>${loginTime}</td>
                </tr>
                <tr>
                    <td>您的年龄:</td>
                    <td>${person.age}</td>
                </tr>
                <tr>
                    <td>您的生日:</td>
                    <td>${person.birthday}</td>
                </tr>
                <tr>
                    <td></td>
                    <td>
                        <input type="button" value=" 重新登录 " onclick="location=
                        'session.jsp';" class="button">
                    </td>
                </tr>
            </table>
        </fieldset>
</div>
</body>
</html>
```

程序运行效果如图 5 - 8 所示。

图 5 - 8　使用 Session 记录用户信息

程序中使用了一个 Java Bean 类 Person，注意程序中 Session 中直接保存了 Person 类对象与 Date 类对象，使用起来要比 Cookie 方便。

当多个客户端执行程序时，服务器会保存多个客户端的 Session。获取 Session 的时候也不需要声明获取谁的 Session。Session 机制决定了当前用户只会获取到自己的 Session，而不会获取到别人的 Session。每个用户的 Session 也彼此独立，互不可见。

说明：Session 的使用比 Cookie 方便，但 Session 存储在服务器内存中，过多的 Session 会对服务器造成压力。

5.2.3　Session 的生命周期

Session 保存在服务器端。为了获得更高的存取速度，服务器一般把 Session 放在内存中，每个用户都会有一个独立的 Session。如果 Session 内容过于复杂，当大量客户访问服务器时可能会导致内存溢出。因此，Session 里的信息也应该尽量精简。

Session 在用户第一次访问服务器的时候自动创建。注意只有访问 JSP、Servlet 等程序时才会创建 Session，若只访问 HTML 等静态资源并不会创建 Session。如果尚未生成 Session，也可以使用 request. getSession(true)强制生成 Session。

Session 生成后，只要用户继续访问，服务器就会更新 Session 的最后访问时间，并维护该 Session。用户每访问服务器一次，无论是否读写 Session，服务器都认为该用户的 Session“活跃(active)”了一次。

5.2.4　Session 的有效期

由于会有越来越多的用户访问服务器，因此 Session 也会越来越多，为防止内存溢出，服务器会把长时间内没有活跃的 Session 从内存删除。这个时间就是 Session 的有效期，如果超过了有效期没访问过服务器，Session 就自动失效了。

Session 的有效期为 maxInactiveInterval 属性，可以使用 getMaxInactiveInterval()方法获取，使用 setMaxInactiveInterval()修改。Tomcat 中 Session 的默认有效期为 20min。

Session 的有效期可以在 web. xml 中修改。例如修改为 60min：

```
<session-config>
```

```
    <session-timout>60</session-timout>    <! -- 单位:分钟 -->
</session-config>
```

另外,通过调用 Session 的 invalidate()方法可以使 Session 失效。

5.2.5 Session 的常用方法

Session 中包括各种方法,使用起来要比 Cookie 方便得多。Session 的常用方法如表 5-2所示。

表 5-2 HttpSession 的常用方法

方 法 名	描 述
void setAttribute (String attribute, Object value)	设置 Session 属性。value 参数可以为任何 Java Object,通常为 Java Bean,value 信息不宜过大
String getAttribute(String attribute)	返回 Session 属性
Enumeration getAttributeNames()	返回 Session 中的属性名列表
void removeAttribute(String attribute)	删除 Session 属性
String getId()	返回 Session 的 ID。该 ID 由服务器自动创建,不会重复
long getCreationTime()	返回 Session 的创建日期。返回类型为 long,常被转化为 Date 类型,例如:Date createTime=new Date(session.getCreationTime());
long getLastAccessedTime()	返回 Session 的最后活跃时间。返回类型为 long
int getMaxInactiveInterval()	返回 Session 的超时时间,单位为秒。超过该时间没有访问,服务器认为该 Session 失效
void setMaxInactiveInterval(int second)	设置 Session 的超时时间。单位为秒
void putValue(String attribute, Object value)	不推荐的方法。已经被 setAttribute 替代
Object getValue(String attribute)	不推荐的方法。已经被 getAttribute 替代
Boolean inNew()	返回该 Session 是否是新创建的
void invalidate()	使该 Session 失效

5.2.6 Session 对浏览器的要求

虽然 Session 保存在服务器中,对客户端是透明的,它的正常运行仍然需要客户端浏览器的支持。这是因为 Session 需要使用 Cookie 作为识别标志。HTTP 协议是无状态的,Session 不能依据 HTTP 连接来判断是否为同一客户,因此服务器向客户端浏览器发送一个名为 JSESSIONID 的 Cookie，它的值为该 Session 的 id（也就是 HttpSession、getId()的返回值），Session 依据该 Cookie 来识别是否为同一用户。

该 Cookie 为服务器自动生成的，它的 maxAge 属性一般为－1，表示在当前浏览器内有效，并且各浏览器窗口间不共享，关闭浏览器就会失效。因此同一机器的两个浏览器窗口访问服务器时，会生成两个不同的 Session，但是由浏览器窗口内的链接、脚本等打开的新窗口（也就是说不是通过浏览器图标等打开的窗口）除外。这类子窗口会共享父窗口的 Cookie，因此会共享同一个 Session。

说明：新开的浏览器窗口会生成新的 Session，子窗口除外。子窗口会共用父窗口的 Session。例如，在网页的链接上右击，在弹出的快捷菜单中选择"在新窗口中打开"时，子窗口便可以访问父窗口的 Session。

如果客户端浏览器将 Cookie 功能禁用，或者不支持 Cookie 怎么办（如绝大多数的手机浏览器都不支持 Cookie）？Java Web 应用提供了另一种解决方案：URL 地址重写。

5.2.7 URL 地址重写

URL 地址重写是对客户端不支持 Cookie 的解决方案。URL 地址重写的原理是将该用户 Session 的 id 信息重写到 URL 地址中。服务器能够解析重写后的 URL 获取 Session 的 id。这样即使客户端不支持 Cookie，也可以使用 Session 来记录用户状态。HttpServletResponse 类提供了 encodeURL(String url)实现 URL 地址重写，例如：

```
<td>
    <a href = "<% = response.encodeURL("index.jsp? c = 1&wd = java") %>"></a>
</td>
```

该方法会自动判断客户端是否支持 Cookie。如果客户端支持 Cookie，会将 URL 原封不动地输出来。如果客户端不支持 Cookie，则会将用户 Session 的 id 重写到 URL 中。重写的输出可能是这样的：

```
<td>
    <a href = "index.jsp;jsessionid = 0ccd096E7F8D97B0BE608AFDC3E1931E? c = 1&WD = java">
    </a>
</td>
```

即在文件名的后面，在 URL 参数的前面添加了字符串"jsessionid＝xxx"。其中 xxx 为 Session 的 id。分析一下可以知道：增添的 jsessionid 字符串既不会影响请求的文件名，也不会影响提交的请求参数。用户单击这个链接的时候会把 Session 的 id 通过 URL 提交到服务器上，服务器通过解析 URL 地址获得 Session 的 id。

如果是页面重定向（Redirection），URL 地址重写可以这样写：

```
<%
if("administrator".equals(username)){
        response.sendRedirect(
            response.encodeRedirectURL("administrator.jsp"));
        return ;
```

```
}
%>
```

效果跟 response.encodeURL(String url)是一样的。如果客户端支持 Cookie，输出原 URL 地址；如果不支持 Cookie，生成重写后的带有 jsessionid 字符串的地址。

对于 WAP 程序，由于大部分的手机浏览器都不支持 Cookie，WAP 程序都会采用 URL 地址重写来跟踪用户会话；比如用友集团的移动商街等。

说明：Tomcat 判断客户端浏览器是否支持 Cookie 的依据是请求中是否含有 Cookie。尽管客户端可能会支持 Cookie，但是由于第一次请求时不会携带任何 Cookie(因为并无任何 Cookie 可以携带)，URL 地址重写后会带有 jsessionid。当第二次访问时已经在浏览器中写入 Cookie 了，因此 URL 地址就不会带有 jsessionid 了。

5.2.8 Session 中禁止使用 Cookie

既然 WAP 上大部分的浏览器都不支持 Cookie，索性禁止 Session 使用 Cookie，统一使用 URL 地址重写会更好一些。Java Web 规范支持通过配置的方式禁用 Cookie，下面是通过配置禁止使用 Cookie 的例子。

打开 sessionWeb 项目，在 Web 应用程序的 META-INF 文件夹(跟 WEB-INF 文件夹同级，如果没有则创建)打开 context.xml(如果没有则创建)，代码如下：

```
<?xml version='1.0' encoding='UTF-8'?>
<Context path="/sessionWeb" cookies="false">
</Context>
```

或者修改 Tomcat 全局的 conf/context.xml，修改内容如下：

```
<!-- The contents of this file will be loaded for each web application -->
<Context cookies="false">
    <!-- …中间代码略 -->
</Context>
```

部署后 Tomcat 便不会自动生成名为 jsessionid 的 Cookie，也不会以 Cookie 为标志，而仅仅以重写后的 URL 地址为识别标志了。

说明：该配置只是禁止 Session 使用 Cookie 作为识别标志，并不能阻止其他的 Cookie 读写。也就是说，服务器不会自动维护名为 jsessionid 的 Cookie 了，但是程序中仍然可以读/写其他的 Cookie。

5.3 Session 与 Cookie 的比较

Session 与 Cookie 都可以进行会话跟踪，但是实现的原理不太一样。一般情况下二者均可以满足要求，但有时候不可以使用 Cookie，有时不可以使用 Session。下面通过比较说明二者的特点以及适用的场合。

5.3.1 从存取方式上比较

Cookie 中只能保存 ASCII 字符串，如果需要存取 Unicode 字符或二进制数据，需要进行 UTF－8 或者 BASE64 等方式的编码。Cookie 中也不能直接存取 Java 对象。若要存储稍微复杂的信息，使用 Cookie 是比较困难的。

而 Session 可以存取任何类型的数据，包括 String、Integer、List、Map 等标准的 java 类的对象。Session 中还可以直接存取 Java Bean 乃至任何 Java 对象，使用起来非常方便。

5.3.2 从隐私安全上比较

Cookie 存储在客户端浏览器中，对客户端是可见的，客户端的一些程序可能会窥探、复制甚至修改 Cookie 中的内容。而 Session 存储在服务器上，对客户端是透明的，不存在敏感信息泄露的危险。

如果选用 Cookie，比较好的办法是，敏感的信息（如账号密码等）尽量不要写到 Cookie 中。最好是像 Google、Baidu 那样将 Cookie 信息加密，交到服务器后再进行解密，保证 Cookie 中的信息只有自己能读得懂。

5.3.3 从有效期上比较

使用过 Google 的人知道，如果登录过 Google，则 Google 的登录信息长期有效。用户不必每次都重新登录，Google 会长久记录该用户的登录信息。要达到这种要求，使用 Cookie 会是比较好的选择，只要设置 Cookie 的 maxAge 属性为一个极大的数或 Integer. MAX_VALUE 就可以了，Cookie 通过设置 maxAge 属性支持永久有效。

使用 Session 理论上也能实现这种效果。只要调用 setMaxInactiveral(Integer. MAX_VALUE)方法就可以了，但是由于 Session 依赖名为 JSESSIONID 的 Cookie。而 Cookie JSESSIONID 的 maxAge 默认为－1，只要关闭浏览器该 Session 就会失效，因此 Session 不能实现永久有效的效果，使用 URL 地址重写也不能实现。而且如果设置 Session 的有效期过长，服务器累计的 Session 就会越多，容易导致内存溢出。

5.3.4 从对服务器的负担上比较

Session 是保存在服务器端的，每个用户都会产生一个 Session。如果并发访问的用户非常多，会产生非常多的 Session，消耗大量的内存。因此像 Google、Baidu 这样并发访问量极高的网站，是不太可能使用 Session 来追踪客户会话的。而 Cookie 保存在客户端，不占用服务器资源。如果并发浏览的用户非常多，Cookie 是很好的选择。对 Google、Baidu 来说，Cookie 或许是唯一的选择。

5.3.5 从浏览器支持上比较

Cookie 是需要客户端浏览器支持的。如果客户端禁用了 Cookie，或者不支持 Cookie，则会话跟踪会失效。对于 WAP 上的应用，常规的 Cookie 就派不上用场了。

如果客户端浏览器不支持 Cookie,需要使用 Session 以及 URL 地址重写。需要注意的是所有用到 Session 程序的 URL 都要使用 response. encodeURL(String URL)或者 response. encodeRedirectURL(String URL)进行 URL 地址重写,否则会导致 Session 会话跟踪失败。对于 WAP 应用来说,使用 Session 及 URL 地址重写也许是它唯一的选择。

如果客户端支持 Cookie,则 Cookie 既可以设为本浏览器窗口及子窗口内有效(把 maxAge 设为-1),也可以设为所有浏览器窗口内有效(把 maxAge 设为某个大于 0 的整数)。但 Session 只能在本浏览器窗口及其子窗口内有效。如果两个浏览器窗口互不相干,它们将使用两个不同的 Session。

5.3.6 从跨域名上比较

Cookie 支持跨域名访问,例如将 domain 属性设置为“. jwshock. com”,则以“. jwshock. com”为后缀的所有域名均可以访问该 Cookie。跨域名 Cookie 现在被广泛用在网络中,如 Google、Baidu 等。而 Session 则不会支持跨域名访问,它仅在其所在的域名内有效。

说明:仅使用 Cookie 或者仅使用 Session 可能实现不了理想的效果,这时应该尝试一下同时使用 Session 与 Cookie。Session 与 Cookie 的搭配使用在实际项目中可以解决一些用户会话管理的复杂问题,获取意想不到的效果。

小 结

Cookie 是早期的会话跟踪技术,它将信息保存到客户端浏览器中。浏览器访问网站时会携带这些 Cookie 信息,以达到鉴别身份的目的。

Session 是在 Cookie 基础上建立的会话跟踪技术,它将信息保存在服务器端, Session 中能够存储任意的 Java 对象,因此使用更加方便。Session 依赖于名字为 JSESSIONID 的 Cookie。如果客户端浏览器不支持 Cookie,或者禁用了 Cookie,仍然可以通过使用 URL 地址重写来使用 Session。

思 考 题

1. 什么是 Cookie? 它有什么特点?
2. 什么是 Session? 利用 Session 可完成什么样的操作?
3. Session 和 Cookie 有什么不同?

第 6 章 过滤器 Filter

Filter 与 Listener 是 Servlet 规范里的两个高级特性。不同于 Servlet，它们不处理客户端请求，而用于对 Request、Response 进行修改或者对 Context、Session、Request 中的事件进行监听。善用 Servlet 规范的这两个高级特性能够很轻松地解决一些特殊问题。本章主要讲解 Filter 的相关内容。

6.1 Filter 概述

Servlet 2.3 规范中添加了 Filter 功能，并在 Servlet 2.4 中对 Filter 进行了细节上的补充。本章讲解的是 Servlet 2.5 版本的 Filter，Filter 体现了设计模式中的 Filter 模式。

6.1.1 什么是 Filter

Filter 一般译为过滤器，用于在 Servlet 之外对 Request 或者 Response 进行修改。Filter 提出了过滤器链(FilterChain)的概念，一个 FilterChain 包括多个 Filter。客户端请求 request 在抵达 Servlet 之前会经过 FilterChain 里的所有 Filter，服务器响应 response 在从 Servlet 发送给客户端浏览器之前也会经过 FilterChain 里的所有 Filter，Filte 处理过程如图 6-1 所示。

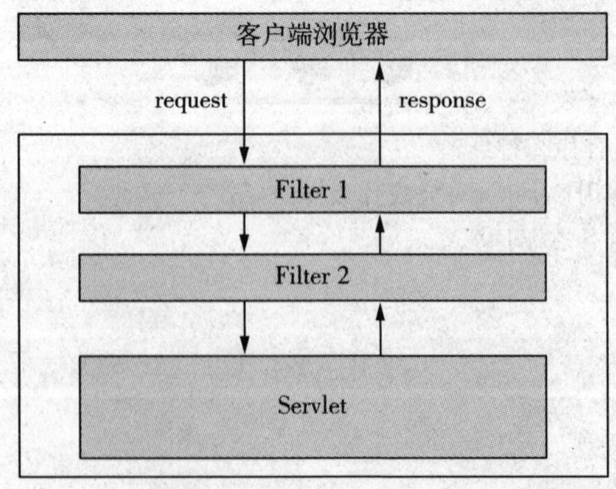

图 6-1 浏览器访问 Servlet 时 Filter 的处理过程

图中的多个 Filter 就组成了一个 FilterChain。从中可以看出，Filter 像是客户端浏览器与服务器端 Servlet 之间的一层滤网，无论进出，都会经过 Filter 接口。正因为 Filter 的这种特性，一些特殊的工作可以交给 Filter 来处理。

6.1.2 Filter 接口

一个 Filter 必须实现 javax.servlet.Filter 接口。Filter 接口有 3 个方法，源代码如下：

```
public interface Filter {
    /**
     * web 程序启动时调用此方法，用于初始化该 Filter
     *
     * @param config 可以从该参数中获取初始化参数以及 srevletContext 信息等
     * @throws ServletException
     */
    public void init (FilterConfig config) throws ServletException;
    /**
     * 客户请求服务器时会经过
     *
     * @param request 客户请求
     * @param response 服务器响应
     * @param chain 过滤器，通过 chain.doFilter(request,response)将请求传给下个 Filter
       获 Servlet
     * @throws ServletException
     * @throws IOException
     */
     public void doFilter (ServletRequest request, ServletResponse response, FilterChain
                          chain)
        throws ServletException,IOException ;
    /**
     * web 程序关闭时调用次方法，用于销毁一些资源
     */
    public void destory ();
}
```

这 3 个方法反映了 Filter 的生命周期。其中，init()与 destroy()方法只会被调用一次，分别在 Web 应用程序加载或者卸载的时候调用；而 doFilter()方法每次有客户端请求都会被调用一次。Filter 的所有工作也都集中在 doFilter()方法中。

下面是一个简单 Filter 的实现。它在 request 被处理之前和 response 传回浏览器之前分别输出了两句话：

```
public class MyFilter implements Filter{
    public void init(FilterConfig config) throws ServletException {}
```

```
    public void doFilter(ServletRequest request, ServletResponse response, FilterChain chain)
        throws ServletException,IOException{
        System.out.println("request 被处理之前…");
        //一定要执行这句,否则不会执行 Servlet 代码
        chain.doFilter(request,response);
        System.out.println("request 被处理之后,response 发送到客户端浏览器之前…");
    }
    public void destory() {}
}
```

chain.doFilter(request,response)将 request 递交给 FilterChain 中的下一个 Filter,如果所有 Filter 都走完了则交给 Servlet 处理。

注意:

doFilter()方法中一定要执行 chain.doFilter(request,response),否则 request 不会交给后面的 Filter 或者 Servlet。

6.1.3 Filter 配置

Filter 需要配置在 web.xml 中才能生效。一个 Filter 需要配置〈filter〉与〈filter-mapping〉,内容如下:

```
〈filter〉
    〈filter-name〉filterName〈/filter-name〉
    〈filter-class〉filter.MyFilter〈/filter-class〉
    〈init-param〉
        〈param-name〉paramName〈/param-name〉
        〈param-value〉paramValue〈/param-value〉
    〈/init-param〉
    〈/filter〉
    〈filter-mapping〉
        〈filter-name〉filterName〈/filter-name〉
        〈url-pattern〉/jsp/*〈/url-pattern〉
        〈url-pattern〉*.do〈/url-pattern〉
        〈dispatcher〉REQUEST〈/dispatcher〉
        〈dispatcher〉FORWARD〈/dispatcher〉
〈/filter-mapping〉
```

〈filter〉配置 Filter 名称,实现类以及初始化参数(如果有的话),可同时配置多个初始化参数。〈filter-mapping〉配置使用该 Filter 的规则,〈filter〉中定义的名称 filterName 与〈filter-mapping〉的 filter-name 必须匹配。

〈url-pattern〉配置 URL 的映射规则，可以配置多个，可以使用通配符（ * ）。例如，"/jsp/ * "指 Filter 会处理以"/jsp/"开头的 URL，" * . do"则指 Filter 处理任何以". do"结尾的 URL。

〈dispatcher〉配置到达 Servlet 的方式，有 4 种取值：REQUEST、FORWORD、INCLUDE、ERROR，可以同时配置多个〈dispatcher〉。如果没有配置任何〈dispatcher〉，默认为 REQUEST。它们的区别如下。

- REQUEST：仅当直接请求 Servlet 时才生效。
- FORWARD：仅当请求通过 FORWARD 方式到达时才生效。
- INCLUDE：JSP 中通过〈jsp：include/〉请求时，仅这种情况下有效。
- ERROR：JSP 中通过〈%@page errorPage="error. jsp" %〉指定错误处理页面，仅在这种情况下才有效。

〈url-pattern〉与〈dispatcher〉的关系是"且"的关系。只有满足〈url-pattern〉的条件，且满足〈dispatcher〉的条件时，该 Filter 才能生效。

注意：

一个 web 程序可以配置多个 Filter，这多个 Filter 的执行顺序有先有后。规则是〈filter-mapping〉配置在前面的 Filter 比配置在后面的 Filter 执行要早。另外要注意，多个 Filter 可能会互相影响。

6.2 Filter 经典案例

Filter 的特性使它可以处理特殊的工作，如权限验证、日志记录、数据压缩与加密、格式转换、图像处理等。下面列出了几种使用 Filter 的常见案例。

6.2.1 防盗链 Filter

防盗链 Filter 实现这样一种效果，如果其他网站通过链接引用本网站的图片资源，将会显示一个错误图片。只有本站内的网页引用时，图片才会正常显示，即在图片显示之前对 request 进行验证，看客户请求是否来自本网站内，代码如下：

```
packageedu. jwshock. filter;
importjavax. servlet. * ;
importjavax. servlet. http. HttpServletRequest;
importjavax. servlet. http. HttpServletResponse;
importjava. io. IOException;
public class ImageRedirectFilter implements Filter{
    //初始化不做任何事
    public void init(FilterConfig config) throws ServletException{}
    public void doFilter(ServletRequest req ServletResponse res,FilterChain chain)
```

```
        throws ServletException,IOException{
        //request 对象
          HttpServletRequest request = (HttpServletRequest)req;
        //response 对象
        HttpServletResponse response = (HttpServletResponse)res;
        String referer = request.getHeader("referer");
        //若来自其他网站
        if(referer == null||! referer.contains(request.getServletName()))
        {
            request.getRequestDispatcher("/error.gif").forward(request,response);
        }else{
            chain.doFilter(request,response);
        }
    }
    public void destroy(){}
}
```

该 Filter 从 request 信息头中获取请求来自何方。Filter 的配置代码如下：

```
<filter>
    <filter-name>imageRedirectFilter</filter-name>
    <filter-class>edu.jwshock.filter.ImageRedirectFilter</filter-class>
</filter>
<filter-mapping>
    <filter-name>imageRedirectFilter</filter-name>
    <url-pattern>/images/*</url-pattern>
    <url-pattern>/upload/images/*</url-pattern>
</filter-mapping>
```

该 Filter 配置表明对/image/与/upload/images/下面的所有资源进行防盗链过滤处理。运行效果如如图 6-2 所示。直接访问图片或者其他站点链接图片时，显示错误图片。本站网页访问图片时，则正常显示。

图 6-2　防盗链 Filter 运行效果(左:本站网页引用图片,右:直接访问图片)

6.2.2 字符编码 Filter

字符编码 Filter 是最常用的 Filter 之一，常用来解决 Tomcat 等服务器里 request、response 乱码的问题。字符编码 Filter 是在 request 提交到 Servlet 之前对 request 进行指定编码方式的编码，代码如下：

```
packageedu.jwshock.filter;
import javax.servlet.*;
import java.io.IOException;
public class CharacterEncodingFilter implements Filter{
    private String characterEncoding;          //编码方式，配置在 web.xml 中
    private bool eanenabled;                   //是否启用该 Filter，配置在 web.xml 中
    //初始化是加载参数
    public void init(FilterConfig config) throws ServletException{
        characterEncoding = config.getInitParameter("characterEncoding");
        enabled = "true".equalsIgnoreCase(config.getInitParameter ("enabled").trim());
        //启用
    }
    public void doFilter(ServletRequest request,
                ServletResponse response,FilterChain chain)
            throws ServletException,IOException{
        if (enabled || characterEncoding ! = null ){   //如果启用该 Filter
            //设置 request 编码
            request.setCharacterEncoding(characterEncoding);
            //设置 response 编码
            response.setCharacterEncoding(characterEncoding);
        }
            //doFilter,执行下一个 Filter 或者 Servlet
            chain.doFilter(request, response);
        }
    public void destory(){
        characterEncoding = null;                  //销毁时清空资源
    }
}
```

characterEncoding 表示编码方式，enabled 表示是否启用编码，分别从初始化参数中取值。web.xml 中的配置代码如下：

```
〈filter〉
    〈filter-name〉characterEncodingFilter〈/filter-name〉
    〈filter-class〉
        edu.jwshock.filter.CharacterEncodingFilter
    〈/filter-class〉
```

```
    <init-param>
        <param-name>characterEncoding</param-name>
        <param-value>UTF-8</param-value>
    </init-param>
    <init-param>
        <param-name>enabled</param-name>
        <param-value>true</param-value>
    </init-param>
</filter>
<filter-mapping>
    <filter-name>characterEncodingFilter</filter-name>
    <url-pattern>/*</url-pattern>
</filter-mapping>
```

如果不使用字符编码 Filter，request 中取出的中文字符可能是乱码，使用之后可解决乱码。

> **注意：**
>
> 页面编码方式与 Filter 指定的编码方式必须一致。另外，如果表单是 GET 方式提交的，还需要修改 Tomcat 安装目录下“/conf/server.xml”配置文件，指定 URLEncoding（默认为 ISO-8859-1），否则，依然会乱码。

Filter 编码方式的修改如下：

```
<Connector port="8080" protocol="HTTP/1.1"  connectionTimeout="20000" redirectPort=
"8443" URLEncoding="UTF-8"/>
```

字符编码 Filter 是已经成为 Java Web 应用程序中最常用的 Filter，基本上所有的 Java Web 应用程序设置编码方式都是用类似这样的 Filter 来实现的。

6.2.3 日志记录 Filter

记录日志也是 Filter 擅长的工作之一。在 request 之前与之后都可以记录日志。该日志记录 Filter 使用 Apache 开源的日志工具包 commons-logging 来记录日志、客户的 IP 地址、访问的 URL 以及运行的时间。Apache commons-logging 日志工具包的好处是可以自由配置，弹性很大。日志记录 Filter 源代码如下：

```
packageedu.jwshock.filter;
importorg.apache.commons.logging.Log;
importorg.apache.commons.logging.LogFactory;
importjavax.servlet.*;
importjavax.servlet.http.HttpServletRequest;
importjavax.servlet.http.HttpServletResponse;
importjava.io.IOException;
```

```
public class LogFilter implements Filter {
    private Log log = LogFactory.getLog(this.getClass());
    private String filterName;
    public void init(FilterConfig config) throws ServletException {
        // 获取 Filter 的 name,配置在 web.xml 中
        filterName = config.getFilterName();
        log.info ("启动 Filter: " + filterName);
    }
    public void doFilter(ServletRequest req,ServletResponse res,
            FilterChain chain) throws IOException,ServletException {
        HttpServletRequest request = (HttpServletRequest) req;
        HttpServletResponse response = (HttpServletResponse) res;
        long startTime = System.currentTimeMillis();
        String requestURI = request.getRequestURI();requestURI = request.getQueryString
        () == null ? requestURI
            : (requestURI + "?" + request.getQueryString());
        chain.doFilter(request,response);
        long endTime = System.currentTimeMillis();
        log.info (request.getRemoteAddr() + " 访问了 " + requestURI +
            ",总用时 "+ (endTime - startTime) + " 毫秒。");
    }
    public void destroy() {
        log.info ("关闭 Filter: " + filterName);
    }
}
```

commons - logging 默认采用 log4j 的输出格式在文件中配置。本例的配置代码如下:

```
log4j.rootLogger = INFO,A1
log4j.appender.A1 = org.apache.Log4j.ConsoleAppender
log4j.appender.A1.layout = org.apache.log4j.PatternLayout
log4j.appender.A1.layout.ConversionPattern = % - d{yyyy - MM - dd HH:mm:ss,SSS}
{ %1} - { %p} %m%n
```

日志配置表明输出日志内容为记录日期时间、方法名称、代码所在的行号、优先级以及日志记录的具体内容。Commons - logging 的更多详细用法请查阅相关资料。此 Filter 功能相对简单,这里不再列出 Filter 的配置文件。

6.2.4 缓存 Filter

对于访问量比较大的网站,反复地查询数据库要消耗很多时间。如果第一次访问某页面查询了数据库,那么就可以把页面的内容缓存起来,下一次访问时直接返回缓存结果。缓存 Filter 就是用来完成这种工作的 Filter。使用缓存 Filter 能将数据库读/写次数

减到最少，从而提高服务器的响应速度。该缓存 Filter 的工作流程如下：

(1)截获浏览器提交的 request。

(2)如果 request 为 POST 方式，则不经过缓存。

(3)如果 request 为 GET 方式，且请求的页面有缓存并且缓存没有过期，则直接返回缓存结果，这样就避免了读取数据库。

(4)如果没有缓存或者缓存已过期，则重新请求访问，将返回的内容缓存并输出到客户端浏览器。

为了简单一些，该 Filter 使用文件系统作为缓存机制。一个 URI 对应一个缓存文件，request 请求的参数不同时，缓存文件也不同。检查某个 URI 是否存在缓存时，只需要检查该 URI 对应的文件是否存在就可以了。缓存文件统一存放在 Tomcat 的工作目录内。缓存 Filter 的代码如下：

```
package edu.jwshock.filter;
importjavax.servlet.*;
importjavax.servlet.http.HttpServletRequest;
importjavax.servlet.http.HttpServletResponse;
importjava.io.*;
import java.net.URLEncoder;
public class CacheFilter implements Filter{
private ServletContext servletContext;                    //Servlet 上下文
    private File temporalDir;                             //缓存文件夹,使用 Tomcat 工作目录
    private long cacheTime = Long.MAX_VALUE;
    //缓存时间,配置在 Filter 初始化参数中
    public void init(FilterConfig config) throws ServletException {
        servletContext = config.getServletContext(); //Servlet 上下文
        //Tomcat 工作文件夹
        temporalDir = (File)servletContext.getAttribute("javax.servlet.context.tempdir");
        //缓存时间
        cacheTime  = new Long(config.getInitParameter("cacheTime"));
    }
    public void doFilter(ServletRequest req,
        ServletResponse res,FilterChain chain)
            throws ServletException,IOException{
        //request 对象
        HttpServletRequest request = (HttpServletRequest)req;
        //response 对象
        HttpServletResponse response = (HttpServletResponse)res;
        if("POST".equals(request.getMethod())){        //如果为 POST,则不经过缓存
            chain.doFilter(request,response);
            return;
        }
```

```
        //请求的 URI
        String uri = request.getRequestURI();
        if (uri == null){uri = "";}
        uri = uri.replace(request.getContextPath() + "/","");
        uri = uri.trim().length() == 0 ? "index.jsp" : uri;
        uri = request.getQueryString() == null? uri:(uri + "?" + request.getQueryString());
        // 对应的缓存文件
        File cacheFile = new File(temporalDir,URLEncoder.encode(uri,"UTF-8"));
        System.out.println(cacheFile );
        // 如果缓存文件不存在,或者已经超出缓存时间,则请求 Servlet
        if (! cacheFile.exists()
            || cacheFile.length() == 0
            || cacheFile.lastModified() <System.currentTimeMillis()
                - cacheTime) {
        CacheResponseWrapper cacheResponse = new CacheResponseWrapper(response);
        chain.doFilter(request,cacheResponse);
        // 将内容写入缓存文件
        char[] content = cacheResponse.getCacheWriter().toCharArray();
        temporalDir.mkdirs();
        cacheFile.createNewFile();
                Writer writer = new OutputStreamWriter ( new FileOutputStream
                (cacheFile ),"UTF-8");
        writer.write(content);
        writer.close();
    }
    // 请求的 ContentType
    String mimeType = servletContext.getMimeType(request.getRequestURI());
    response.setContentType(mimeType);
    // 读取缓存文件的内容,写入客户端浏览器
    Reader ins = new InputStreamReader(new FileInputStream(cacheFile),"UTF-8");
    StringBuffer buffer = new StringBuffer();
    char[] chars = new char[1024];
    int len;
    while ((len = ins.read(chars))> -1) {
        buffer.append(chars,0,len);
    }
    ins.close();
    // 输出到客户端
    response.getWriter().write(buffer.toString());
}
public void destroy() {
}
```

```
}
```

Filter 中使用了自定义 response 类 CacheResponseWrapper。该类将 Servlet 中输出的内容缓存起来，然后被缓存 Filter 写入到缓存文件中。本缓存 Filter 只缓存字符类网页，因此只覆盖了 getWriter()方法，代码如下：

```
packageedu.jwshock.cache;
import java.io.CharArrayWriter;
import java.io.IOException;
import java.io.PrintWriter;
import javax.servlet.http.HttpServletResponse;
import javax.servlet.http.HttpServletResponseWrapper;
public class CacheResponseWrapper extends HttpServletResponseWrapper {
    //缓存字符类输出
    private CharArrayWriter cacheWriter = new CharArrayWriter();
    public CacheResponseWrapper(HttpServletResponse response)
            throws IOException {
        super(response);
    }
    @Override
    public PrintWriter getWriter() throws IOException {
        return new PrintWriter(cacheWriter);
    }
    @Override
    public void flushBuffer() throws IOException {
        cacheWriter.flush();
    }
    public void finishResponse() throws IOException {
        cacheWriter.close();
    }
    public CharArrayWriter getCacheWriter() {
        return cacheWriter;
    }
    public void setCacheWriter(CharArrayWriter cacheWriter) {
        this.cacheWriter = cacheWriter;
    }
}
```

Filter 配置代码如下：

```
<filter>
    <filter-name>cacheFilter</filter-name>
    <filter-class>edu.jwshock.filter.CacheFilter</filter-class>
    <init-param>
```

```
        <param-name>cacheTime</param-name>
        <param-value>1000000</param-value>
    </init-param>
</filter>
<filter-mapping>
    <filter-name>cacheFilter</filter-name>
    <url-pattern>*.jsp</url-pattern>
    <url-pattern>*.html</url-pattern>
    <url-pattern>*.do</url-pattern>
    </filter-mapping>
```

部署缓存 Filter 后，请求 URI 时 Filter 会建立相应的缓存文件。有了缓存后，再次访问时速度就能大大提高，而在使用效果上没有任何差别。访问速度可以用压力测试工具来测试。

缓存 Filter 的作用是对数据做 Cache，而数据 Cache 与业务逻辑往往是不相关的，因此缓存 Filter 有自己的局限性。使用缓存 Filter 时需要注意：

- 缓存 Filter 不适用于数据会实时变化的情况，如报表、股票等；它适用于数据变化不大但是访问次数多的内容，如论坛、博客、新闻等。
- 缓存 Filter 不能用于 POST 方式提交数据，如登录、发表文章等。
- 当数据更新后，要及时更新缓存，或者直接将缓存删掉。
- 被缓存的内容不能依赖于 Session，而要依赖于 Cookie，即要使用 Cookie 来记录客户身份而不要使用 Session。并且无论客户身份是管理员还是普通浏览者，响应输出的内容都是一样的，只在浏览器端使用 JavaScript 根据 Cookie 来决定显示什么内容。

小　结

Filter 是一个很有弹性的机制，功能很强大，而且与 Servlet、JSP 等没有任何的耦合，可自由拆卸。Filter 是现在流行的 AOP(Aspect Orainted Programming，面向切面编程)——编程思想的一种体现。Filter 能够胜任的工作还有很多，并不仅仅是上面示例的几种。

如果配置了多个 Filter，则执行会有先后顺序，彼此间还可能会相互影响，要注意合理设计 Filter 并正确配置 Filter 的顺序。

思　考　题

1. 什么是 Filter? Filter 中常用的 3 个方法是什么?
2. 简述如何定义 Filter 及配置 Filter。
3. 如何实现 Filter 缓存网页内容?

第 7 章 监听器 Listener

Listener 是 Servlet 规范的另一个高级特性，用于监听 Java Web 程序中发生的一些重要事件，如创建、修改、删除 Session、Request、ServletContext 等。编码 Listener 可以在事件发生前、发生后做一些必要的处理，用很少的代码实现深层次复杂的功能。

7.1 Listener 概述

Listener 也是 Servlet 规范 2.3 中加入的，对应设计模式中的 Listener 模式，事件发生的时候会自动触发该事件对应的 Listener。其主要用于对 Session、Request、ServletContext 等进行监控。在 Servlet 2.5 规范中共有 8 种 Listener，分别完成对不同事件的监听。

7.1.1 什么是 Listener

Java 应用程序 Swing 或者 SWT 界面开发的读者应该对 Listener 与 Event 不会陌生。Swing 或者 SWT 中通过 Listener 与 Event 来处理事件及响应，如鼠标事件、键盘事件等。先实现一个 Listener 接口，然后通过 addListener()方法把 Listener 绑定到某个控件(如按钮)上，单击按钮时就会调用 Listener 的相应方法，并传递一个 Event 对象。

Java Web 应用程序也使用 Listener 与 Event 完成一些重要事件的处理。使用 Listener，不需要关注该类事件是如何触发的或者如何调用的，只要记住该类事件触发时一定会调用相应的 Listener。遵循 Servlet 规范的服务器(如 Tomcat)会完成相应的工作，开发者只要在 Listener 里编写相关的代码就行了。

7.1.2 Listener的使用

使用 Listener 需要实现相应的 Listener 接口。在发生与 Listener 有关的事件时，Tomcat 会自动调用 Listener 的方法。编程人员不需要关注 Tomcat 如何调用，只要实现 Listener 接口中相应的方法就可以了，例如：

```
package edu.jwshock.listener.test;
import javax.servlet.http.HttpSession;
import javax.servlet.http.HttpSessionEvent;
import javax.servlet.http.Http.SessionListener;
public class SessionListenerTest implements HttpSessionListener{
    //创建 session 时被调用
    public void sessionCreated(HttpSessionEvent se){
        HttpSession session = se.getSession();                  //新建的 session
        System.out.println("新创建了一个 session:" + session);
        //输出到控制台
    }
    //销毁 session 前被调用
    public void sessionDestroyed(HttpSessionEvent se){
        HttpSession session = se.getSession();                  //即将被销毁的 Session
        System.out.println("销毁了一个 session:" + session);      //输出到控制台
    }
}
```

上面的代码实现了 HttpSessionListener 接口。Web 应用程序创建 Session 服务器会调用其中的 sessionCreated()方法,销毁 Session(包括 Session 超时自动销毁)服务器会调用 sessionDestroyed()方法,这两个方法都以 HttpSessionEvent 对象为参数,HttpSessionEvent 代表了当前的事件,可从中获取到 Session。

Listener 需要在 web.xml 中配置才生效,配置声明如下:

```
<listener>
    <listener-class>
        edu.jwshock.listener.test.SessionListenerTest
    </listener-class>
</listener>
```

<listener>标签一般配置在<servlet>标签的前面。注册了上面 Listener 的 web 应用程序,每当创建一个 Session 或者销毁一个 Session,输出的日志表明触发 Listener 对应的方法。修改 sessionCreated(HttpSessionEvent se)与 sessionDestroyed(HtppSessionEvent se)方法的代码,可实现诸如在线人数统计等功能。

> **提示:**
> 一个完整的 Listener 包括 Listener 类、<Listener>配置。web.xml 中可以配置多个 Listener,同一种类型的 Listener 也可以配置多个,触发的时候服务器会顺次执行各个 Listener 的相应方法。

7.2 Listener 分类

Servlet2.5 规范中共有 6 种 Event,8 个 Listener 接口,分别用于监听 Session、

Request、ServletContext 的创建与销毁以及 Session 内的对象。

7.2.1 监听对象的创建与销毁

HttpSessionListener、ServletContextListener、ServletRequestListener 分别用于监控 Session、Request、ServletContext 的创建与销毁。触发时机如下所示。

● HttpSessionListener：监听 Session 的创建与销毁。创建 Session 时触发 sessionCreated(HttpSessionEvent se)方法，超时或者执行 session.invalidate()时触发 sessionDestroyed(HttpSessionEvent se)方法。该 Listener 可用于收集在线用户信息。

● ServleContextListener：监听 ServletContext 的创建与销毁。ServletContext 代表当前的 Web 应用程序的上下文环境。服务器启动或者热部署 Web 应用程序(war 文件)时会触发 contextInitialized(ServletContextEvent sce)方法。服务器关闭或者只关闭该 Web 应用程序时会触发 contextInitialized(ServletContextEvent sce)方法。该 Listener 用于启动时获取 web.xml 配置的初始化参数。

● ServletRequestListener：监听 Request 的创建与销毁，用户每次请求 Request 触发 requestInitialized(ServletRequestEventevent)方法。Request 处理完毕自动销毁前触发 requestDestroyed(servletRequestEvent event)方法。注意如果一个 HTML 页面内含有多个图片，则请求一次 HTML 页面可能会多次触发此监听器相应的方法。

7.2.2 实例：监听 Session、Request 与 ServletContext

Java 类可以实现多个接口，因此实现 Listener 时可以用一个类实现多个 Listener 接口。这样做的好处是多种 Listener 一块儿工作，使用同一个类的资源，例如：

```
package edu.jwshock.listener.test;
import javax.servlet.ServletContext;
import javax.servlet.ServletContextEvent;
import javax.servlet.ServletContextListener;
import javax.servlet.ServletRequestEvent;
import javax.servlet.ServletRequestListener;
import javax.servlet.http.HttpServletRequest;
import javax.servlet.http.HttpSession;
import javax.servlet.http.HttpSessionEvent;
import javax.servlet.http.HttpSessionListener;
import org.apache.commons.logging.Log;
import org.apache.commons.logging.LogFactory;
public class MultiListenerTest implements HttpSessionListener,
        ServletContextListener,ServletRequestListener {
    Log log = LogFactory.getLog(getClass());          //日志记录器
    //创建 Session 时被调用
    public void sessionCreated(HttpSessionEvent se) {
        HttpSession session = se.getSession();
```

```
        log.info("新创建一个 session,ID 为:" + session.getId());
    }
    //销毁 Session 时被调用
    public void sessionDestroyed(HttpSessionEvent se) {
        HttpSession session = se.getSession();
        log.info("销毁一个 session,ID 为:" + session.getId());
    }
    //加载 Servlet 上下文时被调用
    public void contextInitialized(ServletContextEvent sce) {
        //新加载的 Servlet 上下文
        ServletContext servletContext = sce.getServletContext();
        log.info("即将启动" + servletContext.getContextPath());
    }
    //卸载 Servlet 上下文时被调用
    public void contextDestroyed(ServletContextEvent sce) {
        //即将被销毁的 Servlet 上下文
        ServletContext servletContext = sce.getServletContext();
        log.info("即将关闭" + servletContext.getContextPath());
    }
    //创建 Request 时被调用
    public void requestInitialized(ServletRequestEvent sre) {
        HttpServletRequest request = (HttpServletRequest) sre.getServletRequest();
        String uri = request.getRequestURI();
        uri = request.getQueryString() = = null ? uri:(uri + "?" + request.getQueryString());
        //设置 Request 属性
        request.setAttribute("dateCreated",System.currentTimeMillis());
        log.info("IP " + request.getRemoteAddr() + " 请求 " + uri);
    }
    //销毁 Request 时被调用
    public void requestDestroyed(ServletRequestEvent sre) {
        HttpServletRequest request = (HttpServletRequest) sre.getServletRequest();
        long time = System.currentTimeMillis() - (Long) request.getAttribute("dateCreated");
        log.info(request.getRemoteAddr() + "请求处理结束,用时" + time + "毫秒. ");
    }
}
```

Listener 类需要配置到 web.xml 中。配置代码如下：

```
<listener>
    <listener-class>
        edu.jwshock.listener.test.MultiListenerTest
    </listener-class>
</listener>
```

输出的日志如图 7－1 所示。

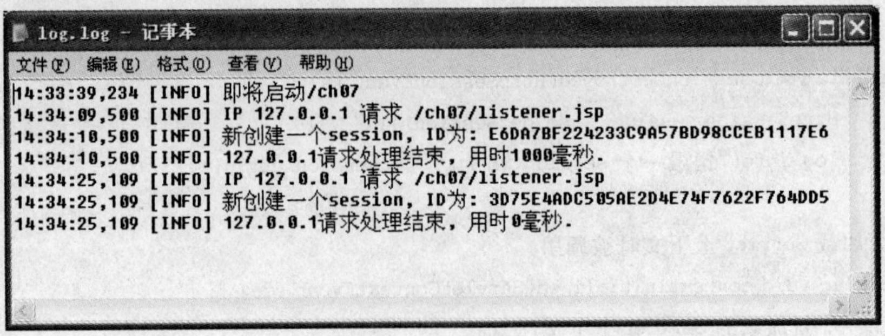

```
log.log - 记事本
文件(F) 编辑(E) 格式(O) 查看(V) 帮助(H)
14:33:39,234 [INFO] 即将启动/ch07
14:34:09,500 [INFO] IP 127.0.0.1 请求 /ch07/listener.jsp
14:34:10,500 [INFO] 新创建一个session, ID为: E6DA7BF224233C9A57BD98CCEB1117E6
14:34:10,500 [INFO] 127.0.0.1请求处理结束, 用时1000毫秒.
14:34:25,109 [INFO] IP 127.0.0.1 请求 /ch07/listener.jsp
14:34:25,109 [INFO] 新创建一个session, ID为: 3D75E4ADC505AE2D4E74F7622F764DD5
14:34:25,109 [INFO] 127.0.0.1请求处理结束, 用时0毫秒.
```

图 7－1 监听 Session、Request、ServletContext 的创建与销毁

7.2.3 监听对象的属性变化

另一类 Listener 用于监听 Session、Request、ServletContext 属性的变化，接口名称格式为 xxxAttributeListener，包括 HttpSessionAttributeListener、ServletContextAttributeListener、ServletRequestAttributeListener。当向被监听对象中添加、更新、移除属性时，会分别执行 attributeAdded()、attributeReplaced()、attributeRemoved()方法。例如：

```
package edu.jwshock.listener.test;
import javax.servlet.http.HttpSession;
import javax.servlet.http.HttpSessionAttributeListener;
import javax.servlet.http.HttpSessionBindingEvent;
public class SessionAttributeListenerTest implements
HttpSessionAttributeListener {
    Log log = LogFactory.getLog(getClass());
    //添加属性时被调用
    public void attributeAdded(HttpSessionBindingEvent se) {
        HttpSession session = se.getSession();
        String name = se.getName();            //属性名称
        log.info("新建 session 属性:" + name + ",值为:" + se.getValue());
    }
    //删除属性时被调用
    public void attributeRemoved(HttpSessionBindingEvent se) {
        HttpSession session = se.getSession();
        String name = se.getName();
        log.info("删除 session 属性:" + name + ",值为:" + se.getValue());
    }
    //修改属性时被调用
    public void attributeReplaced(HttpSessionBindingEvent se) {
        HttpSession session = se.getSession();
        String name = se.getName();
```

```
            Object oldValue = se.getValue();
            log.info("修改 session 属性:" + name + ",原值:" + oldValue +
            ",新值:" + session.getAttribute(name));
        }
    }
```

与 7.2.2 节中 MultiListenerTest 配置与使用类似,此处配置与效果图不再列出,读者可自行完成。

7.2.4 监听 Session 内的对象

除了上面的 6 种 Listener,还有两种 Listener 用于监控 Session 内的对象,分别是 HttpSessionBindingListener 与 HttpSessionActivationListener。它们的触发时机为

- HttpSessionBindingListener:当有对象被放到 Session 里时触发 valueBound(HttpSessionBindingEvent event)方法。当对象被从 Session 里移除时触发 valueUnbound (HttpSessionBindingEvent event)方法。
- HttpSessionActivationListener:服务器关闭时,会将 Session 里的内容保存到硬盘上,这个过程叫做钝化。服务器重新启动时,会将 Session 内容从硬盘上重新加载。当 Session 里的对象被钝化时会触发 sessionWillPassivate(HttpSessionEvent se)方法,当对象被重新加载时触发 sessionDidActivate(HttpSessionEvent se)。

这两种 Listener 常用于保存在 Session 内的对象对 Session 的监听,例如:

```
package edu.jwshock.listener.test;
import java.io.Serializable;
import java.util.Date;
import javax.servlet.http.HttpSession;
import javax.servlet.http.HttpSessionActivationListener;
import javax.servlet.http.HttpSessionBindingEvent;
import javax.servlet.http.HttpSessionBindingListener;
import javax.servlet.http.HttpSessionEvent;
import org.apache.commons.logging.Log;
import org.apache.commons.logging.LogFactory;
public class PersonInfo implements HttpSessionActivationListener,
        HttpSessionBindingListener,Serializable {
    private static final long serialVersionUID = -4780592776386225973L;
    Log log = LogFactory.getLog(getClass());
    private String name;
    private Date dateCreated;
    public String getName() {
        return name;
    }
    public void setName(String name) {
        this.name = name;
```

```
    }
    public Date getDateCreated() {
        return dateCreated;
    }
    public void setDateCreated(Date dateCreated) {
        this.dateCreated = dateCreated;
    }
    //Session 从硬盘加载后被调用
    public void sessionDidActivate(HttpSessionEvent se) {
        HttpSession session = se.getSession();
        log.info(this + "已经成功从硬盘中加载。sessionId: " + session.getId());
    }
    //Session 即将被钝化到硬盘时被调用
    public void sessionWillPassivate(HttpSessionEvent se) {
        HttpSession session = se.getSession();
        log.info(this + "即将保存到硬盘。sessionId: " + session.getId());
    }
    //对象被放进 Session 前被调用
    public void valueBound(HttpSessionBindingEvent event) {
        HttpSession session = event.getSession();
        String name = event.getName();
        log.info(this + "被绑定到 session \"" + session.getId() + "\"的" + name + "属性上");
        // 记录放到 session 中的时间
        this.setDateCreated(new Date());
    }
    //对象从 Session 中移除后被调用
    public void valueUnbound(HttpSessionBindingEvent event) {
        HttpSession session = event.getSession();
        String name = event.getName();
        log.info(this + "被从 session \"" + session.getId() + "\"的" + name + "属性上移除");
    }
    @Override
    public String toString() {          //覆盖 toString()方法
        return "PersonInfo(" + name + ")";
    }
}
```

与其他 6 种 Listener 不同，这两个 Listener 监听的是保存在 Session 中的对象，由要保存在 Session 中的 Java 对象实现该接口，不需要在 web. xml 中声明。下面是使用示例：

```
<%@ page language="java" contentType="text/html; charset=UTF-8" %>
<%@ page import="edu.jwshock.listener.test.PersonInfo" %>
```

```
<!DOCTYPE html PUBLIC "-//W3C//DTD HTML 4.01 Transitional//EN" "http://www.w3.org/TR/html4/loose.dtd">
<%@ page import="edu.jwshock.listener.PersonInfo" %>
<html>
<head>
<meta http-equiv="Content-Type" content="text/html; charset=UTF-8">
<title>Session 中保存的对象实现监听</title>
</head>
<body>
<%
    PersonInfo personInfo = (PersonInfo)session.getAttribute("personInfo");
    if(personInfo == null){
        personInfo = new PersonInfo();
        personInfo.setName("jwshock");
        session.setAttribute("personInfo",personInfo);
        out.println("PersonInfo 对象不存在。已经成功新建。sessionId:" + session.getId());
    }
    else{
        out.println("PersonInfo 对象存在。无需新建。sessionId:" + session.getId());
    }
%>
</body>
</html>
```

PersonInfo 对象被放入、移出 Session 或者启动、关闭服务器都会触发 PersonInfo 内的 Listener。运行后输出的日志效果如图 7-2 所示。

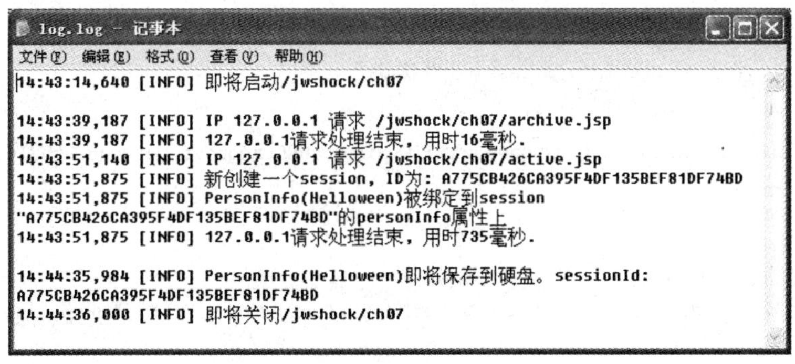

图 7-2　监听 Session 内的对象

7.3　Listener 使用案例

Listener 的特性使其可以完成各种任务，如显示在线人数、实现单态登录等，而且不会与 Servlet 和 Filter 有任何的耦合。下面介绍几个使用 Listener 的案例。

7.3.1 单态登录

单态登录，或者称为单一登录，就是一个账号只能在一台机器上登录，如果在其他机器上登录了，则原来的登录自动失效。单态登录的目的是防止多台机器同时使用一个账号。

本例使用一个简单的JSP页面来模拟登录情况。如果Session中有userInfo信息，则表示已经登录，页面将显示登录后的账号。如果Session中没有userInfo信息，则表示没有登录，页面将显示登录输入框。登录与注销动作都在该JSP中完成，代码如下：

```
<%@ page language="java" contentType="text/html; charset=UTF-8" %>
<%@ taglib uri="http://java.sun.com/jsp/jstl/core" prefix="c" %>
<%@ taglib uri="http://java.sun.com/jsp/jstl/fmt" prefix="fmt" %>
<jsp:directive.page import="edu.jwshock.listener.singleton.userInfo" />
<%
    String action = request.getParameter("action");
    String account = request.getParameter("account");
    if("login".equals(action) && account.trim().length() >0){
        // 登录,将 userInfo 放入 session
        userInfo userInfo = new PersonInfo();
        userInfo.setAccount(account.trim().toLowerCase());
        userInfo.setIp(request.getRemoteAddr());
        userInfo.setLoginDate(new java.util.Date());
        session.setAttribute("userInfo",userInfo);
    response.sendRedirect(response.encodeRedirectURL(request.getRequestURI()));
        return;
    }
    else if("logout".equals(action)){
        // 注销,将 userInfo 从 session 中移除
        session.removeAttribute("userInfo");
    response.sendRedirect(response.encodeRedirectURL(request.getRequestURI()));
        return;
    }
%>
<!DOCTYPE html PUBLIC "-//W3C//DTD HTML 4.01 Transitional//EN" "http://www.w3.org/TR/
html4/loose.dtd">
<html>
    <head>
        <title>SingLeton Login</title>
        <meta http-equiv="Content-Type" content="text/html; charset=UTF-8">
        <style type="text/css">
        body{
            font-size:12px;
```

```
        }
        </style>
    </head>
    <body>
        <c:choose>
            <c:when test = "${ userInfo ! = null }">
                <! -- 已经登录,将显示账号信息 -->
                欢迎您,${ userInfo.account }。<br/>
                您的登录 IP 为 ${ userInfo.ip },<br/>
                登录时间为<fmt:formatDate value = "${ userInfo.loginDate }" pattern = "
                yyyy-MM-dd HH:mm"/>。
<a href = "${ pageContext.request.requestURI }? action = logout">退出</a>
                <! -- 每5s刷新一次页面 -->
                <script>setTimeout("location = location; ",5000); </script>
            </c:when>
            <c:otherwise>
                <! -- 没有登录,将显示登录页面 -->
                ${ msg }
                <c:remove var = "msg" scope = "session" />
                  <form action = "${ pageContext.request.requestURI }? action = login"
                  method = "post">
                    账号:
                    <input name = "account" />
                <input type = "submit" value = "登录">
            </form>
        </c:otherwise>
    </c:choose>
    </body>
</html>
```

为了保证信息的实时性,登录后的代码中添加了一句 JavaScript 代码,每隔 5s 刷新一次页面。这样,如果账号在别处登录,5s 之内就会显示被迫下线的信息。userInfo 为简单的 Java Bean,用于记录登录者信息,源代码如下:

```
package edu.jwshock.listener.Singleton;
import java.io.Serializable;
import javax.util.Date;
public class userInfo implements Serializable{
    private static final long serialVersion UID = -4063725584941336123L;
    private String account;             // 帐号
    private String ip;                  // 登录 IP 地址
    private Date loginDate;             // 登录时间
    public StringgetAccount() {
```

```
    return account;
    }
    public voidsetAccount(String account) {
    this.account = account;
    }
    public String getIp() {
    return ip;
    }
    public void setIp(String ip) {
    this.ip = ip;
    }
    public DategetLoginDate() {
    return loginDate;
    }
    public void setLoginDate(Date loginDate) {
this.loginDate = loginDate;
    }
    @Override
    publicboolean equals(Object obj) {
    if (obj = = null || ! (obj instanceof UserInfo)) {
    return false;
    }
    return account.equalsIgnoreCase(((UserInfo) obj).getAccount());
    }
}
```

JSP 代码中没有任何实现单态登录的代码，单态登录的代码写在 Listener 中，通过监听 Session 的 userInfo 属性的添加与删除实现。如果新添加了一个 userInfo 属性，则认为是新登录用户，Listener 中查看该用户的账号是否已经在其他机器上登录。如果已经登录过，则让旧的登录信息失效。

该 Listener 可能需要修改其他用户的 Session，而正常情况下其他用户的 Session 对当前刚登录的用户来说是不可见的。因此 Listener 中使用一个 Map 把所有包含 userInfo 信息的 Session 收集起来，以便索引或者修改相关的 Session，代码如下：

```
package edu.jwshocklistener.singleton;
import java.util.HashMap;
import java.util.Map;
import javax.servlet.http.HttpSession;
import javax.servlet.http.HttpSessionAttributeListener;
import javax.servlet.http.HttpSessionBindingEvent;
import org.apache.commons.logging.Log;
import org.apache.commons.logging.LogFactory;
```

```
public class LoginSessionListener implements HttpSessionAttributeListener {
    Log log = LogFactory.getLog(this.getClass());
    //用于保存全部 Session 的 Map
    Map<String,HttpSession> map = new HashMap<String,HttpSession>();
    public void attributeAdded(HttpSessionBindingEvent event) {
        String name = event.getName();
        // 登录
        if (name.equals("userInfo")) {
            userInfo userInfo = (userInfo) event.getValue();
            if (map.get(userInfo.getAccount()) != null) {
                // map 中有记录,表明该账号在其他机器上登录过,将以前的登录失效
                HttpSession session = map.get(userInfo.getAccount());
                userInfo olduserInfo = (userInfo)session.getAttribute("userInfo");
                log.info("账号" + olduserInfo.getAccount() + "在" + olduserInfo.getIp()
                        + "已经登录,该登录将被迫下线。");
                session.removeAttribute("userInfo");
                session.setAttribute("msg","您的账号已经在其他机器上登录,您被迫
                下线。");
        }
        // 将 session 以用户名为索引,放入 map 中
        map.put(userInfo.getAccount(),event.getSession());
        log.info("账号" + userInfo.getAccount() + "在" + userInfo.getIp() + "登录。");
        }
    }
    public void attributeRemoved(HttpSessionBindingEvent event) {
        String name = event.getName();
        // 注销
        if (name.equals("userInfo")) {
            // 将该 session 从 map 中移除
            userInfo userInfo = (userInfo) event.getValue();
            map.remove(userInfo.getAccount());
            log.info("账号" + userInfo.getAccount() + "注销。");
        }
    }
    public void attributeReplaced(HttpSessionBindingEvent event) {
        String name = event.getName();
        // 没有注销的情况下,用另一个账号登录
        if (name.equals("userInfo")) {
                // 移除旧的登录信息
                userInfo olduserInfo = (userInfo) event.getValue();
                map.remove(olduserInfo.getAccount());
                // 新的登录信息
```

```
                userInfo userInfo = (userInfo) event.getSession().getAttribute("userIn-
                fo");
                // 也要检查新登录的账号是否在别的机器上登录过
                if (map.get(userInfo.getAccount()) ! = null) {
                    // map 中有记录,表明该账号在其他机器上登录过,将以前的登录失效
                    HttpSession session = map.get(userInfo.getAccount());
                    session.removeAttribute("userInfo");
                    session.setAttribute("msg","您的账号已经在其他机器上登录,您被迫
                                下线。");
                }
            map.put("userInfo",event.getSession());
        }
    }
}
```

该 Listener 同样需要在 web.xml 中配置,配置代码略,其运行效果如图 7-3 所示(左图为未登录效果,中图为登录后效果,右图为账号在其他机器上登录时的效果)。

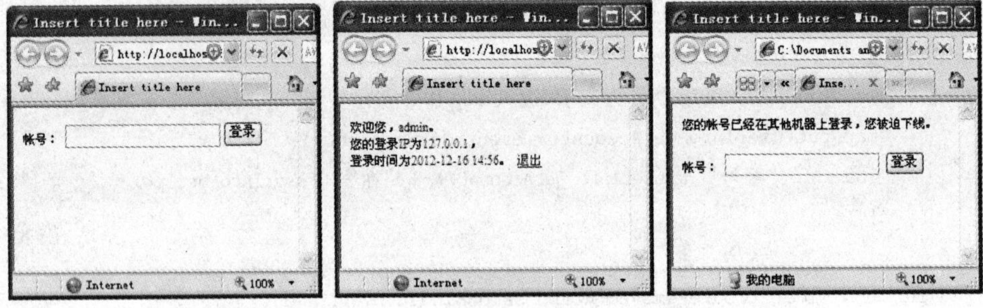

图 7-3 单点登录运行效果图

说明:本例中 Listener 与登录模块等没有代码耦合。部署该 Listener 后将实现单态登录,去掉该 Listener 后登录模块照常工作,只是不再保证是单态登录。

7.3.2 显示在线用户

本例将使用 Listener 记录服务器的信息(包括启动时间、累计访问人数、最大同时在线人数以及发生的时间、当前用户数以及当前登录的用户数等),并列出所有在线用户信息(包括账号、第一次访问时间、最后一次访问时间、访问次数以及 IP 地址等)。其运行效果如图 7-4 所示,灰色背景的行表示当前用户。

图 7-4 中显示的所有数据都是由 Listener 收集的。同样的,本例中 Listener 也与 Servlet 没有任何的冲突或耦合。如果不需要记录此类数据,只需将 Listener 从 web.xml 中删除即可。为简单起见,所有的数据都存放到 ApplicationConstants 类的静态属性中。ApplicationConstants 类的代码如下:

```
package edu.jwshock.Listener.online.util;
import java.util.Date;
```

图 7-4 显示在线用户列表

```
import java.util.HashMap;
import java.util.Map;
import javax.servlet.http.HttpSession;
public class ApplicationConstants {
    //所有的 Session
    public static Map<String,HttpSession> SESSION_MAP = new HashMap<String,HttpSession>();
    //当前登录的用户总数
    public static int CURRENT_LOGIN_COUNT = 0;
    //历史访客总数
    public static int TOTAL_HISTORY_COUNT = 0;
    //服务器启动时间
    public static Date START_DATE = new Date();
    //最高在线时间
    public static Date MAX_ONLINE_COUNT_DATE = new Date();
    //最高在线人数
    public static int MAX_ONLINE_COUNT = 0;
}
```

该例中一共使用了 4 种 Listener：ServletContextListener、HttpSessionListener、HttpSessionAttributeListener 以及 ServletRequestListener。使用 ServletContextListener 来监听服务器的启动与关闭，记录服务器启动时间等，代码如下：

```
package edu.jwshock.listener.online;
import java.util.Date;
import javax.servlet.ServletContextEvent;
import javax.servlet.ServletContextListener;
import edu.jwshock.listener.online.util.ApplicationConstants;
public class MyContextListener implements ServletContextListener {
    public void contextInitialized(ServletContextEvent event) {
        // 启动时，记录服务器启动时间
```

```
            ApplicationConstants.START_DATE = new Date();
        }
        public void contextDestroyed(ServletContextEvent event) {
            // 关闭时,将结果清除。也可以将结果保存到硬盘上
            ApplicationConstants.START_DATE = null;
            ApplicationConstants.MAX_ONLINE_COUNT_DATE = null;
        }
    }
```

本例中,服务器关闭的时候简单地将记录的内容清空了。实际上可以将数据保存到硬盘上,下次启动的时候再加载到 ApplicationConstants 中。

对 Session 的监听比较复杂,需要维护在线用户列表、总访问人数等。为简单起见,本例仍使用 Map 来索引所有的 Session。Session 创建的时候,将 Session 放到 Map 中。当 Session 的 userInfo 属性发生变化的时候,维护用户的登录与注销。具体代码如下:

```
package edu.jwshock.listener.online;
import java.util.Date;
import javax.servlet.http.HttpSession;
import javax.servlet.http.HttpSessionAttributeListener;
import javax.servlet.http.HttpSessionBindingEvent;
import javax.servlet.http.HttpSessionEvent;
import javax.servlet.http.HttpSessionListener;
    import edu.jwshock.listener.online.util.ApplicationConstants;
    public class MySessionListener implements HttpSessionListener,HttpSessionAttributeListener {
        public void sessionCreated(HttpSessionEvent sessionEvent) {
        HttpSession session = sessionEvent.getSession();
        // 将 session 放入 map
        ApplicationConstants.SESSION_MAP.put(session.getId(),session);
        // 总访问人数++
        ApplicationConstants.TOTAL_HISTORY_COUNT++;
        // 如果当前在线人数超过历史纪录,则更新最大在线人数,并记录时间
        if (ApplicationConstants.SESSION_MAP.size()>ApplicationConstants.MAX_ONLINE_COUNT) {
                ApplicationConstants.MAX_ONLINE_COUNT = ApplicationConstants.SESSION_MAP.size();
                ApplicationConstants.MAX_ONLINE_COUNT_DATE = new Date();
        }
    }
    public void sessionDestroyed(HttpSessionEvent sessionEvent) {
        HttpSession session = sessionEvent.getSession();
        // 将 session 从 map 中移除
        ApplicationConstants.SESSION_MAP.remove(session.getId());
    }
    public void attributeAdded(HttpSessionBindingEvent event) {
        if (event.getName().equals("userInfo")) {
```

```
            // 当前登录用户数++
            ApplicationConstants.CURRENT_LOGIN_COUNT++;
            HttpSession session = event.getSession();
            // 查找该账号有没有在其他机器上登录
            for (HttpSession sess : ApplicationConstants.SESSION_MAP.values()) {
            // 如果该账号已经在其他机器上登录,则以前的登录失效
            if (event.getValue().equals(sess.getAttribute("userInfo"))
               && session.getId() != sess.getId()) {
                sess.invalidate();            //使用 Session 失效
                }
            }
        }
    }
    public void attributeRemoved(HttpSessionBindingEvent event) {
        // 注销当前登录用户数--
        if (event.getName().equals("userInfo")) {
            ApplicationConstants.CURRENT_LOGIN_COUNT--;
        }
    }
    public void attributeReplaced(HttpSessionBindingEvent event) {
        // 重新登录
        if (event.getName().equals("userInfo")) {
            HttpSession session = event.getSession();
            for (HttpSession sess : ApplicationConstants.SESSION_MAP.values()) {
                // 如果新账号在其他机器上登录过,则以前登录失效
                if (event.getValue().equals(sess.getAttribute("userInfo"))
                  && session.getId() != sess.getId()) {
                            sess.invalidate();
                }
            }
        }
    }
}
```

监听 request 主要是记录客户的 IP 地址、访问次数等,也可以记录用户访问的 URI。源代码如下:

```
package edu.jwshock.listener.online;
import javax.servlet.ServletRequestEvent;
import javax.servlet.ServletRequestListener;
import javax.servlet.http.HttpServletRequest;
import javax.servlet.http.HttpSession;
public class MyRequestListener implements ServletRequestListener {
```

```
    public void requestDestroyed(ServletRequestEvent event) {
    }
    public void requestInitialized(ServletRequestEvent event) {
        HttpServletRequest request = (HttpServletRequest) event.getServletRequest();
        HttpSession session = request.getSession(true);
        // 记录 IP 地址
        session.setAttribute("ip",request.getRemoteAddr());
        // 记录访问次数,只记录访问 .html、.do、.jsp、.action 的累计次数
        String uri = request.getRequestURI();
        String[] suffix = { ".html",".do",".jsp",".action" };
        for (int i = 0; i<suffix.length; i++) {
        if (uri.endsWith(suffix[i])) {
            break;
        }
        if(i == suffix.length-1)
            return;
        }
    Integer activeTimes = (Integer) session.getAttribute("activeTimes");
        if (activeTimes == null) {
            activeTimes = 0;
        }
        session.setAttribute("activeTimes",activeTimes + 1);
    }
}
```

其中有 3 个 Listener 需要配置到 web.xml 中,代码如下:

```
<listener>
    <listener-class>
        edu.jwshock.listener.online.MyContextListener
    </listener-class>
</listener>
<listener>
    <listener-class>
        edu.jwshock.listener.online.MySessionListener
    </listener-class>
</listener>
<listener>
    <listener-class>
        edu.jwshock.listener.online.MyRequestListener
    </listener-class>
    </listener>
```

这里使用 JSP 页面显示记录在 ApplicationContants 的数据,代码如下:

```
<%@ page language="java" contentType="text/html; charset=UTF-8" %>
<%@ page import="edu.jwshock.listener.online.util.ApplicationConstants" %>
<%@ page import="java.util.Date" %>
<%@ page import="java.text.DateFormat" %>
<%@ page import="edu.jwshock.listenersingleton.userInfo" %>
<style>
    body,td {font-size: 12px; }
</style>
<html>
<head><title>在线用户显示</title></head>
<body>
服务器启动时间：
<% = DateFormat.getDateTimeInstance().format(ApplicationConstants.START_DATE) %>,
累计共接待过 <% = ApplicationConstants.TOTAL_HISTORY_COUNT %> 访客。<br/>
同时在线人数最多为 <% = ApplicationConstants.MAX_ONLINE_COUNT %> 人，
发生在
<% = DateFormat.getDateTimeInstance().format(ApplicationConstants.MAX_ONLINE_COUNT_
DATE) %>。<br/>
目前在线总数：<% = ApplicationConstants.SESSION_MAP.size() %>，登录用户：<% = Applica-
tionConstants.CURRENT_LOGIN_COUNT %>。<br/>
<table border=1>
    <tr>
        <th>jsessionid</th>
        <th>account</th>
        <th>creationTime</th>
        <th>lastAccessedTime</th>
        <th>new</th>
        <th>activeTimes</th>
        <th>ip</th>
        </tr>
    <%
        for (String id : ApplicationConstants.SESSION_MAP.keySet()) {
            HttpSession sess = ApplicationConstants.SESSION_MAP.get(id);
            userInfo userInfo = (userInfo)sess.getAttribute("userInfo");
    %>
    <tr <% = session == sess ? "bgcolor=#DDDDDD" : "" %>>
        <td><% = id %></td>
        <td><% = userInfo == null ? " " : userInfo.getAccount() %></td>
        <td><% = DateFormat.getDateTimeInstance().format(sess.getCreationTime()) %></td>
    <td><% = DateFormat.getDateTimeInstance().format(
```

```
new Date(sess.getLastAccessedTime())) %></td>
        <td><%=sess.isNew()%></td>
            <td><%=sess.getAttribute("activeTimes")%></td>
            <td><%=sess.getAttribute("ip") %></td>
        </tr>
    <%
        }
    %>
</table>
</body>
</html>
```

其运行效果参见图 7-4 所示。

小 结

Listener 与 Filter 一样是 Servlet 规范的高级特性，提供辅助功能，与 Servlet 没有业务耦合。Filter 用于过滤 Request 请求与 Response 响应，而 Listener 用于监控 ServletContext、Session、Request 相关的事件。合理地设计 Listener 与 Filter 能使 Java Web 程序功能更强大。

思 考 题

1. 什么是 Listener？Listener 能监听几类事件？
2. 简述如何定义 Listener 及如何配置 Listener。
3. Listener 与 Filter 有什么不同？

第8章 标准标签库 JSTL

在JSP中使用EL表达式可以很方便地访问Java Bean及其属性，也不会抛出NullPointerException之类的错误。但是EL表达式功能很有限(如不能遍历集合等)，因此需要JSTL的支持，JSTL与EL的配合使用，基本上可以满足JSP开发的需要。

8.1 JSTL概述

JSTL全称为JSP Standard Tag Library，即JSP标准标签库。JSTL最初是一套Java官方的标签库解决方案，从Java EE5之后被定义为标准标签库。

8.1.1 什么是标签

JSTL是JSP标准标签库，那么什么是标签(Tag)呢？标签是JSP作为Java EE分层架构中显示层的一种解决方案。

早期的Java Web应用程序是不分层次的，一个addPerson.jsp或者addPersonServlet就能完成包括显示添加页面、保存数据、显示添加成功与否等工作。因为业务没有与显示分离，因而代码看起来比较凌乱，不易维护，而且可重用性差。这种模式叫做模式1(Mode 1)。随着Java Web应用的发展，构架师们提出了新的模式，也就是模式2(Mode 2)。模式2的特点就是将Web应用分为几个层，每个层处理不同的事情。比较经典的分层结构为MVC(Model - View - Control)结构。在MVC结构中，Model层用于处理业务，View层用于处理显示，而Control层用于协调Model层与View层。Java EE中Control层一般为Servlet，View层一般为JSP。

如果程序中Model层出了问题，可以直接修改Model层而不会影响到View层。同样，如果View层出了问题，可以直接修改View层而不会影响到Model层。因此模式2程序的可维护性要优于模式1。

由于模式2中把Model层与View层分开了，代码的功能更加专业(只负责业务逻辑或者只负责显示)，相关的Model层的代码与View层的代码还可以重用。

8.1.2 一个标签实例

JSP 标签是专门用于显示数据的、可重复利用的类库。标签的一大特点是使用起来很简单，例如：

```
〈display:table name = "persons" defaultsort = "1"〉
  〈display:column property = "id" sortable = "true" title = "编号" /〉
  〈display:column property = "name" sortable = "true" /〉
  〈display:column property = "age" /〉
  〈display:column property = "address" /〉
  〈display:column property = "phone"sortable = "true" title = "电话"/〉
  〈display:column property = "cellPhone"sortable = "true" title = "手机"/〉
  〈display:column property = "city" title = "城市"/〉
  〈display:column property = "description" title = "说明"/〉
〈/display:table〉
```

这里使用了两个标签：〈display:table /〉与〈display:column /〉。标签包括标签前缀、标签名称、标签属性以及标签体等。其中 display 为标签的前缀，table、column 为标签的名称，name、sortable、property 等为标签属性，标签中间的内容为标签体。运行时 JSP 标签生成相应的 HTML 代码。这段代码的运行效果如图 8-1 所示。

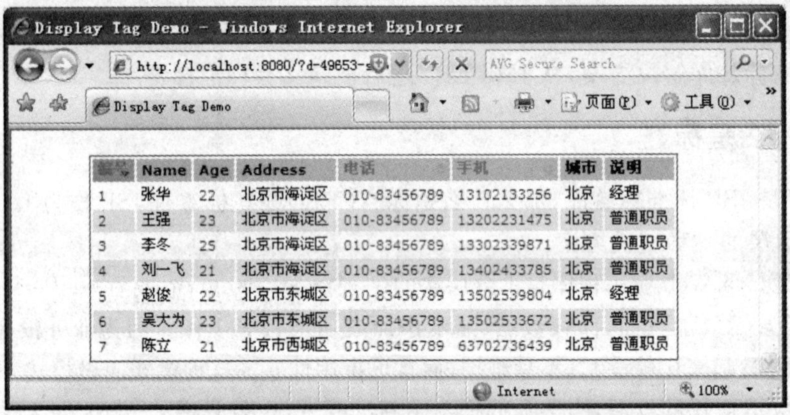
Display Tag Demo - Windows Internet Explorer
http://localhost:8080/?d-49653-s
Display Tag Demo
编号 Name Age Address 电话 手机 城市 说明
1 张华 22 北京市海淀区 010-83456789 13102133256 北京 经理
2 王强 23 北京市海淀区 010-83456789 13202231475 北京 普通职员
3 李冬 25 北京市海淀区 010-83456789 13302339871 北京 普通职员
4 刘一飞 21 北京市海淀区 010-83456789 13402433785 北京 普通职员
5 赵俊 22 北京市东城区 010-83456789 13502539804 北京 经理
6 吴大为 23 北京市东城区 010-83456789 13502533672 北京 普通职员
7 陈立 21 北京市西城区 010-83456789 63702736439 北京 普通职员
Internet
100%

图 8-1　table、column 标签效果图

该表格支持单击表头排序、内容过长自动隐藏、自动调整列宽度等。它是比较复杂的自定义标签设计，详情可参阅本书的第 9 章自定义标签的内容。

8.1.3 为什么使用标签

JSP 是用来显示数据的，JSP 中使用 Scriptlet 脚本（即使用"〈%%〉"等镶嵌 Java 代码）等同样可以完成数据的显示。为什么不使用 Scriptlet 呢？

前面的章节中都是使用 Scriptlet 来显示数据的。可以看到，使用了 Scriptlet 的 JSP 中 HTML 与〈%%〉等混在一起，可读性和可维护性都比较差。而且 Scriptlet 不便于代码重用。要实现比较复杂的显示功能，Scriptlet 也不是很方便。

JSP 标签与 HTML 代码很类似，严格遵循 XML 标签的语法。使用了 JSP 标签的 JSP 显得整洁而干净，可读性非常好。更重要的是，JSP 标签可以重复使用。

JSP 标签使用起来很简单，但实现的功能可以非常复杂。

因此，JSP 中不推荐使用 Scriptlet，而推荐使用 JSP 标签。

8.1.4 JSTL 标签库

JSTL 是一个开放源码和不断在完善的 JSP 标准标签库，JSTL 目前的最新版本是 1.1，是在 JSTL 1.0 的基础上添加一个函数库组成的，在 JSP 2.0 中作为标准支持。JSTL 1.0 只能在支持 JSP 1.2 和 Servlet 2.3 规范的容器上运行，比如 Tomcat 4.x。

JSTL 包含用于编写和开发 JSP 页面的一组标签，它可以为开发者提供一个无脚本（不在 JSP 页面中使用 Java 代码）环境，用户可以使用 JSTL 标签编写 JSP 页面，而无需使用 Java 脚本。

JSTL 标签库有两种版本，一个版本使用 EL 表达式语言，而另外一个版本支持使用请求时表达式，用户可以灵活地使用 JSTL 的这两种版本提供的标准标签。JSTL 标签与 HTML 标签类似，代码具有易读性。

JSTL 1.1 提供 5 个主要的标签库：核心标签库、国际化与格式化标签库、XML 标签库、SQL 标签库、函数标签库。

- 核心标签库（Core）为日常任务提供通用标签，如显示和设置变量、重复使用一组数据、测试条件以及其他操作（如导入和重定向）。
- 国际化标签库支持多语种的应用程序。
- 函数标签库提供了许多用于字符串处理的标准 EL 函数。
- SQL 标签库标签提供了使用 SQL 语句访问关系数据库的能力。
- XML 标签库提供了对 XML 文档的处理，包括 XML 结点的解析、迭代、基于 XML 数据的条件判断以及可扩展样式表语言（XSLT）的执行。

要使用 JSTL 的核心标签库，需要在 JSP 页面中加入下面的指令：

```
<%@taglib prefix="c" uri="http://java.sun.com/jsp/jstl/core" %>
```

其他标签库的 URI 说明如表 8-1 所示。

表 8-1　标签库 URI 及前缀说明

标签库	URI	前缀	示例
核心(Core)	http://java.sun.com/jsp/jstl/core	c	<c:tagname…/>
XML	http://java.sun.com/jsp/jstl/xml	x	<x:tagname…/>
国际化	http://java.sun.com/jsp/jstl/fmt	fmt	<fmt:tagname…/>
SQL	http://java.sun.com/jsp/jstl/sql	sql	<sql:tagname…/>
函数	http://java.sun.com/jsp/jstl/functions	fn	<fn:tagname…/>

8.2 JSTL 的 core 标签库

从 Java EE 5 开始，Java EE 内置了对 JSTL 的支持，JSP 中可直接使用。Java EE5 以前的版本（如 J2EE 1.4 等）需要引用 JSTL 相关的 jar 包、tld 文件等。如果发现不能使用，可以从 apache. org 下载 JSTL，将相应的 jar 包（jstl. jar，standard. jar）添加到 Web 应用程序的"/WEB－INF/lib"目录下面即可。JSTL 的 core 标签库，或者说基本标签库，实现了 JSP 页面处理的必须的最基本功能。

8.2.1 〈c:out〉标签

〈c:out〉标签用来在 JSP 页面中显示数据，其属性如表 8－2 所示。

表 8－2 〈c:out〉标签属性

属　性	说　明	是否必须	默认值
value	要显示的内容，可以是 EL 表达式	是	无
default	value 为空时显示的内容	否	无
escapeXml	是否将特殊字符转换为 XML 实体码	否	true

其语法分为以下两种：

(1)没有标签体。

```
〈c:out value = "要显示的内容" [escapeXml = "true| false"] [default = "默认值"]/〉
```

(2)有标签体，标签体的内容为默认值。

```
〈c:out value = "要显示的内容" [escapeXml = "true| false"] 〉
    默认值
〈/c:out〉
```

当 escapeXml＝"true"时，会将显示内容中包括的特殊字符＜、＞、&、'、"等转换为实体代码（这些特殊字符将被转换为 <、>、&、'、"），确保这些字符在客户端仍然可以显示出来，而不是作为浏览器的控制字符。〈c:out〉标签的使用形式如下所示：

```
〈%@ page contentType = "text/html;charset = UTF-8" %〉
〈%@ taglib prefix = "c" uri = "http://java.sun.com/jsp/jstl/core" %〉
〈html〉〈head〉〈title〉c:out 标签使用示例〈/title〉〈/head〉〈body〉
〈center〉
〈c:out value = "〈c:out〉使用示例，将直接输出〈br〉"/〉
〈c:out value = "〈br〉转换为换行〈br〉" escapeXml = "false"/〉
〈c:out value = "你现在会用〈c:out〉了吧？"/〉
〈/center〉
〈/body〉〈/html〉
```

8.2.2 〈c:set〉标签

〈c:set〉标签用来保存数据,其属性如表 8-3 所示。

表 8-3 〈c:set〉标签属性

属 性	说 明	是否必须	默认值
value	要保存的内容,可以是 EL 表达式	否	无
target	JavaBean 对象名,如果指定了这个属性,就必须指定 property 属性	否	无
property	JavaBean 对象属性名	否	无
var	变量名	否	无
scope	保存信息的变量范围	否	page

〈c:set〉标签的语法有以下 4 种:

(1)没有标签体,将内容保存在一个变量中。

```
<c:set value="要保存的内容" var="变量名" [scope="范围"] />
```

(2)有标签体,将内容保存在一个变量中。

```
<c:set var="变量名" [scope="范围"] >
要保存的内容
</c:set>
```

(3)没有标签体,将内容保存在一个 JavaBean 对象的某个属性中。

```
<c:set value="要保存的内容" target="JavaBean 对象名" property="属性名" />
```

(4)有标签体,将内容保存在一个 JavaBean 对象的某个属性中。

```
<c:set target="JavaBean 对象名" property="属性名">
要保存的内容
</c:set>
```

〈c:set〉标签的使用形式如下所示:

```
<%@ page contentType="text/html;charset=UTF-8"isELIgnored="false" %>
<%@ taglib prefix="c" uri="http://java.sun.com/jsp/jstl/core" %>
<html><head><title>c:set 标签使用示例</title></head><body>
        北京奥运会女子 3 米跳板跳水冠军是:
        <c:set value="郭晶晶" var="winnerName"/>
        <c:out value="${winnerName}"/>
</body></html>
```

8.2.3 〈c:remove〉标签

〈c:remove〉标签用来删除在 JSP 页面中的变量,其属性如表 8-4 所示。

表 8-4 〈c:remove〉标签属性及说明

属性	说明	是否必须	默认值
var	变量名	是	无
scope	保存信息的变量范围	否	page

〈c:remove〉标签的语法如下：

```
<c:remove var = "变量名" [scope = "范围"]/>
```

例如，将 session 范围中的变量 test2 删除的示例如下：

```
<c:remove var = "test2" scope = "session"/>
```

8.2.4 〈c:catch〉标签

〈c:catch〉标签用于捕获嵌套在其内部的程序代码抛出的异常，从而进行相应的处理，调用方法如下：

```
<c:catch [var = "异常变量" ]>
各种 JSP 代码
</c:catch>
```

当代码发生异常时，异常变量不为空，否则为空。〈c:catch/〉标签的使用形式如下：

```
<%@ page contentType = "text/html;charset = UTF-8"isELIgnored = "false" %>
<%@ taglib prefix = "c" uri = "http://java.sun.com/jsp/jstl/core" %>
<html><head><title>c:catch 标签使用示例</title></head><body>
<c:catch var = "exceptionTest">
            <% = 10/0 %>
</c:catch>
            <c:out value = "${exceptionTest.message}"/>
</body></html>
```

8.2.5 〈c:if〉标签

〈c:if〉标签用来实现单条件的分支结构，是程序设计语言中不带 else 的 if 语句，其语法如下：

```
<c:if test = "EL 条件表达式" [var = "变量名"] [scope = "范围"]/>
```

或者

```
<c:if test = "EL 条件表达式" [var = "变量名"] [scope = "范围"]>
代码
</c:if>
```

当条件表达式为 true 时，可创建 var 指定的变量，并且执行代码段。这个标签的属性如表 8-5 所示。

表8-5 〈c:if〉标签属性及说明

属　性	说　　明	是否必须	默认值
test	需要判断的条件,是EL表达式	是	无
var	要保存条件结果的变量	否	无
scope	保存信息的变量范围	否	page

〈c:if〉标签的使用如下:

```
<%@ page contentType = "text/html;charset = UTF-8" isELIgnored = "false" %>
<%@ taglib prefix = "c" uri = "http://java.sun.com/jsp/jstl/core" %>
<html><head><title>c:if 使用示例</title></head><body>
        <c:set var = "age" value = "3"/>
        <c:if test = "${age<2}" var = "nameCheck">
        按照航空公司的规定,年龄不满2周岁的婴儿乘坐飞机时,将使用成年人票价的10%购
        买婴儿票,不提供座位。
        </c:if>
        年龄不满2周岁的鉴定结果:<c:out value = "${nameCheck}"/><br>
        <c:if test = "${age> = 2&& age<12}" var = "nameCheck">
        按照航空公司的规定,年满2周岁但不大于12周岁的儿童乘坐飞机时,将使用成年人票
        价的50%购买婴儿票,提供座位。
        </c:if>
        <br>年满2周岁但不满12周岁鉴定结果:<c:out value = "${nameCheck}"/>
</body></html>
```

8.2.6 〈c:choose〉、〈c:when〉、〈c:otherwise〉标签

〈c:choose〉、〈c:when〉、〈c:otherwise〉这3个标签联合起来实现多分支,相当于else if语句,具体的语法如下:

```
<c:choose>
    <c:when test = "EL 条件表达式 1">
        代码 1
    </c:when>
    <c:when test = "EL 条件表达式 2">
        代码 2
    </c:when>
    <c:when test = "EL 条件表达式 3">
        代码 3
    </c:when>
    <c:otherwise>
        代码
    <c:otherwise>
```

```
</c:choose>
```

当某个<c:when>的条件为 true 时，执行某段代码，当所有条件都不是 true 时，执行<c:otherwise>段代码。<c:choose>、<c:when>、<c:otherwise>标签的联合使用代码如下：

```
<%@ page contentType="text/html;charset=UTF-8" isELIgnored="false" %>
<%@ taglib prefix="c" uri="http://java.sun.com/jsp/jstl/core" %>
<html><head><title>c:choose 使用示例</title></head><body>
        <c:set var="age" value="3"/>
        <c:choose>
          <c:when test="${age<2}">
          按照航空公司的规定，年龄不满 2 周岁的婴儿乘坐飞机时，将使用成年人票价的
          10%购买婴儿票，不提供座位。
          </c:when>
          <c:when test="${age>=2&& age<12}">
          按照航空公司的规定，年满 2 周岁但不大于 12 周岁的儿童乘坐飞机时，将使用成年
          人票价的 50%购买婴儿票，提供座位。
          </c:when>
          <c:otherwise>
          应该购买成人飞机票!
          </c:otherwise>
        </c:choose>
</body></html>
```

由于 JSTL 中没有类似于 if…else if 这样的标签，因此只能使用这 3 个标签来实现多分支结构。

8.2.7 <c:forEach>标签

<c:forEach>标签类似于 Java 语言中的 for 语句，实现循环功能，通过循环，重复处理集合中的每一个元素。该标签的语法如下。

(1)适合处理集合对象中的每一个元素。

```
<c:forEach var="变量名" items="迭代对象" [varStatus="迭代状态对象名称"]
begin="开始值" end="结束值" step="步长">
       标签体
</c:forEach>
```

(2)适合于完成规定次数的循环。

```
<c:forEach [var="变量名"][varStatus="迭代状态对象名称"]
begin="开始值" end="结束值" step="步长">
     标签体
</c:forEach>
```

</c:forEach>标签属性如表 8 - 6 所示。

表8-6 〈c:forEach〉标签属性

属性	说明	是否必须	类型
var	迭代对象中的一个元素。可见范围只限于该标签体内	否	String
items	迭代对象	是	Arrays, Collection, Iterator, Map, String, Enumeration
varStatus	当前迭代状态对象的名称	否	String
begin	开始值	否	int
end	结束值	否	int
step	步长	否	int

〈c:forEach〉标签的使用方式如下所示：

```
<%@ page contentType="text/html;charset=UTF-8" isELIgnored="false" %>
<%@ taglib prefix="c" uri="http://java.sun.com/jsp/jstl/core" %>
<html><head><title>c:forEach使用示例</title></head><body>
    <%
        String[] names = new String[4];
        names[0] = "郭晶晶";
        names[1] = "张怡宁";
        names[2] = "何雯娜";
        names[3] = "马琳";
        request.setAttribute("names",names);
    %>
    <c:forEach items="${name}" var="currentName"varStatus="loopStatus">
        当前冠军的姓名为:<c:out value="${currentName}"/>;
        当前冠军索引号为:<c:out value="${loopStatus.index}"/>;<br>
        当前共迭代:<c:out value="${loopStatus.count}"/>次;
        <c:if test="${loopStatus.first}">当前是第一次迭代</c:if>
        <c:if test="${loopStatus.last}">当前是最后一次迭代</c:if>
        <hr>
    </c:forEach>
</body></html>
```

8.2.8 〈c:forTokens〉标签

〈c:forTokens〉标签是专门针对字符串而设计的迭代标签，它用特定的分隔符号将字符串分割成若干子串，然后利用循环分别处理每一个子串。该属性如表8-7所示。

表 8-7 <c:forToken>标签属性

属　性	说　　明	是否必须	类　型
var	代表一个分割出来的子串	否	String
items	要被分割的字符串	是	String
delims	分割符	是	String
varStatus	保存当前迭代状态的对象	否	String
begin	开始值	是	int
end	结束值	是	int
step	步长	是	int

<c:forEach>标签的使用方式如下所示：

```
<%@ page contentType="text/html;charset=UTF-8" isELIgnored="false" %>
<%@ taglib prefix="c" uri="http://java.sun.com/jsp/jstl/core" %>
<html><head><title>c:forTokens 标签使用示例</title></head><body>
    <c:forTokens items="Mon,Tue,Wed,Thu,Fri" delims=","var="workday" varStatus="sta-
    tus">
        这是一周工作日的第<c:out value="${status.count}"/>天,今天是<c:out value=
        "${workday}"/><br>
        </c:forTokens>
    </body></html>
```

8.2.9 <c:import>标签

<c:import>标签包含另外一个页面的代码包含到当前页面，类似于 JSP 的<jsp:inlcude>动作，但有区别。<jsp:include>只能包含与当前页面是同一个 Web 应用程序中的资源请求，而<c:import>标签则没有这个限制，其使用语法有如下两种。

(1)把 url 指定的文件内容保存在由 var 指定的字符串变量中。

```
<c:import url="URL" [var="变量名"] [context="上下文路径"] [scope="范围"]
[charEncoding="编码"]>
    <c:param name="参数名" value="参数值"/>
</c:import>
```

(2)url 指定的文件内容保存在由 varReader 指定的 Reader 类型的流中。

```
<c:import url="URL" [varReader="变量名"] [context="上下文路径"] [charEncoding="编码"]>
    标签体用于其他行为处理 varReader
</c:import>
```

</c:import>标签属性如表 8-8 所示。

表 8-8 〈c:import〉标签属性

属　性	说　　明	是否必须	类　型
url	被包含页面的 URL	是	String
context	指定上下文路径，用于导入本地其他 Web 应用的页面。当出现 context 属性时，必须以"/"开头，此时也需要 URL 属性以"/"开头	是	String
charEncoding	被包含页面的字符集	是	String
var	保存被包含内容的变量名称	否	String
scope	变量的范围	否	String
varReader	被包含内容保存的一个 java. io. Reader 流变量名	否	String

〈c:import〉标签的 3 个示例：

```
〈c:import url = "/MyHtml.html" var = "thisPage"/〉
〈c:import url = "/MyHtml.html"context = "/sample2" var = "thisPage"/〉
〈c:import url = "www.sample.com/MyHtml.html"var = "thisPage"/〉
```

上面的 3 个示例演示了 3 种不同的包含方法，第一种是在同一个 Context 下的导入，第二种是在不同的 Context 下导入，第三种是导入任意一个 URL。

8.2.10 〈c:param〉标签

〈c:param〉用于传递参数，用来为〈c:import〉、〈c:url〉、〈c:redirect〉等标签传递参数，其属性及说明如表 8-9 所示。

表 8-9 〈c:param〉标签属性及说明

属　性	说　　明	是否必须	类　型
name	请求参数的名称	是	String
value	请求参数的值	否	String

〈c:param〉标签的使用形式如下所示：

```
〈c:import url = "top.jsp" charEncoding = "UTF-8"〉
    〈c:param name = "winnerName" value = "李小鹏"/〉
〈/c:import〉
```

8.2.11 〈c:url〉标签

〈c:url〉标签用于构造一个 URL 地址，可以实现在一个网站内的相对 URL 之前自动添加当前上下文的名称，即当前网站的路径名，其语法如下。

(1)将 value 指定的 URL 保存到 var 指定的变量中。

```
〈c:url value="URL"[var="变量名"][context="上下文路径"] scope="范围"/〉
```

(2)将 value 指定的 URL 保存到 var 指定的变量中,并为 URL 添加参数。

```
〈c:url value="URL"[var="变量名"][context="上下文路径"] scope="范围"/〉
〈c:param name="参数名" value="参数值"/〉
〈/c:url〉
```

该标签属性及说明如表 8-10 所示。

表 8-10 〈c:url〉标签属性及说明

属 性	说 明	是否必须	类 型
value	页面的 URL	是	String
context	用于添加的上下文路径,当出现 context 属性时,必须以"/"开头,此时也需要 URL 属性以"/"开头	是	String
var	保存 URL 的变量	否	String
scope	保存 URL 的变量范围	否	String

〈c:url〉标签的使用方式如下所示:

```
〈%@ page contentType="text/html;charset=UTF-8" %〉
〈%@ taglib prefix="c" uri="http://java.sun.com/jsp/jstl/core" %〉
        〈html〉〈head〉〈title〉c:url 标签使用示例〈/title〉〈/head〉〈body〉
        〈c:url value="http://www.sogou.com/Web"〉
        〈c:param name="query" value="JSTL1.1 标签"/〉
        〈/c:url〉
〈/body〉〈/html〉
```

8.2.12 〈c:redirect〉标签

〈c:redirect〉标签用于请求重定向,相当于 response.sendRedirect(),它包含的属性如表 8-11所示。

表 8-11 〈c:redirect〉标签属性及说明

属 性	说 明	是否必须	类 型
value	页面的 URL	是	String
context	要重定向的页面位于其他 Web 应用时,指出其上下文路径。当出现 context 属性时,必须以"/"开头,此时也需要 URL 属性以"/"开头	否	String

〈c:redirect〉标签语法格式如下。

(1)不带参数的重定向。

```
<c:redirect url = "url" [context = "/上下文路径"]/>
```

(2)带参数的重定向。

```
<c:redirect url = "url" [context = "/上下文路径"]>
    <c:param name = "参数名" value = "参数值"/>
</c:redirect>
```

<c:redirect>标签的使用方式如下所示：

```
<c:redirect url = "/MyHtml.html"/>
<c:redirect url = "http://www.yourname.com/login.jsp"/>
```

8.3 JSTL 的 fmt 标签库

国际化格式(i18n) 标签库是 JSTL 的一个重要标签，可以实现国际化支持功能，可以根据不同的语言请求做出不同的响应，JSTL 的国际化标签库为

- 国际化设置：<fmt:setLocale>、<fmt:requestEncoding>。
- 信息格式化：<fmt:bundle>、<fmt:setBundle>、<fmt:message>、<fmt:param>。
- 数字日期格式化：<fmt:formatNumber>、<fmt:formatDate>、<fmt:parseDate>、<fmt:parseNumber>、<fmt:timeZone>、<fmt:setTimeZone>。

要使用国际化格式标签，必须在 JSP 页面中加入：

```
<%@ taglib prefix = "fmt" uri = "http://java.sun.com/jsp/jstl/fmt" %>
```

下面主要介绍 fmt 标签库几个常用的标签。

8.3.1 <fmt:setLocale>标签

<fmt:setLocale>标签用来设置格式化日期/时间、数值时所使用的语言环境(选定国家或地区)。其语法如下：

```
<fmt:setLocale value = "语言地区代码" [variant = "浏览器规格"] [scope = "范围"]/>
```

<fmt:setLocale>标签的属性如表 8-12 所示：

表 8-12 <fmt:setLocale>标签属性

属性	说明	是否必须	类型
value	设定语言地区代码字符串或 java.util.Locale 对象	是	String 或 java.util.Locale
variant	浏览器的规格	是	String
scope	设置语言环境的作用范围，默认是 page	否	String

常见国家和地区的代码(value 属性的取值)如表 8-13 所示。

表 8-13　常见国家和地区代码

代　码	语言及国家地区名称	代　码	语言及国家地区名称
en	英文	fr	法语
en_US	英文(美国)	de	德语
zh_TW	中文(台湾)	ja	日语
zh_CN	中文(大陆)	vi	越南语
zh_HK	中文(香港)	ko	朝鲜语
zh_SG	中文(新加坡)		

<fmt:setLocale>标签的使用示例如下：

```
<%@ page contentType="text/html;charset=UTF-8" isELIgnored="false" %>
<%@ page import="java.util.Date" %>
<%@ taglib prefix="c" uri="http://java.sun.com/jsp/jstl/core" %>
<%@ taglib prefix="fmt" uri="http://java.sun.com/jsp/jstl/fmt" %>
<html><head><title>fmt:setLocale 标签使用示例</title></head><body>
    <c:set var="today" value="<%=new Date()%>"/>
    用不同国家或地区的语言表达方式来显示当前日期<br>
    <hr>中文:<fmt:setLocale value="zh"/><fmt:formatDate value="${today}"/>
    <br>中文(台湾):<fmt:setLocale value="zh_TW"/>
    <fmt:formatDate value="${today}"/>
    <br>英文:<fmt:setLocale value="en"/><fmt:formatDate value="${today}"/>
    <br>英文(美国):<fmt:setLocale value="en_US"/>
    <fmt:formatDate value="${today}"/>
    <br>法语:<fmt:setLocale value="fr"/><fmt:formatDate value="${today}"/>
    <br>德语:<fmt:setLocale value="de"/><fmt:formatDate value="${today}"/>
    <br>日语:<fmt:setLocale value="ja"/><fmt:formatDate value="${today}"/>
</body></html>
```

8.3.2 <fmt:requestEncoding>标签

<fmt:requestEncoding>标签用于指定请求(request)的字符集编码，相当于使用 request.setCharacterEncoding()方法，其语法如下：

```
<fmt:requestEncoding value="UTF-8"/>
```

8.3.3 <fmt:bundle>标签

<fmt:bundle>标签的作用是根据本地化环境来选择所需要的信息包，供其标签体内的标签使用，其语法如下：

```
<fmt:bundle basename="资源包名称" [prefix="默认前缀"]>
```

```
<fmt:message key="信息键名"/>
</fmt:bundle>
```

〈fmt:bundle〉标签的属性如表 8－14 所示。

表 8－14 〈fmt:bundle〉标签属性

属　性	说　　明	是否必须	类　型
basename	指定资源包的名称	是	String
prefix	为嵌套的〈fmt:message〉标签的 key 属性指定默认的前缀	是	String

8.3.4 〈fmt:setBundle〉标签

〈fmt:setBundle〉标签为本地化环境设置一个默认的资源包，在〈fmt:message〉标签的特定作用域内起作用，其语法格式如下：

```
<fmt:setBundle basename="资源包"[var="变量名"][scope="范围"]/>
```

〈fmt:bundle〉标签的属性如表 8－15 所示。

表 8－15 〈fmt:bundle〉标签属性

属　性	说　　明	是否必须	类　型
basename	要设定的资源包的名称	是	String
var	保存资源包的变量	否	String
scope	变量的范围，默认是 page	否	String

下面看一个示例：

```
<fmt:setLocale value="zh_CN"/>
<fmt:setBundle basename="appMessage" var="msg"/>
```

该示例将会在“WEB－INF/classes”目录中查找一个名为“appMessage_zh_CN.properties”的资源包文件，作为显示使用的资源。

〈fmt:bundle〉标签和〈fmt:setBundle〉标签都用于资源包的绑定，不同的是：〈fmt:bundle〉将资源包绑定在该标签的标签体内（绑定的资源包只能被该标签体内的〈fmt:message〉标签使用），〈fmt:setBundle〉标签将资源包文件保存为一个变量，在之后的工作中可以根据该变量来使用绑定的资源包。

另外，根据 Locale 环境的不同将查找不同后缀的资源包文件，这点在国际化的任何技术上都是一致的。通常来说，这两种标签单独使用是无意义的，它们都需要与国际化格式标签库中的其他标签配合使用。

> **注意：**
>
> 当资源包文件的内容被修改后，需要重新启动 Tomcat，这时，资源包中的新内容才生效。同时，资源包中的中文内容必须预先处理成为 Unicode 编码形式，才能用〈fmt:message〉正确地显示出来。

〈fmt:bundle〉和〈fmt:setBundle〉标签都使用 basename 属性来指定资源包文件。资源包文件的名称不仅与 basename 属性有关，也与〈fmt:setLocale〉标签设置的语言及国家地区代码有关。例如：

```
〈fmt:setLocale value = "zh_CN"/〉
〈fmt:setBundle basename = "appMessage" var = "msg"/〉
```

使用的是"WEB - INF/classes/appMessage_zh_CN. properties"资源包文件；而

```
〈fmt:setLocale value = "en"/〉
〈fmt:setBundle basename = "appMessage" var = "msg"/〉
```

使用的是"WEB - INF/classes/appMessage_en. properties"资源包文件。若没有使用〈fmt:setLocale〉设置语言及国家地区，就使用默认的语言及国家地区代码。

8.3.5 〈fmt:message〉标签

〈fmt:message〉标签用来从已经绑定的资源包中检索文本信息，从而实现文本的本地化，其语法如下：

```
〈fmt:message key = "信息键名" [bundle = "绑定资源名"] [var = "资源包变量名"] [scope = "范围"] /〉
```

〈fmt:message〉标签的属性如表 8 - 16 所示。

表 8 - 16 〈fmt:message〉标签属性

属 性	说 明	是否必须	类 型
key	资源项的键名	是	String
bundle	指定要使用已绑定的资源包	是	String
var	保存资源包的变量(将资源包保存到变量中)	否	String
scope	变量的范围	否	String

〈fmt:setLocale〉标签的使用示例如下：

```
〈fmt:setLocale value = "zh_CN"/〉
〈fmt:setBundle basename = "apple" var = "appleBundle"/〉
〈fmt:bundle basename = "banana"〉
        〈fmt:message key = "userName"/〉
        〈p〉
```

```
    <fmt:message key = "passWord" bundle = " ${appleBundle}"/>
</fmt:bundle>
```

该示例使用了两种资源包文件的绑定方法，apple_zh_CN. properties 资源包文件利用<fmt: setBundle>标签被赋予了变量 appleBundle；而被<fmt: bundle>标签绑定的 banana_zh_CN. properties 资源包文件作用于该标签体内的标签。

第一个<fmt:message>标签将使用 banana_zh_CN. properties 资源包中的 userName 资源项。第二个<fmt: message>标签虽然也在<fmt: bundle>标签体内，但是它使用了 bundle 属性，指出要使用 appleBundle 变量中的 passWord 资源项，也就是 apple_zh_CN. properties 资源包。

8.3.6 <fmt:param>标签

<fmt:param>标签位于<fmt:message>消息标签体内，为该消息标签提供参数。这些参数添加进资源包的消息中，使得消息完整，它只有一个属性 value，语法如下：

```
<fmt:param value = "信息"/>
```

资源绑定示例代码如下所示：在"WEB - INF/classes"目录中创建资源文件"apple_zh_CN. properties. src"，资源文件内容如下：

```
welcome = 欢迎 {0} 来到 {1} !
passWord = 123456
```

在"WEB - INF/classes"目录中创建资源文件"banana_zh_CN. properties. src"，资源文件内容如下：

```
userName = jwshock
```

使用 JDK 提供的实用程序 native2ascii. exe，在命令行窗口中将资源包源文件 apple_zh_CN. properties. src 和 banana_zh_CN. properties. src 转换为资源包目标文件 apple_zh_CN. properties 和 banana_zh_CN. properties。

编写 fmtTag. jsp 页面，内容如下：

```
<%@ page contentType = "text/html;charset = gb2312" isELIgnored = "false" %>
<%@ taglib prefix = "fmt" uri = "http://java. sun. com/jsp/jstl/fmt" %>
<html><head><title>fmt:param 标签使用示例</title></head><body>
    fmt 标签使用示例<hr>
    <fmt:setLocale value = "zh_CN"/>
    <fmt:setBundle basename = "apple"var = "appBundle"/>
    <fmt:bundle basename = "banana">
        用户名:<fmt:message key = "userName"/><br>
        密码:<fmt:message key = "passWord" bundle = " ${appBundle}"/><br>
    </fmt:bundle>
        <fmt:message key = "welcome" bundle = " ${appBundle}">
        <fmt:param value = "各国朋友"/>
```

```
    <fmt:param value="北京"/>
</fmt:message>
```

8.3.7 <fmt:formatDate>标签

<fmt:formatDate>标签用来将日期类型对象转换为字符串格式,其语法如下:

```
<fmt:formatDate value="日期/时间" ……/>
```

<fmt:formatDate>标签与<fmt:setTimeZone>和<fmt:timeZone>标签关系密切,若没有指定<fmt:formatDate>标签的 timeZone 属性,可以通过<fmt:timeZone>和<fmt:setTimeZone>标签设置的时区来格式化日期和时间。<fmt:formatDate>标签的属性如表 8-17 所示。

表 8-17 <fmt:formatDate>标签属性

属性	说明	是否必须	类型
value	要转换的日期/时间	是	java. lang. Date
type	指定要设置格式的 Date 对象的部分(time、date、both)	是	String
pattern	用户自定义的日期/时间格式	是	String
dateStyle	设置特定时区的日期格式(default、short、medium、long、full)	是	String
timeStyle	设置特定时区的时间格式(default、short、medium、long、full)	是	String
timeZone	java. util. TimeZone	是	String
var	保存转换结果的变量	否	String
scope	变量的范围	否	String

pattern 属性用来指定更精确的处理日期,如表 8-18 所示。

表 8-18 <fmt:formatDate>标签属性

代码	说明	显示
G	记年标志	AD
y	年	2002
M	月	April & 04
d	日	20
h	小时(12 小时制)	12
H	小时(24 小时制)	0
m	分	45

（续表）

代　码	说　　明	显　示
s	秒	52
S	毫秒	970
E	星期	Tuesday
D	一年中的第几天	180
F	月中的第几个星期	2 (2nd Wed in month)
w	一年中的第几周	27
W	月中的第几周	2
a	上下午标记	PM
k	小时(24 小时制)	24
K	小时(12 小时制)	"
z	时区	Central Standard Time
'	转义符	转义后的文本
''	单引号(两个单引号,第一个是转义符)	

〈fmt:formatDate〉标签的示例如下：

```
<%@ page contentType="text/html;charset=UTF-8"isELIgnored="false" %>
<%@ page import="java.util.Date" %>
<%@ taglib prefix="c" uri="http://java.sun.com/jsp/jstl/core" %>
<%@ taglib prefix="fmt" uri="http://java.sun.com/jsp/jstl/fmt" %>
<html><head>
<title>&lt;fmt:formatDate&gt;标签使用示例</title></head><body>
    &lt;fmt:formatDate&gt;标签使用示例
    <hr>
    <c:set var="date" value="<%=new Date()%>"/>
    默认模式:<fmt:formatDate value="${date}" type="both"/>
    <br>short 模式:
<fmt:formatDate value="${date}" dateStyle="short" timeStyle="short"/>
    <br>full 模式:
<fmt:formatDate value="${date}" dateStyle="full" timeStyle="full"/>
    <br>自定义模式:
<fmt:formatDate value="${date}" pattern="hh'时,'a,zzzz" />
</body></html>
```

8.3.8 〈fmt:formatNumber〉标签

〈fmt:formatNumber〉标签用来格式化数值，即设置特定语言环境下的数值输出方

式,其语法如下:

```
<fmt:formatNumber value="数值"....../>
```

〈fmt:formatNumber〉标签的属性如表 8-19 所示:

表 8-19 〈fmt:formatNumber〉标签属性

属　性	说　明	是否必须	类　型
value	要转换的数值	是	String 或 java.lang. Number
type	格式化方式(currency, number, percent)	是	String
pattern	用户自定义的格式	是	String
currencyCode	货币单位	是	String
currencySymbol	货币符号	是	String
maxIntegerDigits	最大整数位数	是	String
minIntegerDigits	最小整数位数	是	String
maxFractionDigits	最大小数位数	是	String
minFractionDigits	最小小数位数	是	String
groupUsed	整数使用千位组方式,默认值为 true	是	String
var	保存转换结果的变量	否	String
scope	变量的范围	否	String

注意:

只有当 type 属性设置为 currency 时,才可以设置 currencyCode 和 currencySymbol 属性的值。

〈fmt:formatNumber〉标签的使用示例如下:

```
<%@ page contentType="text/html;charset=UTF-8" isELIgnored="false" %>
<%@ page import="java.util.Date" %>
<%@ taglib prefix="c" uri="http://java.sun.com/jsp/jstl/core" %>
<%@ taglib prefix="fmt" uri="http://java.sun.com/jsp/jstl/fmt" %>
    <html><head><title>&lt;fmt:formatNumber&gt;标签使用示例</title></head><body>
    <center>&lt;fmt:formatNumber&gt;标签使用示例</center>
    <hr>
    <c:set var="number" value="12345.67"/>
    没有设置选项时:<fmt:formatNumber value="${number}" />
    <br>设置为货币时:<fmt:formatNumber value="${number}" type="currency"/>
    <br>使用科学计数法时:
```

```
    〈fmt:formatNumber value = " ${number}" pattern = "###.##E0"
maxIntegerDigits = "1" maxFractionDigits = "2" minFractionDigits = "2"/〉
    〈br〉设置为货币：
〈fmt:formatNumber value = " ${number}" type = "currency" currencySymbol = " $ "/〉
〈/body〉〈/html〉
```

8.3.9 〈fmt:parseDate〉标签

〈fmt:parseDate〉标签可以将字符串类型的日期和时间转换为日期数据类型，其语法如下：

```
〈fmt:parseDate value = "字符串形式的日期/时间" ……/〉
```

〈fmt:parseDate〉标签的属性如表 8-20 所示。

表 8-20 〈fmt:parseDate〉标签属性

属　性	说　　明	是否必须	类　型
value	要转换的日期/时间字符串	是	String
type	指定要设置格式的 Date 对象的部分（time、date、both）	是	String
pattern	用户自定义的日期/时间格式，以确定解析方式	是	String
dateStyle	设置日期部分的解析方式（default、short、medium、long、full）	是	String
timeStyle	设置时间部分的解析方式（default、short、medium、long、full）	是	String
parseLocale	java. util. Locale 指定使用的语言环境	是	String
timeZone	java. util. TimeZone 指定使用的时区	是	String
var	保存解析结果的变量	否	String
scope	变量的范围	否	String

value 指定的日期和时间要正确，包括星期几，注意 value、type、dateStyle 这 3 个属性的内容要适当。〈fmt:parseDate〉标签的使用示例如下：

```
〈%@ page contentType = "text/html;charset = UTF-8" isELIgnored = "false" %〉
〈%@ page import = "java.util.Date" %〉
〈%@ taglib prefix = "fmt" uri = "http://java.sun.com/jsp/jstl/fmt" %〉
〈html〉〈head〉〈title〉&lt;fmt:parsedate&gt;标签使用示例〈/title〉〈/head〉
〈body〉
〈center〉&lt;fmt:parseDate&gt;标签使用示例〈/center〉
〈hr〉
按照默认格式解析日期字符串 2008-8-10:〈fmt:parseDate value = "2008-8-10"/〉
```

```
<br>按照 short 格式解析日期字符串 08-8-10：
<fmt:parseDate value="08-8-10" dateStyle="short"/>
<br>按照 full 格式解析日期字符串 2008 年 8 月 10 日 星期日：
<fmt:parseDate value="2008 年 8 月 10 日 星期日" dateStyle="full"/>
</body></html>
```

<fmt:parseDate>标签和<fmt:formatDate>标签的作用正好相反，<fmt:parseDate>是将字符形式的日期转换为日期类型，<fmt:formatDate>是将日期类型转换为字符串。当<fmt:parseDate>和<fmt:formatDate>这两个标签配合使用时，这两个标签的 type、dateStyle、timeStyle 属性的值一定要对应相同。

8.3.10 <fmt:parseNumber>标签

<fmt:parseNumber>标签将字符串类型的数值转换为 java.lang.Number 类型的数值，用此标签可以将字符串中的数字、货币、百分比转换成数字数据类型，其语法如下：

```
<fmt:parseNumber value="数值"……/>
```

<fmt:parseNumber>标签的属性如表 8-21 所示：

表 8-21 <fmt:parseNumber>标签属性

属 性	说 明	是否必须	类 型
value	要转换数值字符串	是	String
type	指定数值字符串的格式	是	String
pattern	用户自定义的数值格式	是	String
parseLocale	转换的语言区域代码	是	String
integerOnly	是否只解析整数部分	是	Boolean
var	保存解析结果的变量	否	String
scope	变量的范围	否	String

例如，<fmt:parseNumber value=“15%” type=“percent” var=“num”/>将字符串“15%”转换为数值 0.15 保存在变量 num 中。

8.3.11 <fmt:timeZone>标签

<fmt:timeZone>标签用来设置在本标签的标签体内有效的时区，其语法如下：

```
<fmt:timeZone value="时区代码">
        标签体，时区只在这个体中有效
</fmt:timeZone>
```

8.3.12 <fmt:setTimeZone>标签

<fmt:setTimeZone>标签用来设置在此标签体内有效的时区，其语法如下：

```
<fmt:setTimeZone value = "时区代码" [var = "变量名"] [scope = "变量范围"]/>
```

<fmt:setTimeZone>标签的属性如表 8-22 所示：

表 8-22 <fmt:setTimeZone>标签属性

属　性	说　　明	是否必须	类　型
value	设定的时区名或 java.util.TimeZone 对象	是	String 或 java.util.TimeZone
var	保存所选择时区的变量	否	String
scope	变量的范围，默认是 page	否	String

<fmt:timeZone>标签和<fmt:setTimeZone>标签都可以选择时区，区别是<fmt:timeZone>选择的时区只在该标签的标签体内有效；而<fmt:setTimeZone>选择的时区保存在变量中，可以被其他标签使用。

8.4 JSTL 的 SQL 标签库

JSTL 1.1 提供了一组与数据库操作相关的标签，因为没有采用数据库连接池，因此只适合在小型项目中使用，在这里不做详细介绍。

要使用 SQL 标签库，必须在 JSP 页面中加入 taglib 指令：

```
<%@ taglib prefix = "sql" uri = "http://java.sun.com/jsp/jstl/sql" %>
```

8.5 JSTL 的 XML 标签库

JSTL 的 XML 标签库为处理 XML 格式的文件提供了操作，XML 标签库中的标签主要分为 3 类。

- XML 核心标签：<x:parse>、<x:out>、<x:set>。
- XML 流控制标签<x:if>、<x:choose>、<x:when>、<x:otherwise>、<x:forEach>。
- XML 转换标签：<x:transform>、<x:param>。

使用 XML 标签，还需要 xalan.jar 包，并且要在 JSP 页面中添加 taglib 指令：

```
<%@ taglib prefix = "x" uri = "http://java.sun.com/jsp/jstl/xml" %>
```

8.6 JSTL 的 fn 方法库

fn 的全称为 functions，顾名思义，就是提供一些方法、函数等。例如字符串查找、截取之类。之所以不叫标签库而叫 fn 方法库，是因为 fn 使用起来不像前面的 core、fmt 标签那样遵循<prefix:tagName/>这样的标签格式，而是遵循 fn:methodName()这样的 EL

格式。

8.6.1 fn方法库说明

要使用JSTL 1.1 提供的函数库，必须在JSP页面中加入 taglib 指令：

```
<%@ taglib prefix="fn" uri="http://java.sun.com/jsp/jstl/functions" %>
```

在JSTL 的表达式中要使用一个函数，其格式如下：

```
${fn:functionName(args…)}
```

JSTL fn 提供的功能函数如表 8-23 所示。

表 8-23　fn函数功能说明

函　数	说　明
fn:contains(string,substring)	如果参数 string 中包含参数 substring,返回 true
fn: containsIgnoreCase (string, substring)	如果参数 string 中包含参数 substring(忽略大小写),返回 true
fn:endsWith(string,suffix)	如果参数 string 以参数 suffix 结尾,返回 true
fn:escapeXml(string)	将有特殊意义的 XML 和 HTML 转换为对应的 XML 字符实体码,并返回
fn:indexOf(string,substring)	返回参数 substring 在参数 string 中第一次出现的位置
fn:join(array,separator)	将一个数组 array 用给定的分隔符 separator 串在一起,组成一个新的字符串并返回。
fn:length(item)	返回参数 item 中包含元素的数量。参数 item 类型可以是数组、Collection 或者 String。如果是 String 类型,返回值是 String 中的字符数
fn:replace(string,old,new)	返回一个 String 对象。用参数 new 字符串替换参数 string 中所有出现参数 old 字符串的地方,并返回替换后的结果
fn:split(string,separator)	返回一个数组,以参数 separator 分割符分解参数 string,分解后的每一部分就是数组的一个元素
fn:startsWith(string,prefix)	如果参数 string 以参数 prefix 开头,返回 true
fn:substring(string,begin,end)	返回参数 string 中的部分字符串,从参数 begin 开始到参数 end-1 位置,字符串位置从 0 开始,包括 begin 位置的字符,不包括 end 位置的字符。
fn: substringAfter (string, substring)	返回参数 substring 在参数 string 中后面的那一部分字符串
fn: substringBefore (string, substring)	返回参数 substring 在参数 string 中前面的那一部分字符串

（续表）

函　数	说　明
fn:toLowerCase(string)	将参数 string 所有的字符变为小写，并将其返回
fn:toUpperCase(string)	将参数 string 所有的字符变为大写，并将其返回
fn:trim(string)	去除参数 string 首尾的空格，并将其返回

8.6.2 fn 方法库示例

下面代码列出的是 fn 方法库关于字符串函数的操作：

```
<%@ page contentType="text/html;charset=UTF-8" isELIgnored="false" %>
<%@ taglib prefix="fn" uri="http://java.sun.com/jsp/jstl/functions" %>
<%@ taglib prefix="c" uri="http://java.sun.com/jsp/jstl/core" %>
<html><head><title>JSTL 字符串函数使用示例</title></head><body>
函数使用示例<hr>
fn:contains("黄河远上白云间","远上") =
    ${fn:contains("黄河远上白云间","远上")}<br>
fn:containsIgnoreCase("AbcDeFg","cd") =
    ${fn:containsIgnoreCase("AbcDeFg","cd")} <br>
fn:endsWith("黄河远上白云间","白云间") =
    ${fn:endsWith("黄河远上白云间","白云间")}<br>
fn:escapeXml("<>,/&%") = ${fn:escapeXml("<>,/&%")}<br>
fn:indexOf("黄河远上白云间","远上") =
    ${fn:indexOf("黄河远上白云间","远上")}<br>
<c:set var="array" value="${fn:split("黄,河,远,上,白,云,间",",") }"/>
fn:join(array,";") = ${fn:join(array,";")}<br>
fn:length("黄河远上白云间") = ${fn:length("黄河远上白云间")} <br>
fn:replace("黄河云间","河云","河远上白云") =
    ${fn:replace("黄河云间","河云","河远上白云") }<br>
fn:startsWith("黄河远上白云间","黄河") =
    ${fn:startsWith("黄河远上白云间","黄河")}<br>
fn:substring("黄河远上白云间",2,5) =
    ${fn:substring("黄河远上白云间",2,5)}<br>
fn:substringAfter("黄河远上白云间","远上") =
    ${fn:substringAfter("黄河远上白云间","远上") }<br>
fn:substringBefore("黄河远上白云间","远上") =
    ${fn:substringBefore("黄河远上白云间","远上") }<br>
fn:toLowerCase("HTTP://www.163.Com") =
    ${fn:toLowerCase("HTTP://www.163.Com")}<br>
fn:toUpperCase("HTTP://www.163.Com") =
    ${fn:toUpperCase("HTTP://www.163.Com")}<br>
```

```
</body></html>
```

其运行效果如图 8-2 所示。

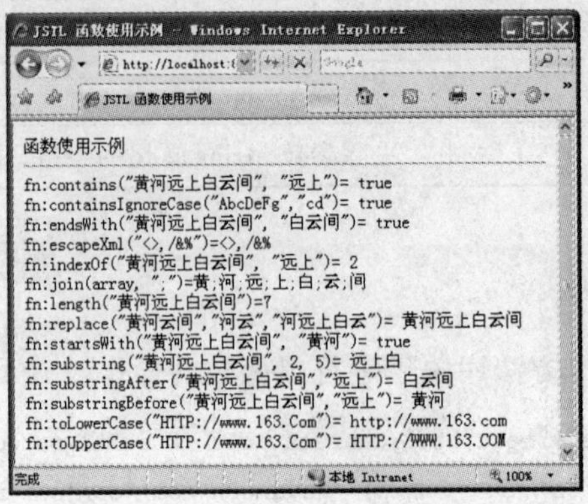

图 8-2 fn 方法库字符串操作运行效果图

小 结

作为 JavaEE 的标准标签库，JSTL 使用简单，功能全面，基本上可以实现 Java 脚本(Scriptlet)的所有功能。JSTL 包括 core、fmt、SQL、XML 标签库以及一个 fn 方法库，JSTL 一般与 EL 表达式连用。

在 JavaEE1.4 中，JSP 中使用 JSTL 需要添加 JSTL 的类库，从 Java EE 5开始，内置 JSTL 的支持，可以直接使用。

JSTL 能够完成许多 Web 功能的处理，但是对于一些特殊或复杂的情况如分页处理等，JSTL 还不能完全满足，需要开发者使用自定义标签完成这些复杂功能的定制。

思 考 题

1. 什么是 JSP 标签，JSP 标签的优势是什么？
2. JSTL 标签有几类，常用的标签有哪些？
3. 如何通过 JSTL 核心标签来添加、输出、移除变量？

第9章 自定义标签

JSTL 标签只提供了简单的输出功能，没有实现任何的 HTML 代码封装。利用 JSTL 实现一个表格每次都要编写 table、tr、td 等 HTML 代码；而自定义标签就可以实现 HTML 代码的封装，甚至能做到只要往自定义标签里传入一个集合对象，就能够用表格列出所有的对象以及属性。

9.1 编写自定义标签

JSP 中设计自定义标签的目的是为了实现代码重用。目前许多公司将常用的表现元素，例如多样化的表格、复杂的报表等封装成自定义标签，并逐步完善成一个平台。在平台的基础上再进行程序开发，大大提高了开发的效率并减少了程序的复杂性。

自定义标签可以实现非常复杂的功能，使用起来却很简单。JSP 1.x 版本提供了一套自定义标签机制。从 JSP 2.0（在兼容 JSP 1.x 版本标签的前提下）开始，又提供了另一套简化的自定义标签机制。本节先介绍 JSP 1.x 版本的标签。

9.1.1 版权标签

先实现一个最简单的标签：Copyright 标签。JSP 中执行"〈jwshock:copyright /〉"后，将输出本程序的版权信息，而且该版权信息是可以自由配置的。

任何一个标签都对应一个 Java 类，而且作为标签开发的类必须实现 Tag 接口。JSP 中遇到一个标签后，将通过一个 tld 文件查找该标签的实现类，并运行该类的相关方法。Copyright 类的代码如下：

```
package edu.taglib.tag;
import java.io.IOexception;
import java.util.ResourceBundle;;
import javax.servlet.jsp.JspWriter;
import javax.servlet.jsp.JspException;
import javax.servlet.jsp.PageContext;
```

```
import javax.servlet.jsp.tafext.Tag;
public class Copyright implements Tag {
    private Tag parent;                                   // 父标签未使用

    private PageContext pageContext;
    public int doStarTag() throws JspException{      // 标签开始时执行的方法
        return SKIP_BODY;
    }
    public int doEndTag() throws JspException{        // 标签结束时执行的方法
        JspWriter out = pageContext.getOut();
        try{
            out.println {"<div align = center style = ' line - height:22px;font - size:12px; ' >");
            out.println (ResourceBundle.getBundle.getBundle("copyright").getString
                        ("copyright"))
            out.println("</div>");
        } catch (IOException e){
            throw new JspException(e);
        }
        return EVAL_PAGE;
    }
    public Tag getParent(){
        return this.parent;
    }
    public void release(){}
    public void setPageContext(PageContext pageContext){
        this.pageContext = pageContext;
    }
    public void setParent(Tag parent){
        this.parent = parent;
    }

}
```

该标签将从 copyright.properties 文件中读取版权信息，并按照预定格式输出。在 doEndTag()方法内完成输出版权的代码。

说明：Copyright 类中有两个属性 parent 与 pageContext。parent 为该标签的父标签（即上一层的标签），pageContext 为运行该标签的 JSP 页面。这两个参数都是 JSP 在运行的时候通过 setter 方法设置的。本例中只使用了 pageContext 属性，因为不涉及标签的嵌套（即没有父标签），因此没有使用 parent 属性。

9.1.2 标签库描述文件 tld

Tag 实现类完成后，还需要在 tld 文件（Tag Library Descriptor，标签库描述文件）中配置。在 tld 文件内配置标签库的信息、标签及实现类的映射。在 Web 应用程序/WEB

-INF/目录下新建文件 taglib. tld,输入代码如下:

```
<? xml version = "1. 0"encoding = "UTF - 8"?>
<taglib xmlns = http://java. sun. com/xml/ns/j2ee
xmlns:xsi = http://www. w3. org/2001/XMLschema_instance
xsi:schemalocation = http://java. sun. com/xml/ns/j2ee web - jsptaglibrary_2_0. xsd"
version = "2. 0">
<tlibversion>1. 0</tlibversion>
<jspversion>1. 1<jspversion>
<shortname>jwshock</shortname>
<uri>http://www. jwshock. edu/tags</uri>
<tag>
    <name>copyright </name>
    <tagclass>edu. jwshock. taglib. tag. Copyright </tagclass>
    <bodycontent>JSP</bodycontent>
    <info>The simple copyright tag. </info>
</tag>
</taglib>
```

taglib 配置标签库的基本信息包括 shortname、uri 等。shortname 是推荐使用的 prefix(前缀)。uri 是引用这个标签库时使用的 uri。

tag 配置的就是标签 copyright 的信息。name 为标签名,tagclass 为实现类。bodycontent 为标签体的设置,有 3 种取值:empty、JSP 与 tagdependent,具体区别为

- empty:不允许有标签体存在。如果有,执行时会抛出异常。
- JSP:允许有标签体存在,可以为 JSP 代码。
- tagdependent:允许有标签体存在,但是标签体内的 JSP 代码不会被执行。

配置好之后就能够使用 copyright 标签了,例如:

```
< %@ page language = "java" contentType = "text/html;charset = UTF - 8" % >
< %@ taglib uri = http://www. jwshock. edu/tags prefix = "jwshock" % >
<html><head><title>JSP Tag Demo - copyright</title></head><body>
<jwshock:copyright/>
</body></html>
```

其运行效果如图 9-1 所示。

如果 tld 文件位于/WEB-INF/下面,Tomcat 会自动加载 tld 文件中的标签库。如果位于其他的位置,可以在 web. xml 中配置,例如:

```
<jsp - config>
    <taglib>
        <taglib - uri>http://www. jwshock. edu/tags</taglib - uri>
        <taglib - location>/WEB - INF/tld/taglib. tld</taglib - location>
    </taglib>
</jsp - config>
```

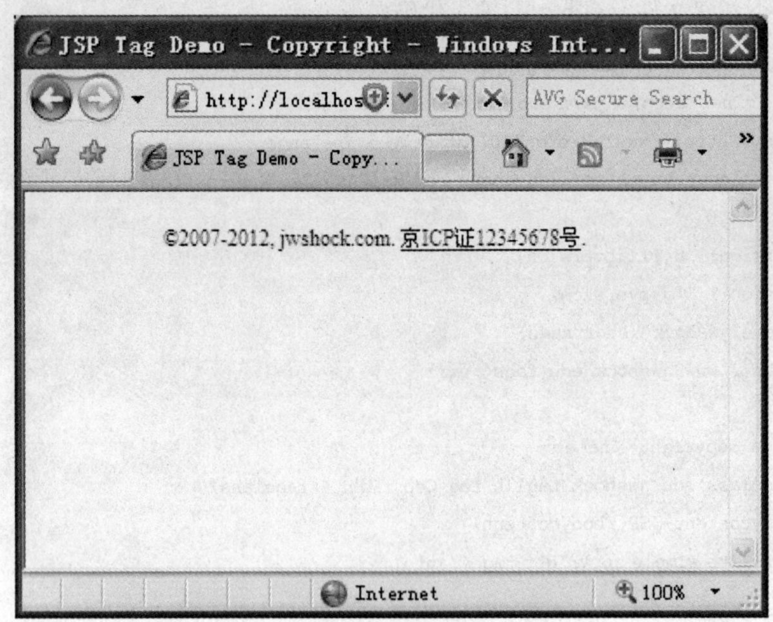

图 9－1　copyright 标签运行效果

或者在 JSP 中直接使用〈%@ taglib uri＝“/WEB－INF/taglib. tld” prefix＝“jwshock” %〉导入标签库。

9.1.3 方法的调用顺序

Copyright 类实现了 Tag 接口。Tag 接口的源代码如下：

```
public interface Tag {
    public final static int SKIP_BODY = 0;
    public final static int SKIP_PAGE = 5;
    public final static int EVAL_BODY_INCLUDE = 1;
    public final static int EVAL_PAGE = 6;
    void setPageContext(PageContext pageContext);
    void setParent(Tag parent);
    Tag getParent();
    int doStartTag() throws JspException;
    int doEndTag() throws JspException;
    void release();
}
```

Tag 接口的方法会在执行标签的时候被 JSP 页面调用，通过调用 setPageContext 方法设置 JSP 的 PageContext 对象，通过调用 setParent 方法设置标签的父标签。而 doStartTag()与 doEndTag()分别在进入标签与退出标签的时候被执行。

说明：doStartTag()与 doEndTag()方法的返回值会影响到程序的流程。这些方法的调用顺序如图 9－2 所示。

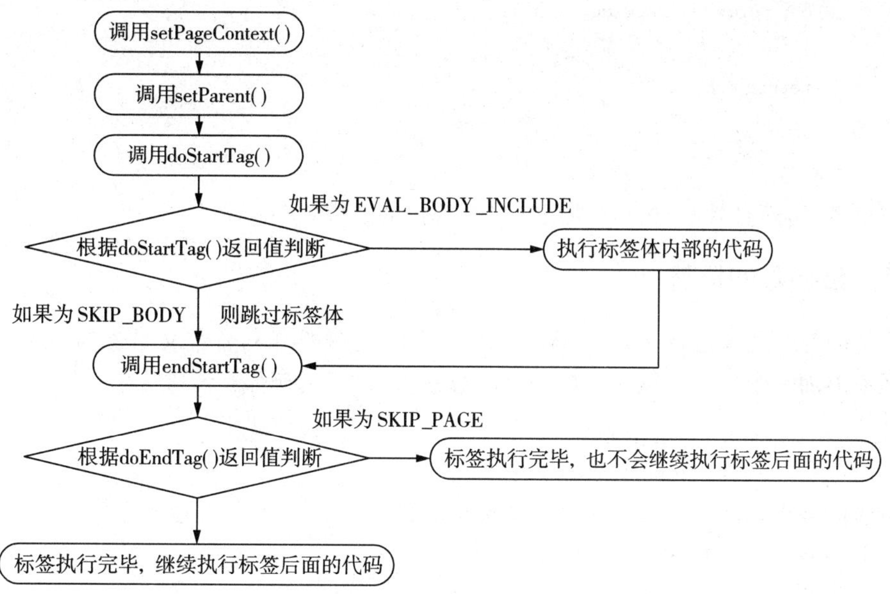

图 9-2　JSP 调用 Tag 接口方法的流程

例如：

```
<jwshock:copyright>Hello,taglib</jwshock:copyright>
```

如果 doStartTag 返回 SKIP_ BODY,则标签体内的“Hello,taglib”不会被输出。如果 doEndTag 返回 SKIP_PAGE,则标签后面的“</body></html>”等都不会输出,程序运行到此标签结束。最后 release()方法在关闭应用的时候被容器调用。

9.1.4　使用 TagSupport

在多数情况下不需要直接使用 Tag 接口,使用 TagSupport 类就可以了。TagSupport 是 JSP 提供的一个模板类,实现了 pageContext 与 parent 的 getter/setter 方法以及其他一些功能。需要做的只是根据需要实现相应的方法,例如：

```
packageedu. jwshock. taglib. tag;
//…其他 import 略
import javax. servlet. jsp. tagext. TagSupport;
public class Copyright2 extends TagSupport{
    @Override
    public int doEndTag() throws JspException {      // 标签结束时执行
        JspWriter out = pageContext. getOut();       // out 对象
        try{
        out. println("<div align = center style = ' line - height:22px;font - size:12px; ' >");
        out. println(ResourceBundle. getBundle("copyright"). getString("copyright"));
        out. println("</div>");
        } catch(IOException e){
```

```
            throw new JspException();
        }
        return EVAL_PAGE;;
    }
}
```

这就简单多了，而且效果与直接使用接口是等价的。

9.1.5 带参数的标签

标签的参数是通过 Tag 实现类的 setter 方法设置的，因此，定义带参数的标签只需要给标签类加一个属性以及对应的 setter 方法就可以了，例如：

```
packageedu.jwshock.taglib.tag;
import javax.servlet.jsp.JspException;
import javax.servlet.jsp.tagext.TagSupport;
public class EchoTag extends TagSupport {
    private String message;
    @Override
    public int doEndTag() throws JspException {
        try {
            this.pageContext.getOut().println("Hello," + message);
        } catch (Exception e) {
            throw new JspException(e);
        }
        return EVAL_PAGE;
    }
    public String getmessage() {
        return message;
    }
    public void setMessage(String aMessage) {
        this.message = aMessage;
    }
}
```

同时还需要在 tld 文件中指明该参数：

```
<tag>
    <name>echo</name>
    <tagclass>edu.jwshock.tag.EchoTag</tagclass>
    <bodycontent>empty</bodycontent>
    <info>Echo tag with parameters.</info>
    <attribute>
        <name>message</name>
        <required>true</required>
```

```
        <rtexprvalue>true</rtexprvalue>
    </attribute>
</tag>
```

粗体代码部分声明了标签的 name 属性。<name>表明该属性的名称，即 message；<required>表明该属性是否必需；<rtexprvalue>表明是否允许 EL 表达式或者 Scriptlet “<%=%>”，echo 标签如下：

```
<%@ page language = "java" contentType = "text/html; charset = UTF - 8" %>
<%@ taglib uri = "http://www.jwshock.edu/tags" prefix = "jwshock" %>
<html><head><title>JSP Tag Demo - echo Tag</title></head><body>
<jwshock:echo message = "Kate" /> <br/>
<jwshock:echo message = "${pageContext.request.remoteAddr}" /> <br/>
<jwshock:echo message = "${cookie}" /> <br/>
</body></html>
```

第一个 hello 标签直接传入了字符串，第二个 hello 标签使用了 EL 表达式传入字符串，第三个 hello 标签使用 EL 表达式传入了所有的 Cookie 对象。

由于 message 是 String 类型，因此传入 Cookie 的时候强制使用了 toString()方法进行转换。实际上可以根据需要将属性定义为 Object、Collection 或者数组类型。

9.1.6 带多个参数的标签

定义多个参数的标签只需要在类中定义多个 setter 方法，并在 taglib 里声明多个参数就可以了。例如：

```
packageedu.jwshock.taglib.tag;
import javax.servlet.jsp.JspException;
import javax.servlet.jsp.tagext.TagSupport;
public class AddTag extends TagSupport {
    private int num1;
    private int num2;
    public void setNum1(int num1) {
        this.num1 = num1;
    }
    public void setNum2(int num2) {
        this.num2 = num2;
    }
    @Override
    public int doEndTag() throws JspException {
        try {
            this.pageContext.getOut().println(
                num1 + " + " + num2 + " = " + (num1 + num2));
        } catch (Exception e) {}
```

```
        return EVAL_PAGE;
    }
}
```

在 tld 文件中声明的多个参数：

```
<tag>
    <name>add</name>
    <tagclass>edu.jwshock.taglib.tag.AddTag</tagclass>
    <bodycontent>empty</bodycontent>
    <info>Add tag with parameters.</info>
    <attribute>
        <name>num1</name>
        <required>true</required>
        <rtexprvalue>true</rtexprvalue>
    </attribute>
    <attribute>
        <name>num2</name>
        <required>true</required>
        <rtexprvalue>true</rtexprvalue>
    </attribute>
</tag>
```

9.1.7 带标签体的自定义标签

在 tld 文件中声明标签时 bodycontent 属性不为 empty，表明标签可以携带标签体。另外还必须在标签实现类的 doStartTag()方法返回 EVAL_BODY_INCLUDE，标签体才会完成输出。这是实现带标签体标签最简单的机制。

不过这种最简单的带标签体的标签似乎没什么用，只能输出而得不到标签体的内容，更不能对标签体进行分析处理。如果想要对标签体进行处理就需要使用 BodyTag 接口。BodyTag 是 Tag 接口的子类，专门处理带标签体的标签。

BodyTag 接口除了具有 Tag 接口的 doStartTag()、doEndTag()等方法外，还添加了其他的方法。BodyTag 方法的执行流程如图 9-3 所示。

说明：doStartTag()方法的返回值如果为 EVAL_BODY_INCLUDE，则会直接输出标签体内容；如果为 EVAL_BODY_BUFFERED，则不会输出，而是将标签体内容通过 setBodyContent()方法设置到标签类中，然后就可以使用 getBodyContent()方法得到标签体的内容。

图 9-3 中的流程有点复杂，它展示 BodyTag 的处理流程相当灵活。实际使用中，往往采用 BodyTagSupport 模板类。默认地，BodyTagSupport 类会按照图 9-3 中间的主线一直往下执行。例如，下述代码将标签体内的所有字母变成小写：

```
packageedu.jwshock.taglib.tag;
import javax.servlet.jsp.JspException;
```

```
import javax.servlet.jsp.tagext.BodyTagSupport;
public class ToLowerCaseTag extends BodyTagSupport {
    @Override
    public int doEndTag() throws JspException {
        String content = this.getBodyContent().getString();
        try {
            this.pageContext.getOut().print(content.toLowerCase());
        } catch (Exception e) {
        }
        return EVAL_PAGE;
    }
}
```

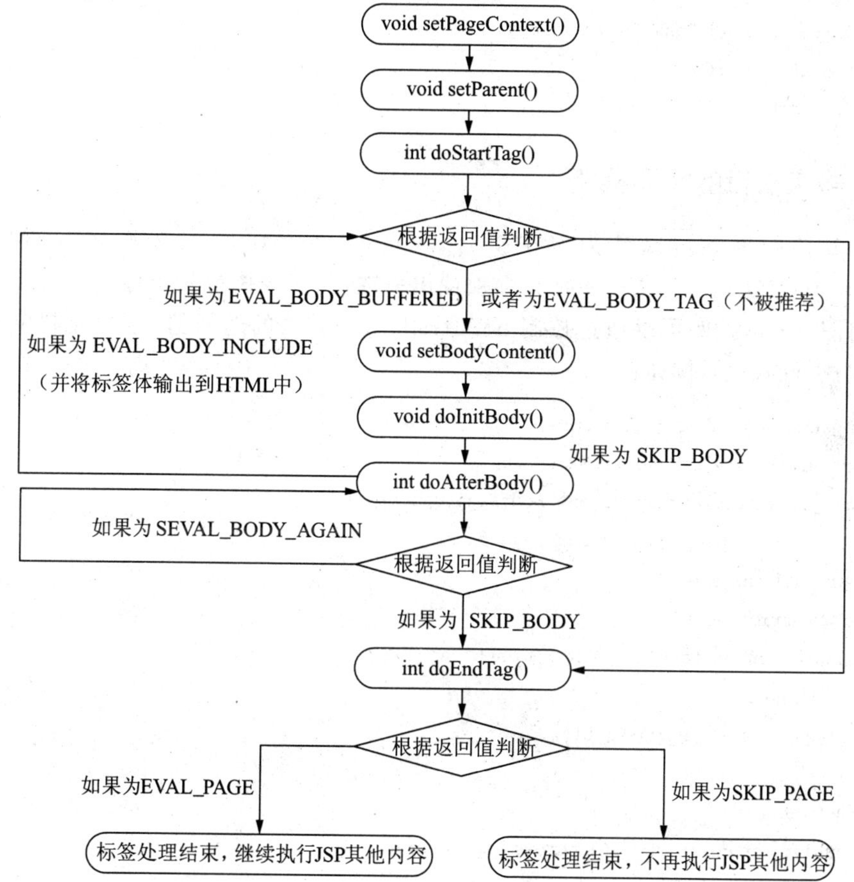

图 9－3　BodyTag()方法的执行流程

在图 9－3 的执行流程中表明，只要在 setBodyContent()方法之后，其他被调用的方法都可以使用 getBodyContent()方法获取标签体的内容，一般在 doAfterBody()或者 doEndTag()方法中处理标签体内容。本例使用了 doEndTag()。

另外，tld 文件配置声明 bodyContent 不能为 empty。

```
<tag>
    <name>toLowerCase</name>
    <tagclass>edu.jwshock.taglib.tag.ToLowerCaseTag</tagclass>
    <bodycontent>JSP</bodycontent>
    <info>Tag with body.</info>
</tag>
```

使用 toLowerCase 的 JSP 代码如下：

```
<%@ page language="java" contentType="text/html; charset=UTF-8"%>
<%@ taglib uri="http://www.jwshock.edu/tags" prefix="jwshock"%>
<html><head><title>JSP Tag Demo - toLowerCase Tag</title></head><body>
<jwshock:toLowerCase>
    Hello,To Lower Case Tag with Body.
</jwshock:toLowerCase>
</body></html>
```

9.1.8 多次执行的循环标签

带标签体的标签可以分为单次执行（Single Evaluation）与多次执行（Mulitiple Evaluation）。单次执行是指标签体只会被使用一次，而多次执行是指标签体可以被使用多次。由图 9-3 可知，可以通过控制 doAfterBody()方法的返回值，达到控制单次执行还是多次执行的目的，例如：

```
packageedu.jwshock.taglib.tag;
import javax.servlet.jsp.JspException;
import javax.servlet.jsp.tagext.BodyTagSupport;
public class LoopTag extends BodyTagSupport {
    private int times;
    @Override
    public int doStartTag() throws JspException {
        times = 5;
        return super.doStartTag();
    }
    @Override
    public int doAfterBody() throws JspException {
        if (times-- > 0) {
            /** 只要 times > 0 就继续循环,同时 times 自减 */
            try {
                this.getPreviousOut()
                    .println(this.getBodyContent().getString());
            } catch (Exception e) {
```

```
            }
            return EVAL_BODY_AGAIN;
        } else {
            return SKIP_BODY;
        }
    }
}
```

要注意小心控制 doAfterBody()的返回值。如果每次都返回 EVAL_BODY_AGAIN,就会一直执行 doAfterBody()而陷入死循环。tld 文件配置声明略。JSP 代码如下:

```
<%@ page language="java" contentType="text/html; charset=UTF-8" %>
<%@ taglib uri="http://www.jwshock.edu/tags" prefix="jwshock" %>
<html><head><title>JSP Demo - loop Tag</title></head><body>
<pre>
<jwshock:loop>Loop. </jwshock:loop>
</pre>
</body></html>
```

doAfterBody()方法内输出的内容不断写入到 bodyContent 缓存中,因此每次通过 getBodyContent()取出的值都会递增。

9.1.9 带动态属性的自定义标签

自定义标签还支持动态属性。只要实现了 DynamicAttributes 接口,并实现该接口的 setDynamicAttributes 方法,该标签就可以使用动态属性。同时,tld 文件中需要定义标签为可带动态属性的标签。

```
packageedu.jwshock.taglib.tag;
import javax.servlet.jsp.tagext.DynamicAttributes;
public class DynamicAttributeTag extends TagSupport
        implements DynamicAttributes {
    private Map<String,Double> map = new HashMap<String,Double>();
    @Override
    public int doEndTag() throws JspException {
        JspWriter out = pageContext.getOut();
        double min = 0,max = 0;
        for (Double d : map.values()) {
            min = Math.min(d,min);
            max = Math.max(d,max);
        }
        StringBuffer buffer = new StringBuffer();
        buffer.append("<table>");
        for (Entry<String,Double> entry : map.entrySet()) {
```

```
            buffer.append("<tr>");
            buffer.append("<td>" + entry.getKey() + "</td>");
            buffer.append("<td><img src='vote.gif' height='10' width='");
            buffer.append((entry.getValue() - min) / (max - min + 1) * 200 + 50);
            buffer.append("'/>" + entry.getValue() + "</td>");
            buffer.append("</tr>");
        }
        buffer.append("</table>");
        try {
            out.write(buffer.toString());
        } catch (Exception e) {
        }
        return super.doEndTag();
    }
    @Override
    public void setDynamicAttribute(String uri,String key,Object value)
            throws JspException {
        map.put(key,Double.parseDouble((String) value));
    }
}
```

tld 文件中需要定义该标签为可带动态属性的标签。

```
<tag>
    <name>dynamicAttribute</name>
    <tagclass>edu.jwshock.taglib.tag.DynamicAttributeTag</tagclass>
    <bodycontent>empty</bodycontent>
    <dynamic-attributes>true</dynamic-attributes>
    <info>Tag with dynamic attribute.</info>
</tag>
```

然后就可以在 JSP 中使用该标签了,例如:

```
<%@ page language="java" contentType="text/html; charset=UTF-8" %>
<%@ taglib uri="http://www.jwshock.edu/tags" prefix="jwshock" %>
<html>
<head><title>JSP Tag Demo - dynamicAttribute Tag</title></head>
<body>
<jwshock:dynamicAttribute 中国石油="30" 工商银行="50" 建设银行="18"
中国石化="14" 万科A="1" 中国中铁="2"/>
</body>
</html>
```

9.2 嵌套的自定义标签

有时候需要多个标签联合起来完成一个功能。这些标签彼此嵌套,最里面的标签可以通过 getParent()方法获取到上层的标签,还能通过另外一些 getter/setter 方法访问到内层标签的内容。标签的 parent 属性是由 JSP 在运行时设置进去的,通过 getParent()方法来获取父标签,这就是嵌套标签的工作原理。嵌套标签有时候也称为组合标签。

9.2.1 实例:表格标签

下面将实现一个类似于 HTML 的 table 的标签。HTML 的 table 要控制〈table〉、〈tbody〉、〈td〉、〈tr〉等多种 HTML 标记,比较复杂,本节的 table 标签将简化这个操作。同时,该 table 标签还将实现排序、宽度拖曳调整、过长字段自动隐藏、宽度记忆等功能。封装后的表格标签使用将会非常简单。下面是 JSP 中使用 table 标签的代码:

```
<%@ page language="java" contentType="text/html; charset=UTF-8"%>
<%@ taglib uri="http://www.jwshock.edu/tags" prefix="taglib"%>
<taglib:table items="${personList}" url="table.jsp">
    <taglib:column property="id" label="编号" />
    <taglib:column property="name" label="姓名" />
    <taglib:column property="age" label="年龄" />
    <taglib:column property="sex" label="性别" />
    <taglib:column property="address" label="地址" />
    <taglib:column property="telephone" label="电话" />
    <taglib:column property="mobile" label="手机" />
    <taglib:column property="city" label="城市" />
    <taglib:column property="deleted" label="是否删除" />
</taglib:table>
```

personList 为存放多个 Java Bean 的 List 对象,Java Bean 的属性 table 标签并不知道,而 table 标签内部的 colunm 标签会告诉 table 标签将显示哪些属性。table 标签是使用 Java 的反射机制来获取 Java Bean 的属性值的。

9.2.2 嵌套标签的配置

table 标签是一个具有多个参数,并带标签体的自定义标签,而且 table 标签的参数可以接受 EL 表达式。因此 table 标签的实现类内应该有两个属性:items 与 url。items 用来接收数据,url 用来声明重新获取排序后的数据需要访问的 URL 网址。

colunm 标签也是一个带参数的自定义标签,但它不需要标签体。table 与 colunm 标签在 tld 文件配置声明如下所示:

```
<tag>
    <name>table</name>
    <tagclass>edu.jwshock.taglib.tag.table.TableTag</tagclass>
```

```
    <bodycontent>JSP</bodycontent>
    <info>Table tag. </info>
    <attribute>
        <name>items</name>
        <required>true</required>
        <rtexprvalue>true</rtexprvalue>
    </attribute>
    <attribute>
        <name>url</name>
        <required>false</required>
        <rtexprvalue>true</rtexprvalue>
    </attribute>
</tag>
<tag>
    <name>column</name>
    <tagclass>edu. jwshock. taglib. tag. table. ColumnTag</tagclass>
    <bodycontent>empty</bodycontent>
    <info>Column tag. </info>
    <attribute>
        <name>property</name>
        <required>true</required>
        <rtexprvalue>true</rtexprvalue>
    </attribute>
    <attribute>
        <name>label</name>
        <required>false</required>
        <rtexprvalue>true</rtexprvalue>
    </attribute>
</tag>
```

9.2.3 table 父标签

<taglib:table/>是父标签，里面将会包含<taglib:column/>子标签，因此 table 标签是一个具有标签体的 BodyTag。table 标签的实现类需要继承 BodyTagSupport，代码如下：

```
package edu. jwshock. taglib. tag. table;
//import…略
public class TableTag extends BodyTagSupport
{
    /**存储列信息 */
    private List<Map<String,String>> columns = new ArrayList<Map<String,String>>();
    /**存储数据，可能为 集合类型的或者数组类型的 */
    private Object items;
```

```
/ * * 取排序数据的 URL * /
private String url;
@Override
public int doStartTag() throws JspException {
    columns.clear();
    return super.doStartTag();
}
@Override
@SuppressWarnings("unchecked")
public int doAfterBody() throws JspException {
    try{
        BodyContent bc = getBodyContent();
        JspWriter out = bc.getEnclosingWriter();
        HttpServletRequest request = (HttpServletRequest) pageContext.getRequest();
        / * * 按哪一列排序 * /
        String orderName = request.getParameter("orderName");
        / * * 按升序还是降序排序 * /
        String orderType = request.getParameter("orderType");
        orderType = "desc".equals(orderType) ? "desc" : "asc";
        out.println("<table id = theObjTable ");
        out.println(" class = list_table STYLE = 'table - layout:fixed; '>");
        out.println("<tr class = tr_title>");
        out.println("<script>var columns = []; </script>");
        for (int i = 0; i < columns.size(); i++){
          / * * 获取列信息 * /
            Map<String,String> column = columns.get(i);
            / * * 列头 * /
            String label = column.get("label");
            / * * 该列对应的 Java Bean 的属性 * /
            String property = column.get("property");
            label = label == null ? property : label;
            out.println("<td id = '__id_td_" + property + "'>");
            out.println("<font class = 'resizeDivClass'");
            out.println("onmousedown = 'MouseDownToResize(this);');");
            out.println("onmousemove = 'MouseMoveToResize(this);'");
            out.println(" onmouseup = 'MouseUpToResize(this);'></font>");
            out.println("<span onclick = \"sort('" + property + "'); \"");
            out.println(" style = \"cursor: pointer; \">");
            out.println(label);
            if (property.equals(orderName)){
                out.println("<img src = 'images/" + orderType + ".gif' border = 0/>");
            }
```

```
        out.println("</span>");
        out.println("</td>");
        out.println("<script>columns[columns.length] = '__id_td_" + property
                + "';</script>");
    }
    out.println("</tr>");
    if (items != null){
      /** 遍历所有的数据 */
        for (Object obj : (Iterable) items) {
            out.println("<tr class=tr_data>");
            for (int i = 0; i < columns.size(); i++){
                Map<String,String> column = columns.get(i);
                String property = column.get("property");
                String getterStyle = toGetterStyle(property);
                try{
                    String getter = "get" + getterStyle;
                    String is = "is" + getterStyle;
                  Method method = null;
                  try{
                      /** 获取 getXxx() 形式的方法 */
                      method = obj.getClass().getMethod(getter);
                  }
                  catch (Exception e){}
                  if (method == null){
                      /** 如果没有,获取 isXxx() 形式的方法 */
                      method = obj.getClass().getMethod(is);
                  }
                  method.setAccessible(true);
                  /** 获取属性值 */
                  Object value = method.invoke(obj);
                  out.println("<td><span title='" + value + "'>" + value +
                          "</span></td>");
              }
              catch (Exception e) {
                  throw new JspException(e);
              }
          }
          out.println("</tr>");
      }
    }
    out.println("</table>");
    out.println("<script>");
```

```
            out.println("var orderName = '" + orderName + "';");
            out.println("var orderType = '" + orderType + "';");
            out.println("function sort(column){");
            out.println("if(orderName == column){");
            out.println("location = '" + url + "?orderName = ' + column + '&orderType
                  = ' + (orderType == 'asc'?'desc':'asc');");
            out.println("}");
            out.println("else{");
            out.println("location = '" + url + "?orderName = ' + column + '&orderType
                  = ' + orderType;");
            out.println("}");
            out.println("}");
            out.println("</script>");
        }
        catch (IOException ioe) {
            throw new JspException("Error: " + ioe.getMessage());
        }
        return SKIP_BODY;
    }
    public Object getItems()
    {
        return items;
    }
    public void setItems(Object items)
    {
        this.items = items;
    }
    /**
    *首字母大写
    * @param column
    * @return
    */
    public String toGetterStyle(String column) {
        if (column.length() == 1)
            return column.toUpperCase();
        char ch = column.charAt(0);
        return Character.toUpperCase(ch) + column.substring(1);
    }
    public List<Map<String,String>> getColumns() {
        return columns;
    }
    public void setColumns(List<Map<String,String>> columns) {
```

```
        this.columns = columns;
    }
    public String getUrl() {
        return url;
    }
    public void setUrl(String url) {
        this.url = url;
    }
}
```

9.2.4 column 子标签

<taglib:column/>是子标签，是为父标签 table 提供 Java Bean 中属性以及显示标题的说明。column 标签不包括标签体，只需要继承 TagSupport。代码如下：

```
package edu.jwshock.taglib.tag.table;
import java.util.HashMap;
import java.util.Map;
import javax.servlet.jsp.JspException;
import javax.servlet.jsp.tagext.TagSupport;
    public class ColumnTag extends TagSupport{
    private static final long serialVersionUID = 5119493903438602864L;
    private String property;
    private String label;
    private String type;
    public int doStartTag() throws JspException {
        if (! (this.getParent() instanceof TableTag)) {
            throw new JspException("Column must be inside Table. ");
        }
        Map<String,String> column = new HashMap<String,String>();
        column.put("label",label);
        column.put("property",property);
        column.put("type",type);
        Table tableTag = (TableTag) this.getParent();
        table.getColumns().add(column);
        return SKIP_BODY;
    }
    public int doEndTag() throws JspException {
        return EVAL_PAGE;
    }
    public String getProperty() {
        return property;
    }
```

```
    public void setProperty(String property) {
        this.property = property;
    }
    public String getLabel() {
        return label;
    }
    public void setLabel(String label) {
        this.label = label;
    }
    public String getType() {
        return type;
    }
    public void setType(String type) {
        this.type = type;
    }
}
```

该标签的实现比较简单,只要在 doStartTag()方法内完成信息的保存即可。

说明:虽然一个 table 标签内可以有多个 column 标签,但实际上只会有一个 Column 类对象。因为 Column 类把本标签的属性存储在一个 Map 中传给 table,而没有把当前的 column 对象 this 传给 table。

9.3 JSP 2.x 自定义标签

JSP 1.x 虽然使用起来非常灵活,但是其自定义标签开发起来还是非常复杂的。从 JSP 2.0 开始,JSP 提供了一套简化的标签开发与使用机制,JSP 2.x 标签中没有那么多的方法与返回值。

9.3.1 SimpleTag 接口

SimpleTag 接口只有一个 void doTag()方法,同时支持参数与标签体的使用。编写标签时一般直接继承 SimpleTagSupport 类。例如实现两参数相乘的 SimpleTag:

```
package edu.jwshock.taglib.tag2;
public class MultiTag extends SimpleTagSupport {
    private int num1;
    private int num2;
    @Override
    public void doTag() throws JspException,IOException {
        this.getJspContext().getOut().write(
                "" + num1 + " * " + num2 + " = " + (num1 * num2));
    }
    public void setNum1(int num1) {
```

```
        this.num1 = num1;
    }
    public void setNum2(int num2) {
        this.num2 = num2;
    }
}
```

doTag()方法内部使用 getJspContext().getOut()获取 out 对象,并输出计算结果。它的 tld 配置与 JSP 1.x 标签完全一样。

```
<tag>
    <name>multi</name>
    <tagclass>edu.jwshock.taglib.tag2.MultiTag</tagclass>
    <bodycontent>empty</bodycontent>
    <info>multi tag with parameters.</info>
    <attribute>
        <name>num1</name>
        <required>true</required>
        <rtexprvalue>true</rtexprvalue>
    </attribute>
    <attribute>
        <name>num2</name>
        <required>true</required>
        <rtexprvalue>true</rtexprvalue>
    </attribute>
</tag>
```

对于一般的应用,SimpleTag 十分简单。所有的工作均在没有返回值的 doTag()方法里完成。实际上,如果使用 JSP 1.x 的标签,尽管有那么多的方法与返回值,多数情况下也只需要重写 TagSupport 类的 doEndTag()方法就足够了,默认的流程会满足要求。因此 JSP 1.x 标签与 JSP 2.x 标签各有特点。

9.3.2 带标签体的 JSP 2.x 标签

SimpleTag 也可以带有标签体。SimpleTag 的标签体处理方法与 JSP 1.x 的标签完全不同。JSP 1.x 标签将标签体通过 setBodyContent()方法注入到 BodyTag 中,通过 getBodyContent()方法即可获得标签体;而 JSP 2.x 中 SimpleTag 是通过一种叫做 jsp-Fragment 的对象实现的,例如:

```
package edu.jwshock.taglib.tag2;
public class ToUpperCaseTag extends SimpleTagSupport {
    @Override
    public void doTag() throws JspException,IOException {
        // 将标签体内容读入该 writer
```

```
        StringWriter writer = new StringWriter();
        // 标签体 为 JspFragment 的形式
        JspFragment jspFragment = this.getJspBody();
        // 通过 invoke 输出到指定的 writer 中
        //如果参数为 null,将输出到默认的 writer 中,即 getJspContext().getOut() 输出到
          HTML 中
        jspFragment.invoke(writer);
        String content = writer.getBuffer().toString();
        this.getJspContext().getOut().print(content.toUpperCase());
    }
}
```

ToUpperCaseTag 将标签体的内容转变为大写,然后输出。标签体的内容被封装为 jspFragment 对象,通过 getJspBody()方法可以得到该对象。代码通过 invoke 方法输出到了指定的 StringWriter 对象里,然后再通过 StringWriter 对象获取字符串,并做了大写转变处理。如果要直接输出,可以使用 jspFragment.invoke(null)。

该标签的 tld 配置与 JSP 1.x 标签基本一致。注意这里的 bodycontent 是 tagdependent 而不能是 JSP 与 empty,代码如下:

```
<tag>
    <name>toUpperCase</name>
    <tagclass>edu.jwshock.taglib.tag2.ToUpperCaseTag</tagclass>
    <bodycontent>tagdependent </bodycontent>
    <info>body tag</info>
</tag>
```

页面中使用此标签的用法如下:

```
<%@ taglib uri = "http://www.jwshock.edu/tags" prefix = "jws" %>
<jws:toUpperCase>
    Hello,To upper Case Tag with Body.
</jws:toUpperCase>
```

9.3.3 带多个标签体的 JSP 2.x 标签

与 JSP 1.x 标签不同,JSP 2.x 标签可以有多个标签体,并且可以按照不同顺序,不同的次数分别调用标签体。多个标签体的实例使用 JSP 的<jsp:attribute/>行为。示例代码如下:

```
<%@ page language = "java" contentType = "text/html; charset = UTF-8" %>
<%@ taglib uri = "http://www.jwshock.edu/tags" prefix = "jwshock" %>
<jwshock:multiAttribute>
    <jsp:attribute name = "body1">标签体一,</jsp:attribute>
    <jsp:attribute name = "body2">标签体二,</jsp:attribute>
</jwshock:multiAttribute>
```

多个标签体使用<jsp:attribute/>行为分开。JSp 2.x 标签可以获取到多个标签体，并可以任何顺序、任意次数地调用它们。该标签类的实现代码如下：

```
package edu.jwshock.taglib.tag2;
public class MultiAttributeTag extends SimpleTagSupport {
    private JspFragment body1;
    private JspFragment body2;
    public void setBody1(JspFragment body1) {
        this.body1 = body1;
    }
    public void setBody2(JspFragment body2) {
        this.body2 = body2;
    }
    @Override
    public void doTag() throws JspException,IOException {
        StringWriter writer1 = new StringWriter();
        StringWriter writer2 = new StringWriter();
        for (int i = 0; i < 5; i++) {
            // body1 调用 5 次
            body1.invoke(writer1);
        }
        for (int i = 0; i < 3; i++) {
            // body2 调用 3 次
            body2.invoke(writer2);
        }
        this.getJspContext().getOut().print(
                "3 次调用 body2 后的结果:" + writer2.getBuffer().toString() + "<br/><br/>");
        this.getJspContext().getOut().print(
                "5 次调用 body1 后的结果:" + writer1.getBuffer().toString() + "<br/><br/>");
    }
}
```

这两个标签体实际上是类的两个属性。不同的是，这两个属性必须是 JspFragment 类型，也必须通过<jsp:attribute/>行为设定。而且 tld 配置文件必须配置为 fragment 类型，配置声明如下：

```
<tag>
    <name>multiAttribute</name>
    <tagclass>edu.jwshock.taglib.tag2.MultiAttributeTag</tagclass>
    <bodycontent>tagdependent</bodycontent>
    <info>multi attribute tag with parameters.</info>
    <attribute>
        <name>body1</name>
```

```
        <required>false</required>
        <fragment>true</fragment>
    </attribute>
    <attribute>
        <name>body2</name>
        <required>false</required>
        <fragment>true</fragment>
    </attribute>
</tag>
```

注意粗体部分的代码，与其他的标签属性配置不一样，fragment 必须配置为 true。

9.4 编写自定义方法

JSTL 提供了一些最基本的字符串函数方法，封装在 function 方法库下，用法如 ${fn:length('')}等。方法库的方法也是可以自由扩展的，如果现有的方法库没有满足需要，就可以使用自定义方法来扩展。

9.4.1 自定义方法

自定义方法实际上是一些类的静态方法。自定义方法不需要继承任何类或者实现任何接口，例如：

```
package edu.jwshock.function;
import java.util.Collection;
public class Function {
    /**
     * 返回字节长度
     * @param obj
     * @return
     */
    @SuppressWarnings("unchecked")
    public static int length(Object obj) {
        if (obj == null){
            return 0;
        }
        if (obj instanceof StringBuffer) {
            return length(((StringBuffer) obj).toString());
        }
        if (obj instanceof String) {
            return ((String) obj).getBytes().length;
        }
        if (obj instanceof Collection) {
```

```
            return ((Collection) obj).size();
        }
        return 0;
    }
    public static String substring(String str,int byteLength) {
        if (str == null){
            return "";
        }
        StringBuffer buffer = new StringBuffer();
        for (int i = 0; i < str.length(); i++) {
            char ch = str.charAt(i);
            if (length(buffer.toString() + ch) > byteLength) {
              break;
            } else {
                buffer.append(ch);
            }
        }
        return buffer.toString();
    }
}
```

length 与 substring 分别为取长度与截取字符串的操作。JSTL 中也有两个方法，不同的是本类中的方法并不区分中英文，只以字节为单位进行计算和截取。例如，length("中文测试")，JSTL 返回的是 4，而本类返回 8；substring("中文测试"，0，4)返回的是"中文测试"，而本类只返回"中文"。

9.4.2 方法描述文件

同自定义标签一样，自定义方法也需要在 tld 文件中定义。在/WEB-INF/文件夹下新建文件 function.tld，声明内容如下：

```
<?xml version="1.0" encoding="UTF-8" ?>
<taglib xmlns="http://java.sun.com/xml/ns/j2ee"
    xmlns:xsi="http://www.w3.org/2001/XMLSchema-instance"
    xsi:schemaLocation="http://java.sun.com/xml/ns/j2ee
http://java.sun.com/xml/ns/j2ee/web-jsptaglibrary_2_0.xsd"
    version="2.0">
    <description>custom functions library</description>
    <display-name>custom functions</display-name>
    <tlib-version>1.1</tlib-version>
    <short-name>function</short-name>
    <uri>http://www.jwshock.edu/function</uri>
    <function>
```

```
        <description>
        </description>
        <name>length </name>
        <function-class>
            edu.jwshock.function.Function
        </function-class>
        <function-signature>
            int length(java.lang.Object)
        </function-signature>
        <example>
            ${fn:length(string)}
        </example>
    </function>
    <function>
        <description>
        </description>
        <name>substring </name>
        <function-class>
            edu.jwshock.function.Function
        </function-class>
        <function-signature>
            java.lang.String substring(java.lang.String,int)
        </function-signature>
        <example>
            ${fn:length(string,3)}
        </example>
    </function>
</taglib>
```

自定义方法的 tld 文件跟自定义标签的 tld 文件是类似的。tld 文件配置中粗体部分是必须填写的。其中,自定义方法的声明写在<function-signature>标记里,格式如下:

返回值类型　方法名(参数 1 类型,参数 2 类型,…)

如果 tld 文件没有位于 WEB-INF 下面,可以在 web.xml 中导入该文件。方法同自定义标签是一样的:

```
<jsp-config>
    <taglib>
        <taglib-uri>http://www.jwshock.edu/function</taglib-uri>
        <taglib-location>/WEB-INF/tld/function.tld</taglib-location>
    </taglib>
</jsp-config>
```

或者直接在 JSP 中使用相对路径引入该文件:

```
<%@ taglib uri="/WEB-INF/tld/function.tld" prefix="fn" %>
```

然后就可以像 JSTL 的 fn 一样使用自定义方法了。代码如下：

```
<%@ page language="java" contentType="text/html; charset=UTF-8" %>
<%@ taglib uri="http://www.jwshock.edu/function" prefix="fn" %>
<html><head><title>Function Test</title></head><body>
<%
request.setAttribute("string","字符串测试");
%>
<table>
    <tr>
        <td class="l">字符串变量</td>
        <td>${string}</td>
    </tr>
    <tr>
        <td class="l">字符串长度(按字节计)</td>
        <td>${fn:length(string)}</td>
    </tr>
    <tr>
        <td class="l">截取 7 个字节</td>
        <td>${fn:substring(string,7)}</td>
    </tr>
</table>
</body></html>
```

小　结

自定义标签是 JSP 技术的扩展，丰富了视图层的数据显示。自定义标签库使 JSP 显示代码能够重用，而且更方便使用。从技术上讲，JSTL 也是一种自定义标签，只不过是被推荐使用成了标准标签库。

自定义标签库分为 JSP 1.x 标签库与 JSP 2.x 标签库，二者差别较大，但是使用起来功能一样。标签库都需要在 tld 文件中声明。

规模化的开发需要成熟的技术支持。很多公司都使用自定义标签与自定义方法搭建了自己的开发平台，降低了开发的难度，提高了开发效率。

思 考 题

1. 自定义标签的优点是什么，完成一个简单的自定义标签需要哪些内容？
2. JSP 1.x 中自定义标签的接口是什么？自定义标签中方法的调用顺序如何？
3. JSP 2.x 对自定义标签做了哪些简化？

第10章 JSP常用技巧

在Java Web开发中,经常会遇到一些典型的问题,比如程序的国际化、中文乱码、错误处理机制及表单的重复提交等,本章将对这些典型问题进行分析并给出解决办法。

10.1 资源国际化

细心的读者可能会注意到,访问某些国际网站如Google时会自动显示中文页面,而有些国际网站则不会。这是因为Google实现了资源国际化,而有些网站则没有。本节将系统地讲解Java Web系统中的资源国际化解决方案。

10.1.1 国际化与本地化

如果一个软件会被多个国家与地区使用,则需要解决这些国家与地区间的文化差异的问题。文化差异不仅仅是语言的差异,还包括生活习惯等差异。例如中国与美国将小数“零点一”记作“0.1”,而欧洲习惯记作“0,1”。在股市中,中国习惯使用红色表示股市涨,绿色表示股市跌,而美国人刚好相反。再如地铁,大陆称之为地铁,台湾称之为捷运,美国称之为Subway,而英国人则称之为Tube。

这些问题的解决便是资源国际化。显然,这些问题不是简单做几套不同语言的软件系统就能解决的,它是个很复杂的问题。Java提供了资源绑定ResourceBundle、地区Locale、时区TimeZone等支持资源国际化。资源国际化有两个常用的术语I18N与I10N。

I18N即资源国际化,全称为Internationalization,因为首字母I与末字母N之间共18个字母,故称为I18N。通俗地讲,资源国际化就是要让这个软件产品使用国际环境,如语言、文化、使用习惯等。

L10N为资源本地化,全称为Localization,因为首字母L与末字母N之间共10个字母,故称为L10N。资源本地化就是要让这个软件产品使用当地的环境,如语言、文化、使用习惯等。

资源国际化与资源本地化这两个概念并没有太大的差别。如果一套系统最初只有英语界面,那么为了适应中国地区用户而使系统支持中文的过程便可视为本地化。

10.1.2 资源国际化

Java 是基于 Unicode 编码的编程语言,因此 Java 系统中可以同时支持目前世界上的所有语言,这无形之中也增加了 Java 程序的复杂度。看一个例子:

```
<%@ page language="java" contentType="text/html; charset=UTF-8"%>
<html>
    <body>
    你好,资源国际化
    </body>
</html>
```

中文字符串"你好,资源国际化"直接写在程序中,任何人访问都只会显示中文(如果用户机器没有中文字库会显示为乱码),因此没有实现资源国际化。但是如果把字符串提取到 properties 资源文件中:

```
messages.properties
hello = Hello,Internationalization.
messages_zh_CN.properties
hello=\u4f60\u597d\uff0c\u8d44\u6e90\u56fd\u9645\u5316
```

其中"*_zh_CH.properties"为中文资源文件,"*.properties"为默认的资源文件,"*"表示的内容(即 messsages)为该资源的名称。这两个文件都位于 web 项目的 classpath 中。同时把程序改为

```
<%@ page language="java" contentType="text/html; charset=UTF-8"%>
<%@ taglib uri="http://java.sun.com/jsp/jstl/fmt" prefix="fmt"%>
<html>
    <body>
        <fmt:bundle basename="message">
        <fmt:message key ="hello"></fmt:message>
        </fmt:bundle>
    </body>
</html>
```

注意代码中的 basename 与 key。中文系统的客户访问时会显示"你好,资源国际化",非中文系统的客户访问时会显示"Hello,Internationalization"。这便是一个最简单的资源国际化,实现了根据不同地区的客户显示不同的语言。注意<fmt:bundle/>中指定了 messages 资源名称,也就是除掉_zh_CN 后的名字。

10.1.3 资源文件编码

properties 文件中保存的是 key-value 形式的值对,key 为索引或主键,供程序中引

用该资源，value 为资源字符串，也就是要显示的文字。Messages_zh_CN. properties 中虽然保存的是中文资源，但并没有按中文编码保存，而是经编码转换之后的中文。Properties 中的资源必须经过编码，不允许里面出现中文、日文、法文等 Unicode 字符，而必须是 ASCII 字符。

Unicode（也叫做统一码、单一码）是一种在计算机上使用的字符编码。它为每种语言中的每个字符设定了统一并且唯一的二进制编码，1990 年开始研发，1994 年正式公布。Unicode 支持目前所有的语言。简体中文、繁体中文、日文以及部分德文字符、法文字符都属于 Unicode 编码。。Unicode 字符占两个字节，而 ASCII 字符只占一个字节。properties 文件中只能包含 ASCII 字符。

Unicode 转化为 ASCII 可以使用 JDK 自带的 native2asii. exe 工具，位于 JDK 安装目录的 bin 目录下。双击运行，输入中文，回车开始转化。

该工具可以将任意字符（如中文、日文、法文、德文）转化为 ASCII 字符。Unicode 字符被转化为"\u"开头的一串字符。

一句一句地转化有些繁琐，可以使用命令提示符，native2ascii 支持整个 properties 文件转换。参数格式如下：

```
native2ascii -[options][inputfile[outputfile]]
```

其中，-[options]包括- encoding encoding_name 与- reverse。- encoding encoding_name 是将文件按照 encoding_name 指定的编码方式转化，- reverse 是将编码后的文件还原。- encoding参数可省略，如果指定，一定要与源文件编码方式一致，否则会产生乱码。[inputfile]是将要转化的源文件路径。[outputfile]是转化后的文件输出路径。如果缺少此参数，则输出到控制台屏幕。

例如，将源文件 messages_zh_CN. txt 按 GBK 编码转化到 messages_zh_CN. properties（源文件是 GBK 编码的）：

```
C:\>native2ascii - encoding GBK c:\messages_zh_CN. txt c:\messages_zh_CN. properties
```

将源文件 messages_zh_CN. txt 按默认的编码转化到 messages_zh_CN. properties：

```
C:\>native2ascii c:\messages_zh_CN. txt c:\messages_zh_CN. properties
```

将转化后的文件还原到 messages_zh_CN. backup：

```
C:\>native2ascii - encoding GBK - reverse c:\messages_zh_CN. properties c:\messages_zh_CN. backup
```

注意：

如果 native2ascii 命令无法使用，将 JDK 目录加到系统环境变量 path 中即可。

除了使用 native2ascii 工具，还可以使用其他的第三方工具，例如 properties 文本编辑器。这是一个 Eclipse 的插件，用它打开 properties 文件后可直接输入中文，保存时会自动转化为 ASCII 码。在 Eclipse 菜单"Help|Software Update|Find and Install"的对话框中输入"http://propedit. sourceforge. jp/eclipse/updates"，即可安装该插件。

10.1.4 显示所有 Locale 代码

Locale 代表地区。资源文件可以有多个，分别包含不同 Locale 的资源。Java 会根据客户的 Locale 来决定显示哪个资源文件里的内容。当运行 Java 桌面程序时，Locale 由 Java 虚拟机提供。当运行 Java Web 程序时，Locale 由客户端浏览器提供。Locale 里面记录着客户的所在地区与语种信息。Locale 代码格式形如 zh_CN，其中小写的 zh 为语种（或地区），表示中国。

例如，当 Locale 为中国大陆（代码 zh_CN）时，会显示 * _zh_CN. properties 里的内容。如果为美国（代码 en_US），会显示 * _en_US. properties 里的内容。如果为日本（代码 ja_JP），会显示 * _ja_JP. properties 里的内容。如果 Locale 为中国大陆，但是 * _zh_CN. properties 文件不存在，则会显示默认的资源文件里的内容，即前面例子中的 messages. properties。下面的程序显示了 Java 支持的所有的 Locale。

```
<%@ page language = "java" contentType = "text/html; charset = UTF - 8" %>
<jsp:directive. page import = "java. util. Locale"/>
<! DOCTYPE HTML PUBLIC " - //W3C//DTD HTML 4. 01 Transitional//EN">
<html><head><title>List All Locale</title></head><body>
        <table border = "2">
            <tr>
                <th>Locale</th>
                <th>Country</th>
                <th>Display Country</th>
                <th>Language</th>
                <th>Display Language</th>
                <th>Variant</th>
            </tr>
    <%
        <%
        Locale[] availableLocales = Locale. getAvailableLocales();
        //JDK 中所有的 Locale
        for (Locale local:(int i = 0;i<availableLocales. length;i + + ) {     //遍历 locale
            Locale locale = availableLocales[i];
            out. println("<tr>");
            out. println("<td>" + locale. getDisplayName() + "</td>");          //输出名称
            out. println("<td>" + locale. getCountry() + "</td>");              //输出国家
            //输出国家名称
            out. println("<td>" + locale. getDisplayCountry() + "</td>");
            //输出语言
            out. println("<td>" + locale. getLanguage() + "</td>");
            //输出语言名称
            out. println("<td>" + locale. getDisplayLanguage() + "</td>");
```

```
            //输出别名
            out.println(" <td>" + locale.getVariant() + "</td>");
            out.println("<tr>");
    }
  %>
      }
      %>
    </table>
</body></html>
```

其运行效果如图 10－1 所示。

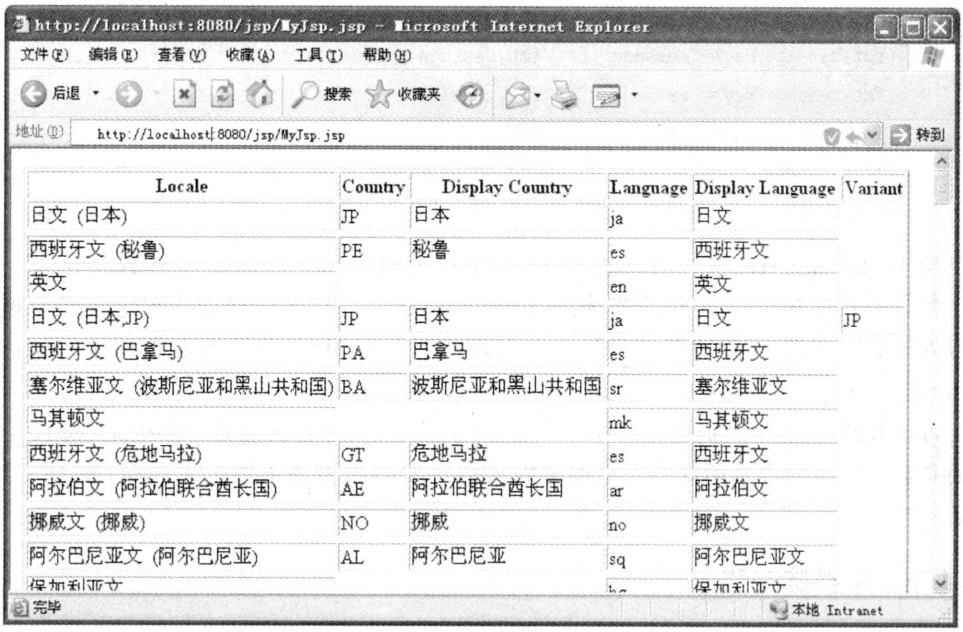

Locale	Country	Display Country	Language	Display Language	Variant
日文 (日本)	JP	日本	ja	日文	
西班牙文 (秘鲁)	PE	秘鲁	es	西班牙文	
英文			en	英文	
日文 (日本,JP)	JP	日本	ja	日文	JP
西班牙文 (巴拿马)	PA	巴拿马	es	西班牙文	
塞尔维亚文 (波斯尼亚和黑山共和国)	BA	波斯尼亚和黑山共和国	sr	塞尔维亚文	
马其顿文			mk	马其顿文	
西班牙文 (危地马拉)	GT	危地马拉	es	西班牙文	
阿拉伯文 (阿拉伯联合酋长国)	AE	阿拉伯联合酋长国	ar	阿拉伯文	
挪威文 (挪威)	NO	挪威	no	挪威文	
阿尔巴尼亚文 (阿尔巴尼亚)	AL	阿尔巴尼亚	sq	阿尔巴尼亚文	

图 10－1　Java 支持的所有 Locale

将小写的语言代码与大写的国家(或者地区)代码用下划线组织起来，就是该 Locale 的代码。例如中国大陆为 zh_CN，美国为 en_US。假如资源名称为 message，则默认的资源文件为 message. properties，中国大陆资源文件为 message_zh_CN. properties，美国资源文件为 message_en_Us. properties。一个支持多个 Locale 的系统通常有多个资源文件。例如，如果某 Locale 对应的 properties 文件存在，则会优先显示该 properties 文件里的内容。如果该 properties 文件不存在，或者文件存在但是该 key－value 属性对不存在，则会显示默认资源文件里的内容。例如：

```
Message_1 = message_1 from resource.properties
Message_2 = message_2 from resource.properties
Image = images/baihe.jpg
```

```
Message_1 = \u6d88\u606f_1\u6765\u81ea resource_zh_CN.properties
Image = images/mudan.jpg
```

默认资源 resource 中有 3 条记录，而中文资源只有两条。这两个资源文件都位于 Web 项目 classpath 的“edu/jwshock/i18n”文件夹下面。JSP 演示代码如下：

```
<%@ page language = "java" contentType = "text/html; charset = UTF-8" %>
<%@ taglib uri = "http://java.sun.com/jsp/jstl/fmt" prefix = "fmt" %>
<html><head><title>I18N Resource Test</title></head><body>
<!--设置 Locale,测试用
    <fmt:setLocale value = "en_US"/>
-->
    <fmt:bundle basename = "edu.jwshock.i18n.resource">
    <fmt:message key = "message_1"></fmt:message></br>
    <fmt:message key = "message_2"></fmt:message>
    <img src = "<fmt:message key = "image"/>"/>
    </fmt:bundle>
</body></html>
```

注意位于 package 内的资源名称的写法，也可以写做“edu/jwshock/i18n/resource”。代码中包含一句注释代码，可以设置各种 Locale，供读者自行测试使用。程序把图片地址也写入了资源文件，当客户端浏览器为中文环境时显示为“牡丹花”，其他环境时显示为“百合花”。

可以看到，虽然中文资源文件存在，但是由于 message_2 这条资源不存在，message_2 显示的是默认资源文件里的内容。而如果默认资源文件里该条资源也不存在，则 JSTL 下会显示“??? message_3???”。

10.1.5 带参数的资源

资源内容可以是动态的。所谓动态的，就是指有一部分是可变的，可变的部分可以用参数设定。资源的参数通过{0}、{1}、{2}等形式指定。跟数组坐标一样，参数数字从 0 开始。例如：

```
param.properties(未编码)
hello = 您好,您的 IP 地址是:{0},你的 Locale 为:{1},您的语言为:{2}
```

JSP 中可以使用 JSTL 的<fmt:param/>为资源传递参数值。例如：

```
<%@ page language = "java"contentType = "text/html; charset = UTF-8" %>
<%@taglib uri = "http://java.sun.com/jsp/jstl/fmt" prefix = "fmt" %>
<html><head><title>I18N Resource with parameter</title></head><body>
<fmt:bundle basename = "edu.jwshock.i18n.param">
<fmt:message key = "hello">
    <fmt:param value = "${pageContext.request.remoteAddr}"/>
    <fmt:param value = "${pageContext.request.locale}"/>
```

```
    <fmt:param value = " $ {pageContext. request. locale. displayLanguage}"/>
</fmt:messsage>
</fmt:bundle>
</body></html>
```

Struts、Spring、JSF 等框架中都提供了类似功能的标签，为资源标签设置参数。

10.1.6 ResourceBundle 类

Java 程序中可以使用 Java 自带的 ResourceBundle 获取资源，并设置参数。JSTL 标签的底层也是使用 ResourceBundle 类实现的。一个典型的 ResourceBundle 类应用代码如下：

```
package edu. jwshock. i18n;
import java. text. MessageFormat;
import. java. util. MissingResourceException;
import. java. util. ResourceBundle;
public class Messages {
    private static final String BUNDLE_NAME = "edu. jwshock. i18n. param";
    private static final ResourceBundle RESOURCE_BUNDLE = ResourceBundle. getBundle
                                                           (BUNDLE_NAME);
    public static String getString(String key) {
        try{
            return RESOURCE_BUNDLE. getString(key);
        } catch (MissingResourceException e) {
            return '!' + key + '!';
        }
    }
    public static void main(String args[]) {
        System. out. println(getString("hello","192. 168. 1. 1","zh_CN","中文"));
    }
    public static StringgetString(String key, Object…params) {
        try {
            String value = RESOURCE_BUNDLE. getString(key);
            return MessageFormat. format(value, params);
        } catch (MissingResourceException e) {
            return '!' + key + '!';
        }
    }
}
```

代码中 ResourceBundle 类会绑定 edu. jwshock. i18n. param 的资源，即会加载 edu. jwshock. i18n 包中的 param. properties 与所有的形如 param_ * _ * . properties 的文件，然后根据用户不同的 Locale 选择相应的 properties 文件内容。可以用 Messages 类使

用 ResourceBundle 的方式实现 Servlet 的资源国际化，当然该类也可以用于普通 Java 类与 JSP 脚本中。JSTL 的标签实际上是将该类标签化了。

10.1.7 Servlet 的资源国际化

Servlet 资源国际化可使用 Eclipse 的 Externalize 功能。Eclipse 支持 Java 类的资源国际化操作。在 Java 源文件上右击，在弹出的快捷菜单中选择“Source | Externalize String”命令，会弹出一个对话框，如图 10-2 所示。单击“Next”按钮，再单击“Finish”按钮后，会自动生成上述 Messages 类、properties 资源文件，并把类中的字符串提取到 properties 文件中，非常方便。

Eclipse 的 Externalize 功能可以管理、编辑 properties 文件，在 Web 开发时，使用 Servlet 的资源国际化非常方便。

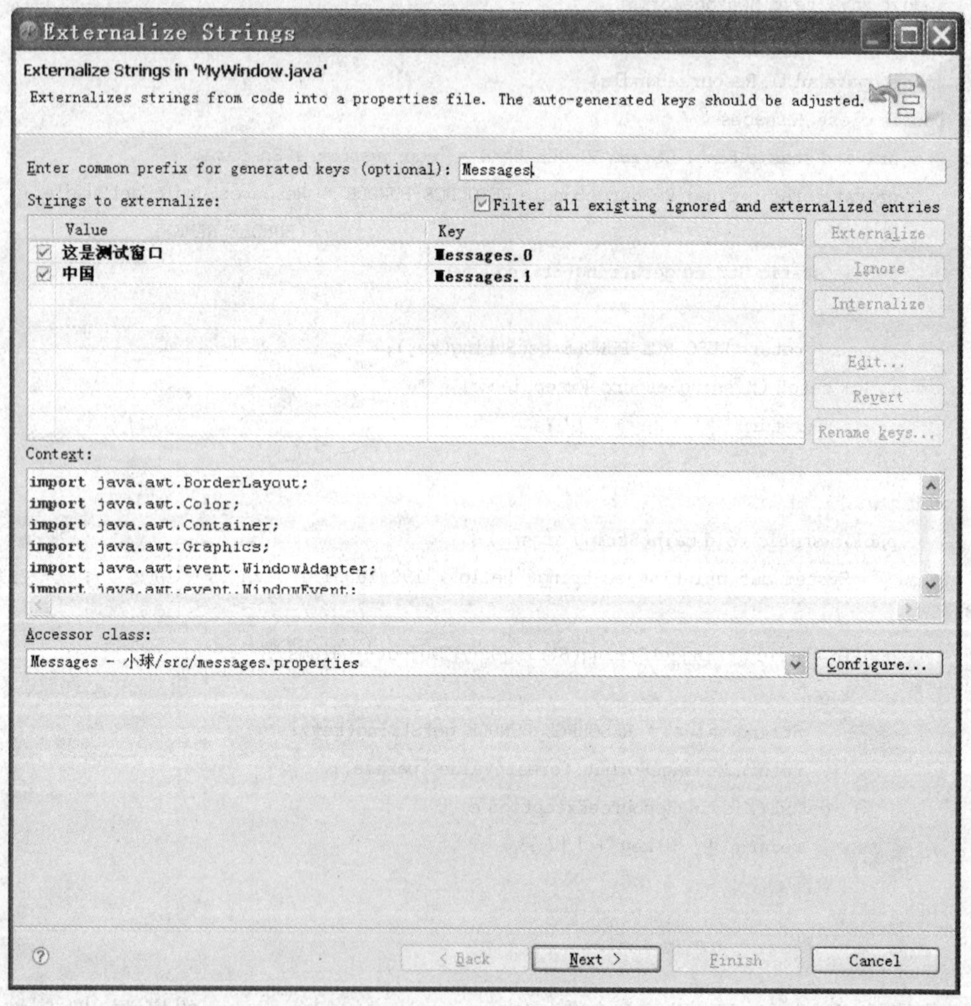

图 10-2 Java 类的 Externalize 操作

10.2 中文编码

从理论上来说，根据字符集设置而进行的字符转换不应该产生太多问题。而事实上由于应用程序的实际运行环境不同，Unicode和各个本地字符集的补充、完善，以及系统或应用程序实现的不规范，转码时出现的问题时时困扰着程序员和用户。特别是在JSP程序的开发中，中文在浏览器上显示为乱码是一个比较常见的问题。

10.2.1 中文编码与乱码问题

解决Java程序中汉字编码问题的方法往往很简单，但要理解其背后的原因、定位问题，还需要了解现有的汉字编码和编码转换。

GB2312－80(GB2312)是在计算机汉字信息技术发展初始阶段制定的，其中包含了大部分常用的一、二级汉字。该字符集是几乎所有的中文系统和国际化的软件都支持的中文字符集，这也是最基本的中文字符集。

由于GB2312支持的汉字太少，于是出现GBK规范。GBK是GB2312的扩展，它包含了更多的汉字。这也是早期Windows和其他一些中文操作系统的缺省字符集，值得注意的是它不是国家标准，而只是规范。随着GB18030－2000国标的发布，它将完成其历史使命。

GB18030－2000(GBK2K)在GBK的基础上进一步扩展了汉字，增加了藏、蒙等少数民族的字形，它是强制性的国家标准。GB18030从根本上解决了字位不够、字形不足的问题。现在的PC平台必须支持GB18030，可以说GB18030是软件中文本地化必须遵守的编码方案。

Unicode支持目前所有的语言，也包括中文。在Unicode里所有的字符被一视同仁。汉字不再使用“两个扩展ASCII”，而是使用“一个Unicode”，注意，现在的汉字是“一个字符”了，于是，拆字、统计字数这些问题也就自然而然地解决了。

UTF是Unicode的具体编码实现。UTF全称为Unicode Translation Format，即Unicode转换格式。UTF包括UTF-8、UTF-16和UTF-32。Java的Unicode编码采用的是UTF-16；Linux主要使用UTF-32；UTF-8能与现存的处理单字节的系统正确地交换信息，UTF-8使得不同的计算机联网时可以正确地传输和表示不同语言与编码的文字。

JSP/Servlet向浏览器输出HTML信息，或从URL地址中读取参数值，需要进行字符编码的转换。这是因为JSP/Servlet的实现依赖于不同的Java应用程序服务器(一些Java应用程序服务器默认的字符集处理编码是ISO-8859-1)。JSP/Servlet程序发生中文乱码，往往是JSP/Servlet处理过程中字符编码转换产生错误引起的。解决乱码的最佳方法是统一使用UTF-8编码，这样做虽然增加了编程的复杂度，容易引起混淆，但却是符合国际化的思想。但从另一个角度来说，在Java程序中也可以采用非Unicode的转码，重要的是保证程序入口和出口的汉字信息不失真，如完全采用GBK来处理汉字也能达到正确的结果，这样的处理方法属于软件本地化的方式，失去了软件国际化的优势，不适合于多语种并存的情况。

分析 JSP/Servlet 工作过程，以下 3 个环节需要进行编码转换：一是 JSP 页面或 Servlet 中向浏览器输出 HTML 时需要编码转换；二是 JSP/Servlet 运行时接收请求参数时需要编码转换；三是读写数据库的数据时需要编码转换。这 3 个环节的编码如果转换不正确就会出现中文乱码现象。关于数据库字符集设置与转换的内容见第 12 章。下面简单介绍前两个方面的解决方法。

10.2.2 JSP 页面显示时的中文乱码问题

JSP/Servlet 需要将 HTML 页面内容转换为浏览器可接受的编码内容发送出去。这依赖于各 Java 应用程序服务器的实现方式，有的服务器将查询浏览器的 accept-charset 和 accept-language 参数或以其他方式确定字符集，有的则不检查，因此采用指定编码是比较好的解决方法。可在 JSP 或 Servlet 中设置 contentType＝“text/html; charset＝UTF－8”。

JSP 页面指定输出到浏览器的编码方式比较简单，只需要在 JSP 页面的〈%@ page〉指令中指定输出内容的编码为“UTF－8”即可解决。

```
<%@ page contentType = "text/html; charset = UTF - 8" %>
<html>
<head><title>JSP 页面显示中文</title></head>
<body>
<% = "Hello Welcome!" %><br>
<% = "您好!" %><br>
<% = "欢迎光临本网站!" %>
</body>
</html>
```

如果是 Servlet 通过 out. println() 方法输出 HTML，需要使用 HttpServletResponse. setCharacterEncoding()方法设置编码方式。

10.2.3 JSP 传递中文参数时的乱码问题

从浏览器发出的请求参数值中包含汉字信息，JSP/Servlet 将无法得到正确的值。浏览器向服务器提交参数值有 GET 与 POST 两种方式，当使用 POST 方式传递中文参数时，Servlet 2.3 提供一个新的 ServletRequest. setCharacterEncoding()方法，用于在调用 ServletRequest. getParameter(“参数名”) 方法前指定字符转换的编码，这可以有效地解决中文乱码的问题。JSP 中〈jsp:forward/〉和〈jsp:include/〉行为的调用也属于 POST 提交数据的方式，因此解决方法是在每个 JSP 页面的开始都加入下面的语句：

```
<% request. setCharacterEncoding("UTF - 8"); %>
```

由于在各个 JSP 页面上加入上面设置请求参数编码的语句太多太繁琐，可以使用过滤器 Filter 的方式对请求参数的编码方式进行统一的设置，这种做法已经在第 7 章进行了介绍。

当 GET 方式(浏览器地址栏输入或点击超链接)来传递中文参数时,无法使用 request. setCharacterEncoding()方法完成编码的正常转换,这是设计上的缺陷。只能在接收页面中将传递来的参数逐个进行编码转换,转换语句示例如下:

```
Stringname = request.getParameter("name");
byte[] bytes = name.getBytes("iso - 8859 - 1");
Stringparam = new String(bytes, "UTF - 8");
```

简捷的用法如下所示:

```
String param = new String(request.getParameter("name").getBytes("iso - 8859 - 1"), "UTF - 8");
```

说明:在对 GET 方式参数进行字符编码转换时,将参数值从 iso - 8859 - 1 转换为 UTF - 8,这是因为 Tomcat 在处理 GET 参数时默认编码方式为 iso - 8859 - 1。第 3 章曾介绍通过修改 Tomcat 配置更改 GET 请求参数的编码方式。如果通过 Tomcat 设置 GET 方式请求的编码方式,就无须进行手工的字符编码转换了。

下面是表单提交含有中文数据并显示的示例。首先编写一个表单提交数据的网页文件 submitPara. html,代码如下所示:

```
<html>
    <head><title>获取客户提交信息案例</title>
    <meta http - equiv = "Content - Type"content = "text/html;charset = UTF - 8">
    </head><body>
    <div align = "center">
    <font size = "2">
    <form method = "post" action = "receivePara.jsp" >
    姓名:<input type = "text" name = "pName" ><br>
    地址:<input type = "text" name = "address" ><br>
    <input type = "submit" name = "Submit" value = "提交">
    </form>
    </font></div></body>
</html>
```

注意提交数据的表单使用 POST 方式,然后是接收表单提交数据的 JSP 页面 receiveParam. jsp,如下所示:

```
< %@ page contentType = "text/html;charset = UTF - 8" % >
<html>
<head><title>接收用户提交的中文信息并显示</title></head>
<body>
< %
    String pName1 = new String(request.getParameter("pName").getBytes("iso - 8859 - 1"),
                                "UTF - 8");
    String address1 = new String(request.getParameter("address").getBytes("iso - 8859 -
                                1"),"UTF - 8");
```

```
%>
    <br><font face="楷体" size="4" color="blue">您输入的信息为:<br>姓名:<%=
        pName1%><br>地址:<%=address1%><br></font>
<%
    request.setCharacterEncoding("UTF-8");              //只对post方式有效
    String pName2= request.getParameter("pName");
    String address2 = request.getParameter("address");
%>
    <br><font face="楷体" size="4" color="blue">您输入的信息为:<br>姓名:<%=
        pName2%><br>地址:<%=address2%><br></font>
    </body></html>
```

在JSP页面接收参数时使用了两种字符编码转换的方法,一是对传递的每个参数逐个进行编码转换,这种方式适合于GET提交数据的情况,POST方式下也可使用。二是先使用request.setCharacterEncoding()方法设置编码方式,这种方式只适合POST提交数据的方式,这样request.getParameter()方法取回的参数值中文编码正确,显示时就不会出现乱码。

10.3 错误处理机制

当JSP页面发生错误时,会显示出错信息,这对于开发人员调试程序是十分有用的,而最终用户使用时却不想看到这些信息。如何处理发生错误时页面给出的提示信息,本节就这一问题进行说明。

10.3.1 异常处理编码

在JSP页面中的Java脚本,可以使用Java异常处理语句来对在运行过程中发生的错误(异常)进行处理,语法如下:

```
<%
    try {
        //工作代码
    } catch(Exception e) {
        //错误处理代码
    } finally {
        //必须执行的代码
    }
%>
```

这种异常处理的方式和标准的Java语言中的异常处理完全相同。

10.3.2 错误页的显示

在一个JSP页面的<%@ page %>指令中,使用errorPage="error.jsp"属性为这个

JSP 页面指定专门处理错误的 JSP 页面 error.jsp，当这个 JSP 页面在运行过程中发生错误时，将自动转移到指定的错误处理页面 error.jsp 去处理错误。并且，错误处理页面 error.jsp 的 isErrorPage 属性应该为 true。

另外在 web.xml 中可以配置发生特定错误时显示错误页的方法。在 web.xml 中有两种配置错误页的方法，一是通过错误码来配置，二是通过异常的类型来配置。配置如下：

```
<error-page>
    <!--为响应状态码声明错误页面-->
    <error-code>500</error-code>
    <location>/500.jsp</location>
</error-page>
<error-page>
    <!--为特定的异常类型说明错误页面-->
    <exception-type>java.lang.Throwable</exception-type>
    <location>/500.jsp</location>
</error-page>
```

<error-page>标签包括<exception-type>或<error-code>标签，这两个标签是二选一的。另外必须有<location>标签，<location>标签包括处理此错误的 Servlet、JSP 页面或静态页面的上下文相对路径。<exception-type>标签设置所要处理的异常类型的完全限定名(带包名的异常类)。<error-code>标签设置所要处理的 HTTP 响应状态码，常见错误的 HTTP 响应状态码有：400(错误请求)、401(访问被拒绝)、403(文件被禁止访问)、404(文件没有找到)、500(文件在运行过程中发生未知错误)。

10.4 限制表单重复提交

在 Web 应用中，客户经常使用表单提交数据。有时，由于服务器响应慢，使得客户多次提交同一个表单，这种情况会破坏程序的业务逻辑，应该加以避免。

10.4.1 在客户端限制表单重复提交

在客户端限制表单重复提交有两种方法。

(1)在 javascript 脚本中设置一个变量，来区分表单是否已经提交过，如果已经提交过，则弹出消息框，告诉用户表单已经提交。例如在客户端设置变量(两个页面)：clientResubmit.html、clientReceive.jsp。

clientResubmit.html 页面：

```
<%@ page contentType="text/html;charset=UTF-8" %>
    <html>
    <head><title>服务器端接收客户端表单提交数据</title></head>
    <body>
```

```
<%
    Thread.sleep(1000 * 10);        //延时10s,表示服务器响应慢
    String str1 = request.getParameter("username");
    String str2 = request.getParameter("pwd");
    if (str1.equals("Mary") && str2.equals("123"))
        out.println("登录成功<br>");
    else
        out.println("用户名或密码错误<br>");
%>
您输入的信息为:<br>
姓名:<%= str1 %><br>密码:<%= str2 %>
</body>
</html>
```

clientReceive.jsp 页面:

```
<html>
    <head><title>客户端限制重复提交</title>
    <script language = "javascript">
        var repeatSubmitFlag = false;
        function checkSubmit() {
            if (repeatSubmitFlag) {
                alert("禁止重复提交!");
                return false;
            } else {
                repeatSubmitFlag = true;
                return true;
            }
        }
    </script>
    </head><body><center>
    <form method = "post" name = "form_client" action = "clientReceive.jsp"onSubmit
                    = "return checkSubmit();">
        用户名<input type = "text" name = "username" size = "12"><br>
        密码<input type = "password" name = "pwd" size = "12"><br>
        <input type = "submit" name = "Submit" value = "提交">
    </form>
    </center></body></html>
```

(2)在客户点击了"提交"按钮后,将提交按钮设置为"disabled"状态。例如设置提交按钮不可用(两个页面):clientSubmitState.html、clientReceive.jsp。

clientSubmitState.html 页面:

```
<html>
```

```
<head><title>客户端限制重复提交</title></head>
<body>
<center>
<form method = "post" name = "form_client" action = "clientReceive.jsp"
onSubmit = "window.document.form_client.submitok.disabled = true;return true;">
    用户名<input type = "text" name = "username" size = "12"><br>
    密码<input type = "password" name = "pwd" size = "12"><br>
    <input type = "submit" name = "submitok" value = "提交"></form>
</center></body></html>
```

clientReceive.jsp 页面内容同上。

10.4.2 在服务器端限制表单重复提交

在服务器方面限制提交表单，主要是在页面之间通过 session 共享标志变量的方法来实现，即在客户端页面中设置 session 标志变量值，在服务器端对 session 标志变量值进行判断，从而限制表单重复提交。例如，通过 session 变量限制重复提交(两个页面) sessionSubmit.jsp、sessionReceive.jsp。

sessionSubmit.jsp 页面：

```
<%@ page contentType = "text/html;charset = UTF-8" %>
<html>
    <head><title>用户登录页面</title></head>
    <% session.setAttribute("SubmitFlag","original"); %>
    <body><center>
    <form method = "post" name = "form_client" action = "sessionReceive.jsp">
    用户名<input type = "text" name = "username" size = "12"><br>
    密码<input type = "password" name = "pwd" size = "12"><br>
    <input type = "submit" name = "Submit" value = "提交"></form>
    </center></body></html>
```

sessionReceive.jsp 页面：

```
<%@ page contentType = "text/html;charset = UTF-8" %>
    <html>
    <head><title>服务器端程序</title></head><body>
    <%
        String PageFlag = (String)session.getAttribute("SubmitFlag");
        if (PageFlag.equals("Over")) {
            out.println("不能重复提交表单!");
        } else {
            session.setAttribute("SubmitFlag","Over");
            out.println("正在处理……");
        }
    %>
```

```
    </body>
</html>
```

小 结

JSP的基本思想很容易理解，而且技术也可轻松上手，但是在使用中会遇到一些令人烦恼的问题，比如中文乱码、表单的重复提交等，使得JSP的开发和调试变成一场“噩梦”。本章针对这些问题进行了分析，而且对这些常见问题给出了一些解决方法。

思 考 题

1. 什么是程序的国际化？JSP或Servlet如何实现国际化？
2. JSP中文出现乱码的原因是什么？如何解决？
3. 在JSP页面中对错误和异常处理的方式是什么？
4. 如何防止表单被多次重复提交？

第 11 章 数据库概述

数据库(Database)在程序中扮演着重要角色,大部分 Web 应用程序都会使用数据库来存储信息,本章简单回顾数据库的相关知识,介绍 MySQL 数据库的安装、配置与使用,重点讲解如何使用 SQL 语句操作 MySQL 数据库。

11.1 数据库简介

数据库的作用就是存储数据,包括文字、数字、图像、声音、视频等。这些数据被永久地保存在计算机上,不会因为关机或者重启而丢失。数据最终以文件的形式保存在硬盘上。数据库以特殊的机制管理数据文件,对数据有极高的读写速度,大大超过了操作系统对常规文件的读写速度。例如 Oracle、DB2 等大型数据库检索 TB 数量级(1T=1024G)的数据,只需要短短的几秒钟。

11.1.1 数据库模型

数据库的萌芽出现于 20 世纪 60 年代。当时计算机开始广泛地应用于数据管理,对数据的共享提出了越来越高的要求。传统的文件系统已经不能满足人们的需要,能够统一管理和共享数据的数据库管理系统便应运而生。

通常按照数据模型的特点将传统数据库系统分成网状数据库(Network Database)、层次数据库(Hierarchical Database)、关系数据库(Relationship Database)等三类。

最早出现的是网状数据库。网状数据库模型对于层次和非层次结构的事物都能比较自然地模拟。在数据库发展史上,网状数据库占有重要地位,是数据库概念、方法、技术的先驱。层次型 DBMS 是紧随网络型数据库出现的,是数据库系统的先驱。网状数据库和层次数据库已经很好地解决了数据的集中和共享问题,但是在数据独立性和抽象级别上有很大欠缺,而后来出现的关系数据库较好地解决了这些问题。关系型数据库系统以关系代数为理论基础,抽象级别比较高,而且简单清晰,便于理解和使用。

近年来随着互联网网站的兴起，传统的关系数据库在应付大型网站，特别是超大规模和高并发的SNS类型的纯动态网站有些显得力不从心，暴露了很多难以克服的问题。而非关系型的数据库则由于其本身的特点得到了非常迅速的发展。

关系数据库经过几十年的发展和实际应用，技术十分成熟和完善，目前商业应用中最主要的是关系数据库。Oracle、DB2、Sybase、MS SQL Server、PregresSQL、MySQL等都是关系数据库。

11.1.2 SQL、DDL与DML

关系数据库使用SQL(Structured Query Language，结构化查询语言)操作数据库。SQL是一种高度非过程化的语言，集中实现了数据库生命周期中的全部操作。它可以与标准的编程语言一起工作，程序与数据库交换数据时都是通过执行相应的SQL语句来完成。SQL又分为DDL与DML。

● DDL为数据定义语言(Data Definition Language)，也就是涉及数据库结构、表结构的SQL语句。它包括创建数据库(CREATE DATABASE)、删除数据库(DROP DATABASE)、创建表(CREATE TABLE)、删除表(DROP TABLE)等。

● DML为数据操作语言(Data Manufacture Language)，也就是与访问数据有关的SQL语句。它包括查询数据(SELECT语句)、插入数据(INSERT语句)、删除数据(DELETE语句)、修改数据(UPDATE语句)等。

SQL不区分大小写，下面以MySQL数据库为例讲解关系数据库的使用。

11.2 MySQL数据库

MySQL是当前应用最广泛的开源数据库软件，在非商业用途下可免费使用。MySQL体积小且执行效率高，运行稳定，深受欢迎。无论是中小型商业应用还是学习之用都是不错的选择。MySQL官方网站为“http://www.mysql.com”。

11.2.1 MySQL安装与配置

读者可以从官方网站下载MySQL的最新版本，软件包分安装版与非安装版。MySQL使用命令提示行界面(DOS命令)，非安装版需要一些特殊配置。如果读者对MySQL不太熟悉，建议下载安装版MySQL。本书使用的是Windows安装版MySQL 5.0.91。

下载后解压运行Setup.exe安装MySQL数据库，一般采用默认设置，其安装界面如图11-1左图所示。安装完成后会弹出“MySQL设置”对话框，当出现图11-1右图所示的界面时，选择编码方式为UTF-8，否则存储中文会出现乱码。然后是填写管理员账号root的密码等，开发人员常用的数据库管理密码为system。

建议将MySQL的bin目录(默认路径为C:\Program Files\MySQL\MySQL Server5.0\bin)添加到系统PATH环境变量中，这样可以直接在命令提示行下使用MySQL命令。

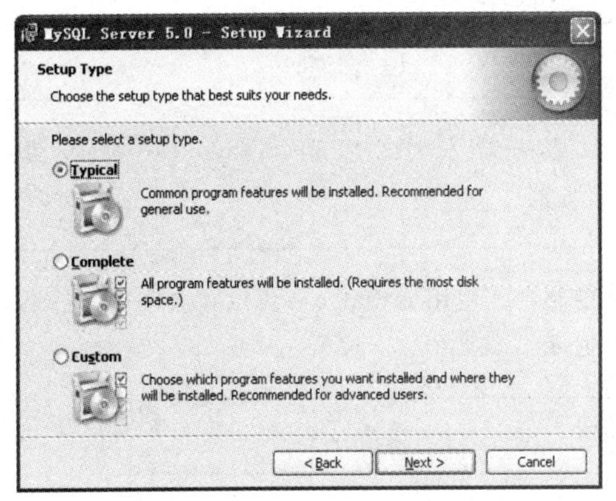

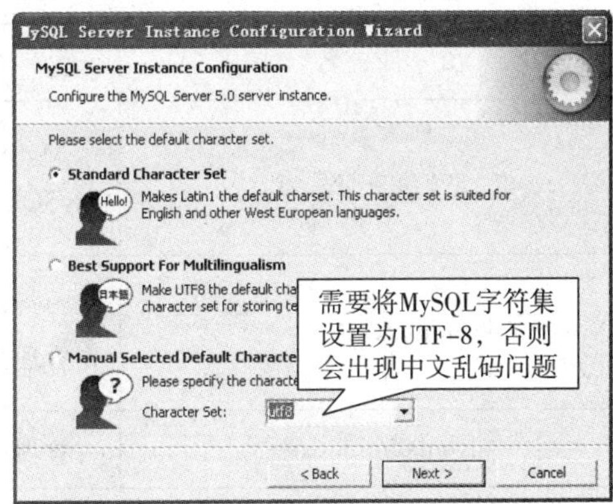

图 11 - 1　MySQL 的安装(左)与配置(右)

11.2.2　MySQL 启动与关闭

MySQL 会把自己安装为 Windows 服务。从“控制面板|管理工具|服务”中可以查看、启动、关闭 MySQL 服务，如图 11 - 2 左图所示。或者从 Windows 命令提示行下使用 net start mysql 启动 MySQL 服务，使用 net stop mysql 关闭 MySQL 服务，如图 11 - 2 右图所示。

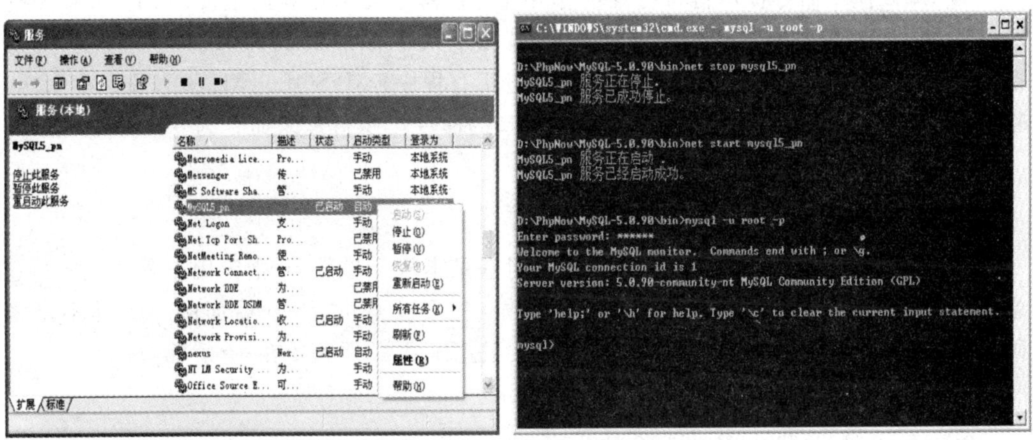

图 11 - 2　Windows 服务(左)与命令提示行(右)启动关闭

如果读者使用的是非安装版的 MySQL，双击运行 bin 目录下的 mysqld.exe 或者在命令提示符下运行 mysqld 即可启动 MySQL 服务。

11.2.3　bin 目录下的程序

MySQL 的 bin 目录为 MySQL 程序可执行文件目录。各程序的用途如表 11 - 1 所示。

表 11-1 MySQL 的 EXE 文件

文件名	用途
mysqld. exe	MySQL 服务器程序。启动 mysqld. exe 便启动了 MySQL 服务器
mysql. exe	客户端控制台。使用 mysql. exe 可以在命令提示行下操作管理数据库
mysqladmin. exe	管理用客户端
mysqlcheck. exe	执行维护。优化数据库的操作
mysqldump. exe 与 mysqlhotcopy. exe	备份数据库
mysqlimport. exe	数据库导入工具
mysqlshow. exe	显示数据库及表的信息

11.2.4 登录 MySQL

MySQL 使用命令提示行进行维护与管理。在命令提示行界面下使用 mysql. exe 程序进入 MySQL 控制台。如果没有将 MySQL 的 bin 录添加为 PATH 环境变量里,需要指定 mysql. exe 的位置,或者直接选择"开始|所有程序| MySQL | MySQL Server 5.0 | Mysql Command Line Client 命令"。MySQL 的命令提示行登录命令为

```
C:\>mysql -h localhost -u root -p test
Enter password: ******
```

其中,参数-h 指定数据库主机名,默认时登录本机。参数-u 指定用户名,-p 指明登录需要密码。如果没有密码,可省略-p 参数。需要注意的是-p 后面的 test 并不是密码,而是要登录的数据库名。如果-p 后面使用密码,则必须紧跟在-p 后面,例如:

```
C:\>mysql -uroot -psystem
Welcome to the MySQL monitor.  Commands end with ; or \g.
Your MySQL connection id is 2
Server version: 5.0.90-community-nt MySQL Community Edition (GPL)
Type 'help;' or '\h' for help. Type '\c' to clear the current input statement.
mysql>
```

-h 与-u 的参数名后的内容可以紧跟,也可以不紧跟。登录 MySQL 时的所有参数如表 11-2 所示。

表 11－2　MySQL 的所有登录参数

参　数　名	描　　述
－host 或者 －h	要登录的 MySQL 服务器名。默认为 localhost，也就是 127.0.0.1，如－host＝www.host.com，－h www.host.com
－port 或者 －P	MySQL 端口。默认为 3306，注意大小写，如－port＝3306，－P 3306
－protocol	登录时使用的协议。如－protocol＝tcp
－socket 或者 －S	客户端使用的 Socket。Unix 系统下用来指定 Socket 文件，Windows 系统下用来指定通道名称(Pipe Names)。注意大小写
－user 或者 －u	用户名。如－user＝root，－u root，－uroot
－password 或者 －p	密码。如果－p 后面跟密码，必须紧跟在－p 之后，如－password＝admin，－padmin
－default－character－set	登录时的编码方式。如－default－character－set＝gbk

参数 default－character－set 在处理 MySQL 乱码的时候会经常用到。

11.2.5　MySQL 控制台

登录之后会出现“mysql”以及闪动的光标，等待用户输入命令。这就是控制台(Console)，可以输入各种合法的命令。root 账号是默认的管理员账号，能够对数据库进行任何操作。MySQL 控制台支持多行命令。命令完成后，输入英文半角分号“；”，并回车执行命令，例如：

```
mysql> select *
    -> from host;
Empty set (0.00 sec)
```

这是一个两行的命令。第一行回车会继续输入第二行，分号加回车才开始执行命令。因为 host 表里没有数据，该操作返回的结果集为空。使用 quit 或者 exit 退出控制台，例如：

```
mysql> quit
Bye
```

说明：

所有的控制台操作均可使用 MySQL GUI 图形界面工具完成。请参看后面的介绍。

11.2.6　控制台信息

使用 STATUS 命令查看 MySQL 当前信息，例如：

```
mysql> status
---------------
mysql  Ver 14.12 Distrib 5.0.90,for Win32 (ia32)
Connection id:          4
```

```
Current database:
Current user:            root@localhost
SSL:                      Not in use
Using delimiter:          ;
Server version:          5.0.90-community-nt MySQL Community Edition (GPL)
Protocol version:        10
Connection:               localhost via TCP/IP
Server characterset:      latin1
Db     characterset:     latin1
Client characterset:      latin1
Conn.  characterset:      latin1
TCP port:                3306
Uptime:                   1 hour 57 min 35 sec
Threads: 1  Questions: 17  Slow queries: 0  Opens: 12  Flush tables: 1  Open tables: 0
Queries per second avg: 0.002
----------------
```

使用 select user()显示当前用户名,例如:

```
mysql> select user();
+---------+
| user()         |
+---------+
| root@localhost |
+---------+
1 row in set (0.00 sec)
```

使用 select current_date()显示当前日期,select current_time()显示当前时间,select current_timestamp()显示当前时间戳(日期加时间),例如:

```
mysql> select current_date();
+---------+
| current_date()  |
+---------+
|2010-11-05       |
+---------+
1 row in set (0.02 sec)
mysql> select current_time();
+---------+
| current_time()  |
+---------+
| 16:30:05        |
+---------+
1 row in set (0.00 sec)
```

```
mysql> select current_timestamp();
+-------------+
| current_timestamp()   |
+-------------+
| 2010-11-05 16:30:24   |
+-------------+
1 row in set (0.00 sec)
```

说明：MySQL 还有其他的特定命令，请查看 MySQL 手册，鉴于有些命令与 Java Web 应用程序开发关系不大，本书不做过多介绍。

11.3 数据定义语言 DDL

DDL 是指 Data Defination Language，数据定义语言，包括创建、删除和修改数据库、表、列、索引等的 SQL 语句。

11.3.1 列出数据库模式

MySQL 中可以有多个数据库模式（Schema）。表建立在不同的数据库模式中。通常一个应用程序对应一个数据库模式。数据库模式保证多个应用程序可以使用同一个 MySQL 服务器，但是却互不干扰。

使用 SHOW DATABASES 列出所有的数据库模式：

```
mysql> show databases;
+----------+
| Database           |
+----------+
| information_schema |
| mysql              |
| test               |
+----------+
3 rows in set (0.00 sec)
```

MySQL 默认有 3 个数据库模式：information_schema、mysql、test。

11.3.2 切换数据表模式

使用 use 命令切换到指定的数据库模式。例如：

```
mysql> use information_schema;
Database changed
```

切换后使用 select database()查看当前使用的是哪个数据库模式。例如：

```
mysql> select database();
+----------+
```

```
| database()         |
+ - - - - - - - - - - +
| information_schema  |
+ - - - - - - - - - - +
1 row in set (0.00 sec)
```

也可以在登录的时候直接声明数据库模式名称，例如：

```
C:\>mysql -uroot -psystem information_schema
Welcome to the MySQL monitor.  Commands end with ; or \g.
Your MySQL connection id is 5
Server version: 5.0.90-community-nt MySQL Community Edition (GPL)
Type 'help;' or '\h' for help. Type '\c' to clear the current input statement.
mysql>
```

说明：操作表时需要使用 use 切换到表所在的数据库。

11.3.3 列出数据表

切换到某一数据库模式后，使用 SHOW TABLES 列出该模式所有的表，例如：

```
mysql> show tables;
+ - - - - - - - - - - - - - - - - - - +
| Tables_in_information_schema        |
+ - - - - - - - - - - - - - - - - - - +
| CHARACTER_SETS                      |
| VIEWS                               |
+ - - - - - - - - - - - - - - - - - - +
17 rows in set (0.00 sec)
```

列出 information_schema 的所有表，共 17 个。由于篇幅原因，这里只列出了两个。

11.3.4 查看表结构

使用 DESC 或者 DESCRIBE 命令查看指定表的结构，例如：

```
mysql> desc COLUMNS;
+ - - - - - - - - - - + - - - - - - - - - + - - - - + - - - - + - - - - - - + - - - - - +
| Field               | Type              | Null    | Key     | Default     | Extra     |
+ - - - - - - - - - - + - - - - - - - - - + - - - - + - - - - + - - - - - - + - - - - - +
| TABLE_CATALOG       | varchar(512)      | YES     |         | NULL        |           |
| PRIVILEGES          | varchar(80)       | NO      |         |             |           |
| COLUMN_COMMENT      | varchar(255)      | NO      |         |             |           |
+ - - - - - - - - - - + - - - - - - - - - + - - - - + - - - - + - - - - - - + - - - - - +
```

该命令将列出表的所有列名、类型，是否可以为空，是否主键、默认值以及描述等属性。

11.3.5 创建数据库模式

information_schema 与 mysql 为系统数据库，尽量不要修改它们。使用 CREATE DATABASE 创建数据库，并在自定义数据库里创建表及读写数据，例如：

```
mysql> create database databaseshock;
Query OK,1 row affected (0.01 sec)
mysql> use databaseshock;
Database changed
```

MySQL 默认的编码方式为 latin1，显示中文字符时可能会出现乱码。可以在创建数据库的时候指明数据库编码。注意 MySQL 中 UTF－8 写做 utf8，例如：

```
CREATE DATABASE databaseWeb CHARACTER SET utf8
```

说明：中文环境下的 Java Web 应用程序，一定要以 UTF－8 编码创建数据库，否则会出现乱码问题。

11.3.6 删除数据库模式

删除数据库使用 DROP DATABASE 命令，例如：

```
mysql> drop database myTestshockDb;
Query OK,0 rows affected (0.03 sec)
mysql> use myTestshockDb;
ERROR 1049 (42000): Unknown database 'myTestshockDb'
```

删除之后再使用 use 切换该数据库会提示找不到该数据库，说明该数据库已被删除。

11.3.7 修改数据库模式

修改数据库使用 ALTER DATABASE 命令。注意使用 ALTER DATABASE 可能需要相应的权限。root 账号为系统账号，具有所有权限。例如：

```
mysql> ALTER DATABASE databaseshock CHARACTER SET utf8;
Query OK,1 row affected (0.00 sec)
```

ALTER DATABASE 修改了 MySQL 数据库的编码方式。当数据库遇到乱码时常使用该命令。

说明：修改数据库编码只会影响到即将创建的新表的编码方式，而不会修改已经存在表的编码方式。

11.3.8 创建表

使用 CREATE TABLE 创建表。表必须创建在某个数据库模式下面。

CREATE TABLE 的完整格式为：CREATE [TEMPORARY] TABLE [IF NOT EXISTS] TABLE_NAME(TABLE_COLUMN) 。方括号“[]”表示该参数是可选的。例如：

```
CREATE TABLE IF NOT EXISTS tb_test          --如果表 tb_test 不存在则创建
(id int primary key auto_increment,         --创建 int 类型主键,且自增长
name varchar(200) not null,                 --创建字符类型的列,最大长度为 200 字节
salary float(11,2),                         --创建小数类型的列,小数点后 2 位
birthday date,        --创建日期类型的列,只保存日期不保存时间,如 2008-08-08
sleep time,           --创建时间类型的列,只保存时间不保存日期,如 20:08:08
ts timestamp,         --创建时间戳类型的列,保存日期与时间,如 2008-08-08 20:08:08
description text,     --创建大文本类型数据的列,保存大文本,长度不受限制
picture blob          --创建二进制类型的列,保存二进制数据
);
```

"——"后面为 MySQL 的行注释,也可以使用"/ * "与" * /"引起的多行注释。

上面的语句中给出了常用类型列的创建方式,如 int(也可以用 integer)、varchar、float、data、time、timestamp、blob 等。varchar 有最大长度限制,一般为 255 个字符。而 text 要相对长一些,适用于存储较大的文本。注意区分 data、time、timestamp 这 3 种类型,data 只有日期信息,time 只有时间信息,而 timestamp 既有日期又有时间信息。

该表的主键为 id 列,用 primary key 注明。主键的特点是不能为空,而且不会重复(一行对应一个主键值)。

使用 TEMPORARY 可以创建临时表。临时表是指创建后只在当前数据库内有效,断开与数据库的连接后表就自动删除了,例如:

```
CREATE TEMPORARY TABLE tb_temp
(id integer,
name varchar(100),
primary key(id));
```

临时表常用来转移数据,或者存储中间计算结果。

11.3.9 删除表

删除表可以使用 DROP TABLE 命令。注意如果表中有数据会一并删除,例如:

```
mysql> drop table tb_test;
Query OK,3 rows affected (0.09 sec)
```

3 rows affected 表示表里的 3 行数据被一块删除。

11.3.10 修改表

修改表结构使用 ALTER TABLE,常用的操作有删除列、添加列、更改列、改表名等。

删除列的格式为 ALTER TABLE table_name DROP column_name,例如:

```
mysql> ALTER TABLE tb_test DROP name;
Query OK,0 rows affected (0.08 sec)
Records: 0  Duplicates: 0  Warnings: 0
```

添加列的格式为 ALTER TABLE table_name ADD column_name，例如：

```
ALTER TABLE tb_test
ADD name varchar(200) not null default 'jwshock'
--非空的 varchar 类型列，有默认值
```

修改列的格式为 ALTER TABLE table_name CHANGE column_name new_name。例如将 name 列修改为 c_name 列，并将类型改为 integer：

```
mysql> ALTER TABLE tb_test CHANGE name c_name integer;
Query OK,0 rows affected (0.08 sec)
Records: 0  Duplicates: 0  Warnings: 0
```

如果原 name 列有非数字字符，强制转换为 integer 列时会出错。

说明：表、列的所有属性都可以被修改，具体方法请查看 MySQL 手册，或者用 GUI 图形界面修改。

11.4 数据操作语言 DML

DML(Data Manufacture Language，数据操作语言)是指读写数据的 SQL 语句，包括插入、删除、修改、查询数据等。

11.4.1 插入数据

使用 INSERT 向表中插入数据。格式为 INSERT INTO table_name(COLUMN_NAME [,COLUMN_NAME]) VALUES ('value'[,'value'])，例如：

```
mysql> insert into tb_test
    -> ( name,birthday,sex)                    -- 列名
    -> values
    -> ('刘元','1980-12-12','男');             --值
Query OK,1 row affected (0.00 sec)
```

字符型数据必须使用单引号引起来。当列的类型为数值类型(int、float 等)时，单引号可以省略。值必须与前面的列一一对应。

11.4.2 查询数据

查询数据库使用 SELECT 命令。最简单的格式为 SELECT column_name FROM table_name。如果查询多个列名，使用逗号隔开。星号"*"代表查询所有列，例如查询表 tb_test 里的所有数据(所有列和所有行)：

```
SELECT * FROM tb_test;                          -- 查询 tb_test 里的所有数据
SELECT id,name,description FROM tb_test;        -- 只查询 tb_test 里的 3 列数据
```

也可以这样更完整地写：

```
SELECT tb_test. * FROM databaseshock. tb_test;
SELECT tb_test. id,tb_test. name,tb_test. description FROM
databaseshock. tb_test;
```

其中列前面的 tb_test 表示为哪个表的列，表前面的 databaseshock 表示哪个数据库模式下的表。当前数据库为 databaseshock 时，表前的 databaseshock 可以省略。当列名没有歧义（也就是没有重复，多表查询时列名可能重复）时，列前的 tb_test 表名可以省略。

使用 AS 可以为列或者表重命名。AS 关键字也可以省略，例如：

```
--使用 AS 重命名
SELECT id AS p_id,name AS p_name FROM tb_test AS TEST;
--不使用 AS 重命名
SELECT id p_id,name p_anme,description FROM tb_test TEST;
```

注意列的重命名只影响查询的结果集，并不会对原来的数据表产生任何影响。

SELECT 语句后面跟 WHERE 子句，表示有选择地显示数据。常用的条件有大于“＞”，小于“＜”，等于“＝”，不等于“＜＞”等。多个条件时，使用 and（并且，同时满足）、or（或者，满足其中一个即可）。字符类型数据必须使用单引号（'），数据类型单引号可以省略，例如：

```
SELECT * FROM tb_test WHERE id > 100;    --只显示所有 id 值大于 100 的记录
SELECT * FROM tb_test WHERE id > 100 and id <> 200;
--只显示 id > 100 且不等于 200 的记录
SELECT * FROM tb_test WHERE id = 200;    --显示 id 等于 200 的记录
SELECT * FROM tb_test WHERE name = '张三';
--显示 name 为'张三'的记录。字符类型，必须使用单引号
```

WHERE 中还可以使用 LIKE 与“%”对字符类型的列进行模糊查询，例如：

```
SELECT * FROM tb_test WHERE name LIKE '%四';
--检索 name 列以'四'结尾的记录
SELECT * FROM tb_test WHERE name LIKE '李%';    --检索 name 列以'李'开始的记录
SELECT * FROM tb_test WHERE name LIKE '%王%';
--检索 name 列包含'王'的记录(包括以'王'开始与以'王'结束的)
```

如果逻辑顺序有先后顺序，可以使用括号“()”括起来。WHERE 子句执行的时候会先执行括号里的条件，后执行外面的条件，例如：

```
SELECT * FROM tb_test WHERE (salary> 2000 and salary < 5000) and (name like '冯%' or name
like '刘%');
--检索 salary 列在 2000～5000 之间，且姓冯或者姓刘的所有记录
```

SELECT 语句比较复杂，可参考其他专门介绍 SQL 的资料书籍。

11.4.3 删除数据

使用 DELETE 删除数据。例如，只删除 id 为 1 的数据行：

```
mysql> delete from tb_test where id = 1;
Query OK,1 rows affected (0.04 sec)
```

说明:如果不指定 WHERE 条件,将删除所有数据行,因此删除时要特别小心。

11.4.4 修改数据

使用 UPDATE 修改数据。例如,只修改 id 为 2 的数据行:

```
mysql> update tb_test
    -> set birthday = '1991-12-31'
    -> where id = 2;
Query OK,1 row affected (0.00 sec)
Rows matched: 1  Changed: 1  Warnings: 0
```

说明:如果不指定 WHERE 条件,将修改所有数据行,因此修改时也要小心。

11.4.5 创建、删除、授权用户

在 MySQL 数据库下使用 create user 创建新用户,例如:

```
mysql> use mysql
Database changed
mysql> create user jwshock;
Query OK,0 rows affected (0.02 sec)
```

新创建后的用户没有任何授权。使用 grant 命令授权 jostutor 访问数据库 testDbshock 下的所有表,密码为 password123。

```
mysql> grant all privileges
    -> on testDbshock.*
    -> to jostutor@'%'
    -> identified by 'password123'
    -> with grant option;
Query OK,0 rows affected (0.00 sec)
```

授权后的用户 jostutor 仅能访问数据库 databaseWeb 下的数据表。

删除用户使用 drop user 命令。例如:

```
mysql> drop user jostutor;
Query OK,0 rows affected (0.00 sec)
```

11.4.6 批量执行 SQL 语句

SQL 语句比较多时,通常将 SQL 语句写到扩展名为 sql 的脚本文件中,使用批量的方式执行。下面是包含 4 条 SQL 语句的文件:

```
-- create table
create table tb_category ( id integer,
```

```
name varchar(50),
description varchar(100),deleted integer,
allowed_anonymous integer,need_project_info integer,primary key (id)
);
-- insert data
insert into tb_category (id,name,description,deleted,allowed_anonymous,need_project_
                    info) values ( 1,'News','',0,1,0 ) ;
insert into tb_category (id,name,description,deleted,allowed_anonymous,need_project_
                    info) values ( 2,'Download','',0,0,1 ) ;
```

各 SQL 语句之间使用分号“;”隔开。“——”引起的行是注释行。

使用命令 source 或者反斜杠加点“\.”在控制台执行该 SQL 文件，例如：

```
mysql>source c:\init.sql
mysql> \. c:\init.sql
Query OK,0 rows affected (0.05 sec)
Query OK,1 row affected (0.01 sec)
Query OK,1 row affected (0.00 sec)
```

注意该命令后面不能使用分号。

说明：MySQL 备份的时候会把数据备份为 sql 文件，恢复时只需要将 sql 批量导入即可。备份数据使用 mysqldump.exe，或者使用 MySQL GUI 图形界面工具。

11.5 MySQL 客户端工具

一般情况下，MySQL 控制台使用命令提示行的纯字符命令操作，命令繁多而且容易出错。现在有很多图形界面管理工具。另外，编写程序的 IDE 也通过 JDBC 对数据库访问提供支持，比如 Eclipse。

11.5.1 MySQL 图形界面工具

MySQL 官方网站提供了一套图形界面管理工具 MySQL GUI Tools。读者可以到官方网站下载最新版。解压安装 MySQL GUI Tool 后，启动 MySQL Administrator，填写登录信息如图 11-3 所示。

其中，Server Host 为 MySQL 服务器，Port 为端口，Username 为登录账号，Password 为密码。登录前 MySQL 服务器必须已经启动，否则登录失败。

图形界面下操作数据库很容易。图 11-4 演示了图形界面下创建数据库或者表的过程。在右键菜单中选择“Create New Schemas”选项创建新的数据库模式，选择“Create New Table”选项在选中的模式下创建新表。创建新表的界面如图 11-5 所示。

使用图形管理界面很容易操作数据库，而不用记繁琐的命令。在命令提示行下能完成的工作在图形界面下均能完成。推荐初学者使用 MySQL GUI Tools。

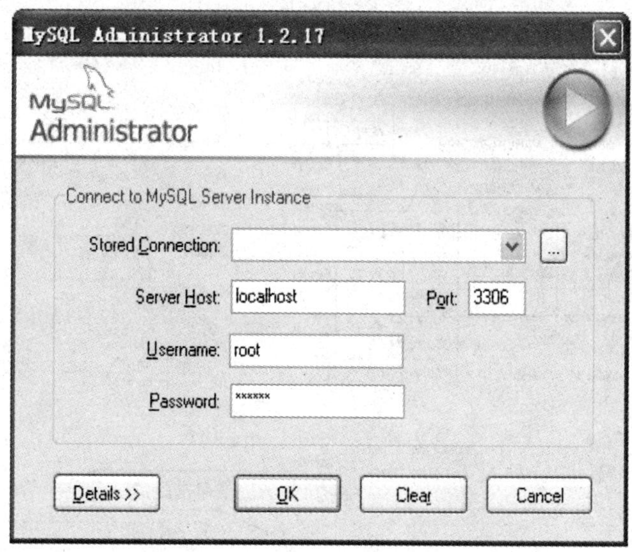

图 11－3　登录 MySQL Administrator

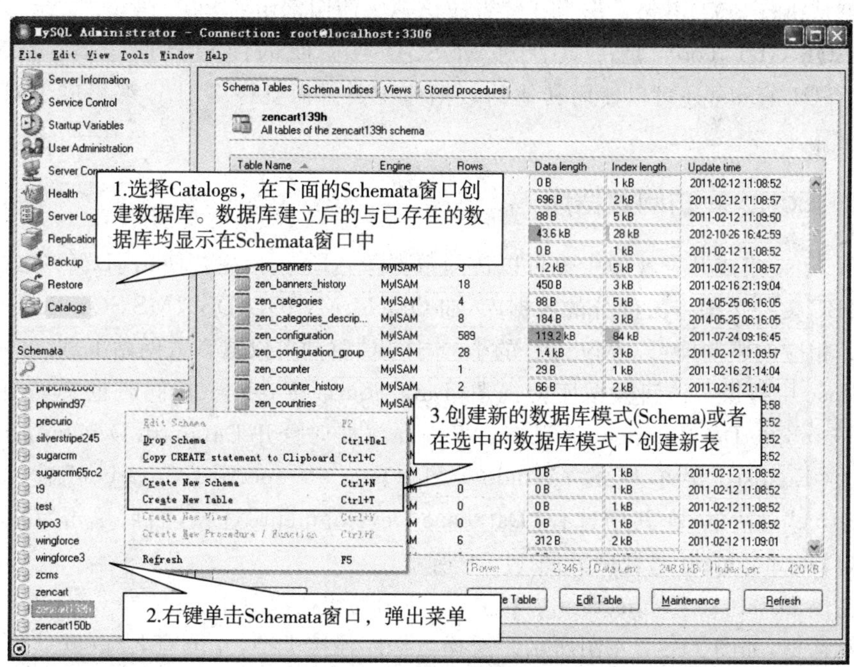

图 11－4　创建数据库

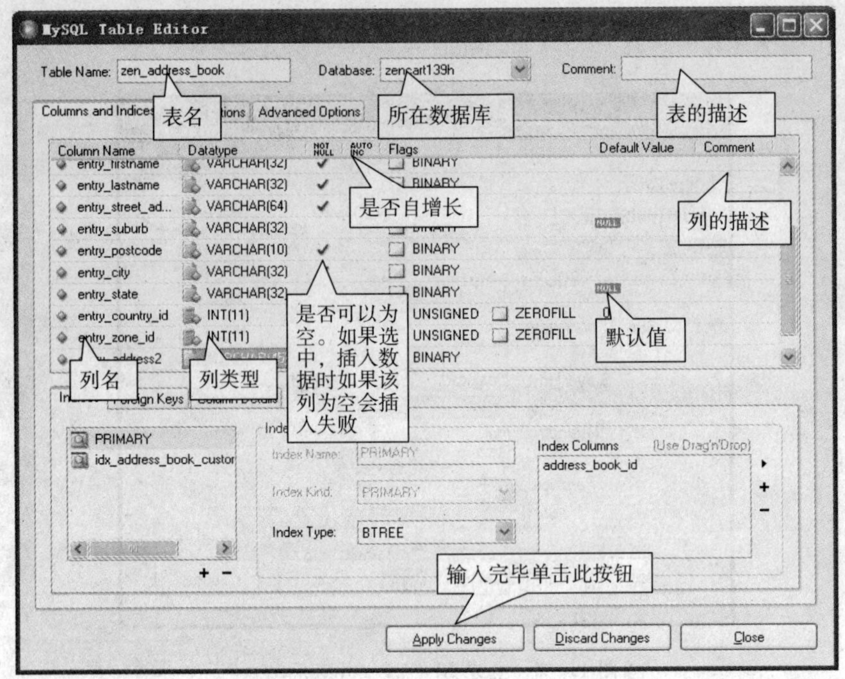

图 11-5　创建新表

说明：图形界面的作用只是自动生成相应的 SQL 语句，它与 MySQL 服务器打交道的途径也是执行 SQL 语句。作为开发者应该熟练使用常用的 SQL 语句。

MySQL GUI Tools 是一款针对 MySQL 数据库的图形界面工具。除了使用 MySQL GUI Tools，还可以使用其他的数据库工具。而且许多 IDE 都集成了对数据库的访问工具。

11.5.2　Eclipse 访问数据库

在 Eclipse 集成开发环境中也可以访问数据库。Eclipse 主要使用 JDBC 方式访问数据库，JDBC 支持市面上大部分的数据库，如 Oracle、MySQL、DB2、MS SQL Server 等，只要配备了相应的驱动即可。MySQL 的 Java JDBC 驱动可以从官方网站下载。

Eclipse 中提供了访问数据库的视图（Data Source Explorer），同时也有集中操作数据库的 Database Development 透视图。下面介绍如何打开 Database Development 透视图：选择“Eclipse”菜单栏的“Windows | Open Perspective | Other”命令，弹出“Perspective”对话框；在其中选择“Database Development”选项，然后单击“OK”按钮。Database Development 透视图如图 11-6 所示。

在左侧 Database Connection 中右击，在弹出的快捷菜单中选择“New”选项打开数据库配置对话框，如图 11-7 左图所示。选择数据库连接类型，并填写名称（默认值为 New MySQL），单击“Next”按钮会再现 JDBC 参数配置界面，如图 11-7 右图所示。填写 JDBC 配置参数完毕后单击“Finish”按钮，左侧 Data Source Explorer 导航栏出现新配置的数据库 New MySQL，右击该数据库，在弹出的快捷菜单中选择“Connect”选项，连接后

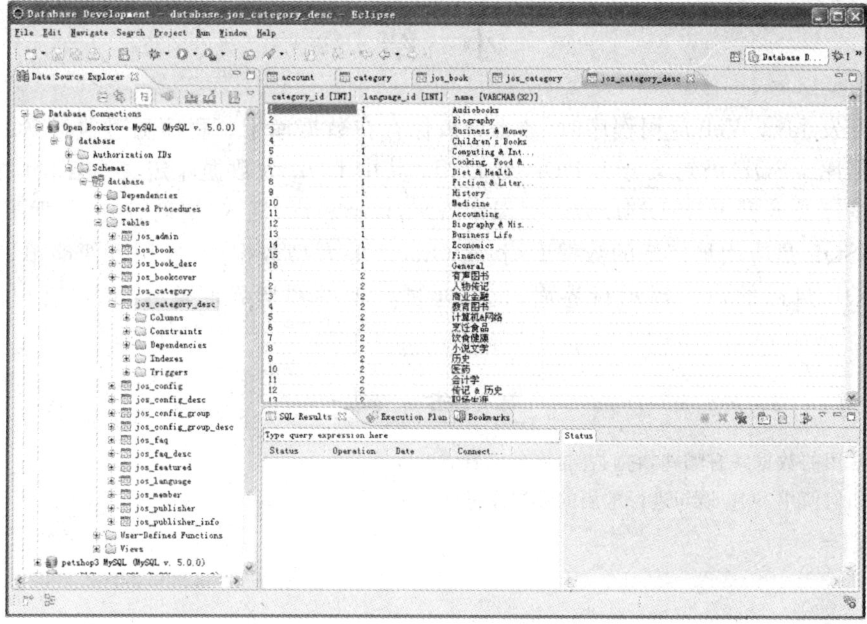

图 11－6　Eclipse 中的 Database Development 透视图

即可查看数据以及修改数据了。

说明：Eclipse 没有附带数据库 JDBC 驱动程序，可以通过 Eclipse 系统参数进行配置（Windows|Perferences|Data Management|Connectivity|Driver Definitions），也可在设置 JDBC 参数时进行设置。

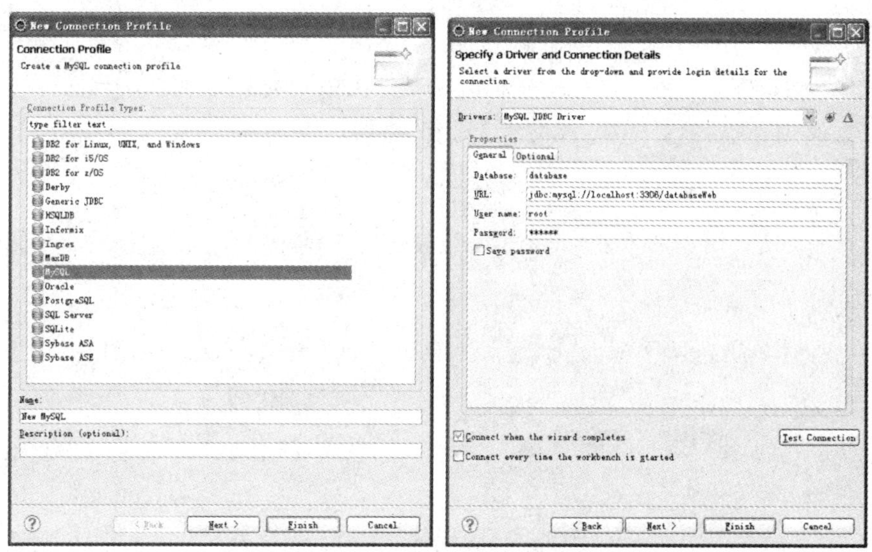

图 11－7　Eclipse 数据库设置

说明：由于 Eclipse 中的数据库工具是一种通用工具而并非只针对 MySQL，因此并不具备 MySQL GUI Tools 的某些功能。

小 结

在开发 Java Web 应用程序时，数据一般保存在数据库中。程序通过执行 SQL 语句操作数据库。SQL 语句又分为 DDL 与 DML，其中 DDL 为数据库定义语言，负责创建、删除数据库及数据表等；DML 为数据操作语言，包括查询、插入、更新、删除数据等。

MySQL 是应用最广泛的数据库，相比 Oracle 等大型数据库，使用方便简单，既可使用 MySQL 自己的命令提示行界面，也可通过其他的图形界面输入 SQL 语句访问数据库。

思 考 题

1. 常用的数据库有哪些，它们各自有什么特点？
2. 如何使用 SQL 语句进行常用的数据库操作？

第 12 章 JDBC 详解

JDBC 是 Java 语言访问数据库的标准 API，目前主流的数据库都支持 JDBC。本章将讲解 Java 访问数据库的机制 JDBC，通过使用 JDBC 访问 MySQL 数据库进一步说明 JDBC 的具体用法。

12.1 JDBC 简介

Java 访问数据库的机制称作 JDBC(Java Database Connectivity)，JDBC 是 Java 访问数据库标准的 API。JDBC 定义了数据库的连接、SQL 语句的执行以及查询结果集的遍历等。JDBC 将这些操作定义为接口，位于 java. sql 下面，如 java. sql. Connection、java. sql. Statement、java. sql. ResultSet 等。数据库提供商在各自的驱动中都实现了这些接口。

12.1.1 查询实例：列出人员信息

在演示 JDBC 工作过程之前，先使用 SQL 语句创建一个数据库、一张表并插入几条数据。这些操作通过在 MySQL 控制台中批量执行脚本文件 init. sql。init. sql 的内容如下：

```
DROP DATABASE IF EXISTS testDbShock;                    -- 如果存在，则删除模式 testDbShock
CREATE DATABASE testDbShock CHARACTER SET utf8;         -- 创建数据库 testDbShock，使用 utf8
                                                           编码
USE testDbShock; -- 切换到模式 testDbShock，以下操作均在 testDbShock 下
DROP TABLE IF EXISTS tb_person;                         -- 如果存在，删除表 tb_person
CREATE TABLE tb_person (                                -- 创建表
  id INTEGER AUTO_INCREMENT COMMENT 'id',
  name VARCHAR(45) COMMENT '姓名',
  english_name VARCHAR(45) COMMENT '英文名',
  age INTEGER UNSIGNED COMMENT '年龄',
```

```
    sex VARCHAR(45) COMMENT '性别',
    birthday DATE COMMENT '出生日期',
    description TEXT COMMENT '备注',
    create_time TIMESTAMP DEFAULT CURRENT_TIMESTAMP() COMMENT '创建时间',
    PRIMARY KEY (id)
);
INSERT INTO tb_person                                       -- 插入数据
( name,english_name,age,sex,birthday,description ) values
('刘中华','Zhonghua Liu','25','男','1982-08-09','无备注');
INSERT INTO tb_person
( name,english_name,age,sex,birthday,description ) values
('李晓明','Kurt Cobain','27','男','1987-02-20','Nirvana');
INSERT INTO tb_person
( name,english_name,age,sex,birthday,description ) values
('孙阳','Faye','31','女','1989-08-08','狮子座');
```

在 Eclipse 新建 Dynamic Web Project 名称为 jdbc,并把 MySQL 的 JDBC 驱动添加到项目的 CLASSPATH 中。MySQL 的 JDBC 驱动可以从官方网站下载。本例使用的 MySQL JDBC 驱动文件名为“mysql-connector-java-5.0.18-bin.jar”。新建 JSP 文件 listPerson.jsp 源代码如下:

```
<%@ page language="java" pageEncoding="UTF-8"
contentType="text/html;charset=UTF-8"%>
<%@ page import="java.sql.DriverManager"%>
<%@ page import="java.sql.Connection"%>
<%@ page import="java.sql.Statement"%>
<%@ page import="java.sql.ResultSet"%>
<jsp:directive.page import="java.sql.Date"/>
<jsp:directive.page import="java.sql.Timestamp"/>
<jsp:directive.page import="java.sql.SQLException"/>
<!DOCTYPE HTML PUBLIC "-//W3C//DTD HTML 4.01 Transitional//EN">
<html>
    <head>
        <title>My JSP 'listPerson.jsp' for JDBC</title>
        <meta http-equiv="pragma" content="no-cache">
        <meta http-equiv="cache-control" content="no-cache">
        <meta http-equiv="expires" content="0">
        <meta http-equiv="keywords" content="keyword1,keyword2,keyword3">
        <meta http-equiv="description" content="This is my page">
        <style type="text/css">
            body,td,th,input {font-size:12px; text-align:center;}
        </style>
    </head>
```

```
    <body>
        <table align = right>
            <tr>
                <td><a href = "editPerson.jsp">新建人员资料</a></td>
            </tr>
        </table>
        </br>
<%
    Connection conn = null;
    Statement stmt = null;
    ResultSet rs = null;
    try{
        // 注册 MySQL 驱动,也可以使用下面两种方式中的任一种
        DriverManager.registerDriver(new com.mysql.jdbc.Driver());
        //new com.mysql.jdbc.Driver();
        //Class.forName("com.mysql.jdbc.Driver").newInstance();
        // 获取数据库连接。3 个参数分别为 连接 URL、用户名、密码
        conn = DriverManager.getConnection(
                        "jdbc:mysql://localhost:3306/testDbShock",
                        "root",
                        "system");
        // 获取 Statement。Statement 对象用于执行 SQL
        stmt = conn.createStatement();
        // 使用 Statement 执行 SELECT 语句。返回结果集
        rs = stmt.executeQuery("select * from tb_person");
%>
        <form action = "processPersonData.jsp" method = get>
            <table bgcolor = "#CCCCCC" cellspacing = 1 cellpadding = 5 width = 100% >
                <tr bgcolor = #DDDDDD>
                    <th></th>
                    <th>ID</th>
                    <th>姓名</th>
                    <th>英文名</th>
                    <th>性别</th>
                    <th>年龄</th>
                    <th>生日</th>
                    <th>备注</th>
                    <th>记录创建时间</th>
                    <th>操作</th>
                </tr>
                <%
    //遍历结果集。rs.next() 返回结果集中是否还有下一条记录。如果有,自动滚动到下一条
```

```
    记录并返回 true
  while (rs.next()) {
      int id = rs.getInt("id");                    // 整形类型
      int age = rs.getInt("age");
      String name = rs.getString("name");       // 字符串类型
      String englishName = rs.getString("english_name");
      String sex = rs.getString("sex");
      String description = rs.getString("description");
      Date birthday = rs.getDate("birthday");
      // 日期类型,只有日期信息而没有时间信息
      Timestamp createTime = rs.getTimestamp("create_time");
      // 时间戳类型,既有日期又有时间
      out.println("<tr bgcolor = #FFFFFF>");
      out.println("<td><input type = checkbox name = id value = " + id + "></td>");
      out.println("<td>" + id + "</td>");
      out.println("<td>" + name + "</td>");
      out.println("<td>" + englishName + "</td>");
      out.println("<td>" + sex + "</td>");
      out.println("<td>" + age + "</td>");
      out.println("<td>" + birthday + "</td>");
      out.println("<td>" + description + "</td>");
      out.println("<td>" + createTime + "</td>");
      out.println("<td>");
      out.println("<a href = 'processPersonData.jsp? action = del&id = "
       + id + "' onclick = 'return confirm(\"确定删除该记录? \")' >删除</a>");
      out.println("<a href = 'processPersonData.jsp? action = edit&id = " + id + "' >修改</a>");
      out.println("</td>");
      out.println("</tr>");
  }
%>
          </table>
          <table align = left>
              <tr>
                  <td>
  <input type = 'hidden' value = 'del' name = 'action' >
  <a href = '#' onclick = "
var array = document.getElementsByName('id');for(var i = 0; i<array.length;i + + )
                  {array[i].checked = true;}">全选</a>
  <a href = '#' onclick = "
var array = document.getElementsByName('id');for(var i = 0; i<array.length;i + + )
                  {array[i].checked = false;}">取消全选</a>
  <input type = 'submit' onclick = "return confirm('即将删除所选择的记录。是否删除?'); "
```

```
value = '删除'>
                </td>
            </tr>
        </table>
    </form>
<%
    }catch(SQLException e){
        out.println("发生了异常:" + e.getMessage());
        e.printStackTrace();
    }finally{
            // 关闭
            if(rs != null)
                rs.close();
            if(stmt != null)
                stmt.close();
            if(conn != null)
                conn.close();
    }
%>
    </body>
</html>
```

listPerson.jsp 演示了 JDBC 访问数据库的一般步骤:注册驱动,获取连接,获取人员信息,执行 SQL 并返回结果集,遍历结果集显示数据,释放连接。首先注册了 MySQL 的数据库驱动类,并从 DriverManager 中获取一个 Connection。然后使用 Connection 创建一个 Statement,Statement 能够执行 SQL 语句,并返回相应的结果。executeQuery()方法返回的是 ResultSet 对象,遍历该结果集便可得到查询的数据。listPerson.jsp 效果如图 12 - 1 所示。

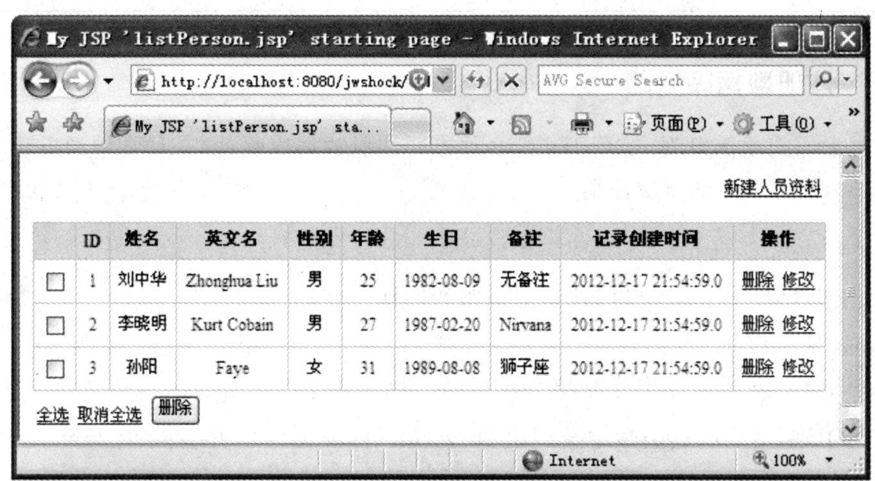

图 12 - 1　listPerson.jsp 运行效果图

说明:ResultSet、Statement、Connection 对象使用完毕后必须手工关闭。如果不关闭会占用数据库连接,可能导致后面的程序无法访问数据库。与 java.io.* 中的对象一样,最好将关闭代码写到 try…finally 代码块里。

12.1.2 各种数据库的连接

由于使用了 JDBC,各种数据库获取连接的方式是相同的,只是不同的数据库的连接 URL 不同。常见数据库的连接 URL 如表 12-1 所示。

表 12-1 常见数据库的连接 URL

数据库	连接 URL	说明
MySQL	jdbc:mysql://localhost:3306/dbname	默认端口为 3306。粗体字 **dbname** 为连接时使用的数据模式(名称),下同
Oracle	jdbc:oracle:thin:@localhost:1521:**dbname**	默认端口为 1521
DB2	jdbc:db2://localhost:6789/**dbname**	默认端口为 6789
PostgreSQL	jdbc:postgresql://localhost:5432/**dbname**	默认端口为 5432
Sybase	jdbc:jtds:sybase://localhost:2638/**dbname**	默认端口为 2638
SQL Server	jdbc:microsoft:sqlserver://localhost:1433;databaseName=**dbname**	默认端口为 1433
SQL Server 2005	jdbc:sqlserver://localhost:1433;databaseName=**dbname**	默认端口为 1433

12.1.3 注册数据库驱动

通过上面的示例发现,使用 JDBC 必须先要注册数据库驱动,一种常用的方法是直接调用 DriverManager 的方法注册:

```
DriverManager.registerDriver(new com.mysql.jdbc.Driver());
```

对于 MySQL 来说,还可以使用下面语句的任一种:

```
new com.mysql.jdbc.Driver();
Class.forName("com.mysql.jdbc.Driver").newInstance();
```

MySQL 驱动的构造函数中会调用 DriverManager 的注册方法。

12.2 MySQL 中文编码

如果没有出现乱码问题，说明使用了正确的编码机制。如果出现了乱码问题也不要急，乱码问题是处理中文字符时常遇到的问题，常常使初学者感到束手无策。MySQL 支持几十种编码方式，并且默认的编码是 latin1(一种西方字符编码方式)，对中文支持不太好，因此需要设置 MySQL 的编码方式，最好的方法是采用 UTF-8 编码。没有设置或者设置有误，很容易出现中文乱码。

12.2.1 编码方式

设置 MySQL 编码方式有下面 3 种途径。

1. 从控制台修改编码

从控制台输入命令。注意 MySQL 中的 UTF-8 写做 utf8，例如：

```
mysql> ALTER DATABASE testDbShock CHARACTER SET utf8;
Query OK,1 row affected (0.00 sec)
```

查看当前数据库编码方式的 MySQL 命令为

```
mysql> show variables like 'character_set_database';
+-------------------------+-------+
| Variable_name           | Value |
+-------------------------+-------+
| character_set_database  | utf8  |
+-------------------------+-------+
1 row in set (0.00 sec)
```

注意修改数据库编码不会影响已存在表的编码方式。如果表的编码方式原来为 latin1，还需要单独修改表的编码方式。修改某个数据表编码方式的 SQL 为

```
ALTER Table table_name CHARACTER SET utf8;
```

也可以在创建数据库的时候指定编码方式，例如：

```
CREATE DATABASE some_database CHARACTER SET utf8
```

2. 从配置文件修改编码

用记事本打开 MySQL 目录下的 my.ini 文件(找到机器上安装 MySQL 程序文件的路径，默认为“C:\Program Files\MySQL\MySQL Server 5.0\my.ini”)，找到下面的语句：

```
default-character-set = latin1
```

将编码方式 latinl 都修改为 utf8 即可。注意修改该参数也只会影响以后创建的数据库和数据表，但不会影响已经存在的数据库和数据表。

3. 利用图形界面工具修改编码

利用 MySQL 自带的图形界面工具(MySQL GUI Tools)修改。利用图形界面可以很方便地修改各种参数。在图形界面中双击表名,在弹出的对话框中选择 Table Option 属性页,如图 12-2 所示。

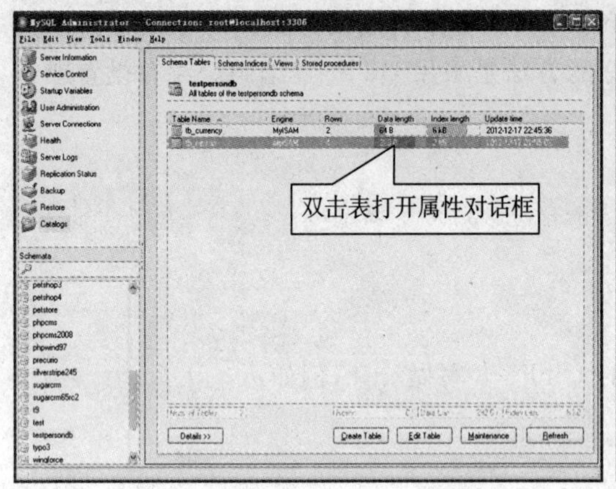

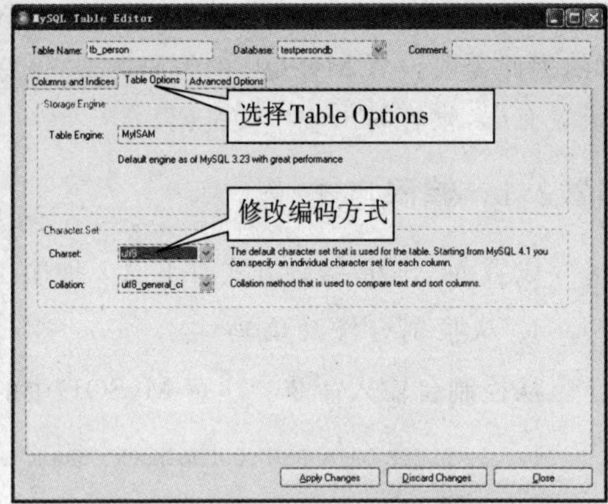

图 12-2 图形工具修改编码方式

说明:由于修改数据库不会影响到已存在表的编码,因此还要单独修改表的编码。

12.2.2 URL 中指定编码方式

另外,还需要指定 JDBC 连接时的编码方式,方法是修改 JDBC 连接 URL,例如:

```
Connection conn = DriverManager.getConnection(
    "jdbc:mysql://localhost:3306/testDbShock?unicode = true&characterEncoding = UTF-
    8","root","system");
```

完成上述设定后,一般就没有乱码了。如果还有乱码,请检查是否对 request 进行了编码。如果没有,从 request 取到的字符串也会出现乱码。注意 JSP 页面编码、request 编码、response 编码、数据库编码必须一致。

Tomcat 的 server.xml 中也要修改,防止 GET 方式提交数据时产生乱码。为 GET 方式获取数据添加 URIEncoding 参数,设置为 UTF-8 编码(默认为 ISO-8859-1 编码),修改后的配置参数为:

```
<Connector port = "8080" protocol = "HTTP/1.1"
    connectionTimeout = "2000"
    redirectPort = "8443"URIEncoding = "UTF-8"/>
```

说明:MySQL 数据库用 UTF-8 编码;JDBC 配置 URL 要指定 UTF-8 编码;ServletRequest与 ServletResponse 也进行 UTF-8 编码,这样一般就不会出现乱码。

12.3 JDBC 基本操作

数据库应用程序常被称为 CRUD 程序，这是因为它包括数据的创建(Create)、查询读取(Read)、更新(Update)、删除(Delete)等操作，取首字母缩写便是 CRUD。CRUD 概括了程序对数据库进行访问的基本操作。程序无论大小，归根结底都是这 4 种操作。本节将介绍利用 JDBC 实现 CRUD 的全部操作。

12.3.1 查询数据库

前面介绍了一个查询数据库的例子。查询数据库遵循固定的流程：注册 MySQL 驱动、获取 Connection、创建 Statememt、执行 SQL 语句返回查询结果 ResultSet 对象、遍历 ResultSet 输出数据、关闭 ResultSet、关闭 Statememt、关闭 Connection。示例代码在前面已经介绍了，这里不再重复。

12.3.2 插入人员信息

JDBC 可以执行 INSERT 语句向数据库插入数据，方法仍然是使用 Statement 对象，不过执行 INSERT 语句时要使用 executeUpdate(String sql)方法而不是 executeQuery(String sql)方法，executeUpdate()方法用于执行 INSERT、UPDATE、DELETE 等语句，这些语句不返回结果集，只返回数据中受影响的行数，是 int 类型的数值。而 executeQuery()方法用于执行 SELECT 语句，返回查询到的结果集，即 ResultSet 类型。

在前面的 listPerson.jsp 中预留了“添加人员”的链接，通过这个链接进入到添加新人员的页面 editPerson.jsp。新人员页面包含 form 表单，将用户新填写的人员数据提交到 processPersonData.jsp 页面进行处理。添加新人员的数据处理页面源代码如下：

```
<%@ page language="java" pageEncoding="UTF-8"contentType="text/html;charset=UTF-8"%>
    <%@ page import="java.sql.DriverManager"%>
    <%@ page import="java.sql.Connection"%>
    <%@ page import="java.sql.Statement"%>
    <jsp:directive.page import="java.sql.ResultSet" />
    <jsp:directive.page import="java.sql.SQLException" />
    <jsp:directive.page import="java.sql.PreparedStatement"/>
    <jsp:directive.page import="java.text.SimpleDateFormat"/>
    <jsp:directive.page import="java.sql.Timestamp"/>
    <jsp:directive.page import="java.sql.Date"/>
    <%!
    /** SQL 值中的单引号(')需要转化为 \'  */
    public String forSQL(String sql){
        return sql.replace("'","\\'");
    }
    %>
```

```
<%
request.setCharacterEncoding("UTF-8");
String name = request.getParameter("name");
String englishName = request.getParameter("englishName");
String age = request.getParameter("age");
String birthday = request.getParameter("birthday");
String sex = request.getParameter("sex");
String description = request.getParameter("description");
String action = request.getParameter("action");
if("add".equals(action)){
    // INSERT SQL 语句
    String sql = "INSERT INTO tb_person " +
        " ( name,english_name," + "age,sex,birthday," + "description ) values " +
        " ('" + forSQL(name) + "','" + forSQL(englishName) + "'," +
        "'" + age + "','" + sex + "','" + birthday + "'," +
        "'" + forSQL(description) + "') ";
    Connection conn = null;
    Statement stmt = null;
    int result = 0;
    try{
        DriverManager.registerDriver(new com.mysql.jdbc.Driver());
        conn = DriverManager.getConnection ( "jdbc:mysql://localhost:3306/
              testDbShock?characterEncoding=UTF-8","root","system");
        stmt = conn.createStatement();
        // 使用 Statement 执行 SQL 语句
        result = stmt.executeUpdate(sql);
    }catch(SQLException e){
        out.println("执行 SQL\"" + sql + "\"时发生异常:" + e.getMessage());
        return;
    }finally{
        if(stmt != null)stmt.close();
        if(conn != null)conn.close();
    }
out.println("<html><style>body{font-size:12px;line-height:25px; }
        </style><body>");
    out.println(result + " 条记录被添加到数据库中。");
    out.println("<a href='listPerson.jsp'>返回人员列表</a>");
    // 将执行的 SQL 语句输出到客户端
    out.println("<br/><br/>执行的 SQL 语句为:<br/>" + sql);
    return;
}
else if("del".equals(action)){
```

```
        // 取一个或者多个 ID 值
        String[] id = request.getParameterValues("id");
        if(id == null || id.length == 0){out.println("没有选中任何行");return;}
        String condition = "";
        for(int i = 0; i<id.length; i++){
            if(i == 0)condition = "" + id[i];
            elsecondition += "," + id[i];
        }
        String sql = "DELETE FROM tb_person WHERE id IN (" + condition + ") ";
        Connection conn = null;
        Statement stmt = null;
        try{
            DriverManager.registerDriver(new com.mysql.jdbc.Driver());
            conn = DriverManager.getConnection(
    "jdbc:mysql://localhost:3306/testDbShock?characterEncoding = UTF - 8","root","sys-
                            tem");
            stmt = conn.createStatement();
            // 使用 Statement 执行 SQL 语句
            int result = stmt.executeUpdate(sql);
            out.println("<html><style>body{font - size:12px; line - height:25px; }
            </style><body>");
            out.println(result + " 条记录被删除。");
            out.println("<a href = 'listPerson.jsp'>返回人员列表</a>");
            // 将执行的 SQL 语句输出到客户端
            out.println("<br/><br/>执行的 SQL 语句为:<br/>" + sql);
        }catch(SQLException e){
            out.println("执行 SQL\"" + sql + "\"时发生异常:" + e.getMessage());
            e.printStackTrace();
        }finally{
            if(stmt != null)stmt.close();
            if(conn != null)conn.close();
        }
    }
    else if("edit".equals(action)){
        String id = request.getParameter("id");
        String sql = "SELECT * FROM tb_person WHERE id = " + id;
        Connection conn = null;
        Statement stmt = null;
        ResultSet rs = null;
        try{
            DriverManager.registerDriver(new com.mysql.jdbc.Driver());
            conn = DriverManager.getConnection(
```

```
"jdbc:mysql://localhost:3306/testDbShock? characterEncoding = UTF - 8","root","sys-
                tem");
        stmt = conn.createStatement();
        rs = stmt.executeQuery(sql);
        if(rs.next()){
        // 有记录,将响应字段从数据库中取出,保存到 request 中,显示到修改页面
            request.setAttribute("id",rs.getString("id"));
            request.setAttribute("name",rs.getString("name"));
            request.setAttribute("englishName",rs.getString("english_name"));
            request.setAttribute("age",rs.getString("age"));
            request.setAttribute("sex",rs.getString("sex"));
            request.setAttribute("birthday",rs.getString("birthday"));
            request.setAttribute("description",rs.getString("description"));
            request.setAttribute("action",action);
            // 转到修改页面
request.getRequestDispatcher("/editPerson.jsp").forward(request,response);
        }
        else{
            // 没有数据
            out.println("没有找到 id 为 " + id + " 的记录。");
        }
    }catch(SQLException e){
        out.println("执行 SQL\"" + sql + "\"时发生异常:" + e.getMessage());
        e.printStackTrace();
    }finally{
        if(rs != null)rs.close();
        if(stmt != null)stmt.close();
        if(conn != null)conn.close();
    }
}
else if("save".equals(action)){
    String id = request.getParameter("id");
    String sql = "UPDATE tb_person SET " + "name = '" + forSQL(name) + "'," +
            "english_name = '" + forSQL(englishName) + "'," +
            "sex = '" + sex + "'," + "age = '" + age + "'," +
            "birthday = '" + birthday + "'," + "description = '"
            + forSQL(description) + "'" + " WHERE id = " + id;
    Connection conn = null;
    Statement stmt = null;
    try{
        DriverManager.registerDriver(new com.mysql.jdbc.Driver());
        conn = DriverManager.getConnection(
```

```
"jdbc:mysql://localhost:3306/testDbShock? characterEncoding = UTF - 8","root","sys-
                    tem");
            stmt = conn.createStatement();
            // 使用 Statement 执行 SQL 语句
            int result = stmt.executeUpdate(sql);
            out.println("<html><style>body{font - size:12px; line - height:25px; }</
            style><body>");
            if(result = = 0)out.println("影响数目为 0,修改失败. ");
            elseout.println(result + " 条记录被修改。");
            out.println("<a href = 'listPerson.jsp'>返回人员列表</a>");
            // 将执行的 SQL 语句输出到客户端
            out.println("<br/><br/>执行的 SQL 语句为:<br/>" + sql);
        }catch(SQLException e){
            out.println("执行 SQL\"" + sql + "\"时发生异常:" + e.getMessage());
            e.printStackTrace();
        }finally{
            if(stmt ! = null)stmt.close();
            if(conn ! = null)conn.close();
        }
}
else{
    String id = request.getParameter("id");
    String sql = "UPDATE tb_person SET name = ?,english_name = ?,sex = ?,age = ?,
    birthday = ?,description = ? WHERE id = ? ";
    Connection conn = null;
    PreparedStatement preStmt = null;
    try{
        DriverManager.registerDriver(new com.mysql.jdbc.Driver());
        conn = DriverManager.getConnection(
"jdbc:mysql://localhost:3306/testDbShock? characterEncoding = UTF - 8","root","sys-
                    tem");
        preStmt = conn.prepareStatement(sql);
        preStmt.setString(1,name);
        preStmt.setString(2,englishName);
        preStmt.setString(3,sex);
        preStmt.setInt(4,Integer.parseInt(age));
        preStmt.setDate(5,new Date(new SimpleDateFormat("yyyy - MM - dd").parse
        (birthday).getTime()));
        preStmt.setString(6,description);
        preStmt.setInt(7,Integer.parseInt(id));
        // 使用 preStmt 执行 SQL 语句
        int result = preStmt.executeUpdate(sql);
```

```
            out.println("<html><style>body{font-size:12px; line-height:25px; }</style><body>");
            if(result == 0)out.println("影响数目为 0,修改失败.");
            elseout.println(result + " 条记录被修改。");
            out.println("<a href='listPerson.jsp'>返回人员列表</a>");
            //将执行的 SQL 语句输出到客户端
            out.println("<br/><br/>执行的 SQL 语句为:<br/>" + sql);
        }catch(SQLException e){
            out.println("执行 SQL\"" + sql + "\"时发生异常:" + e.getMessage());
            e.printStackTrace();
        }finally{
            if(preStmt != null)preStmt.close();
            if(conn != null)conn.close();
        }
    }
%>
```

提交人员信息前后效果如图 12-3 所示。添加之后 listPerson.jsp 页面就列出新添加的人员信息了。

打印出的 SQL 语句可能为

```
INSERT INTO tb_person(name,english_name,age,sex,birthday,description)
VALUES('李晨','Chen Li','34','男','1978-02-13','籍贯:北京')
```

说明:由于表 tb_person 的 id 列是自增长类型的,因此 INSERT 语句中没有显式地插入 id 值。MySQL 数据库会自动为该列插入一个值。

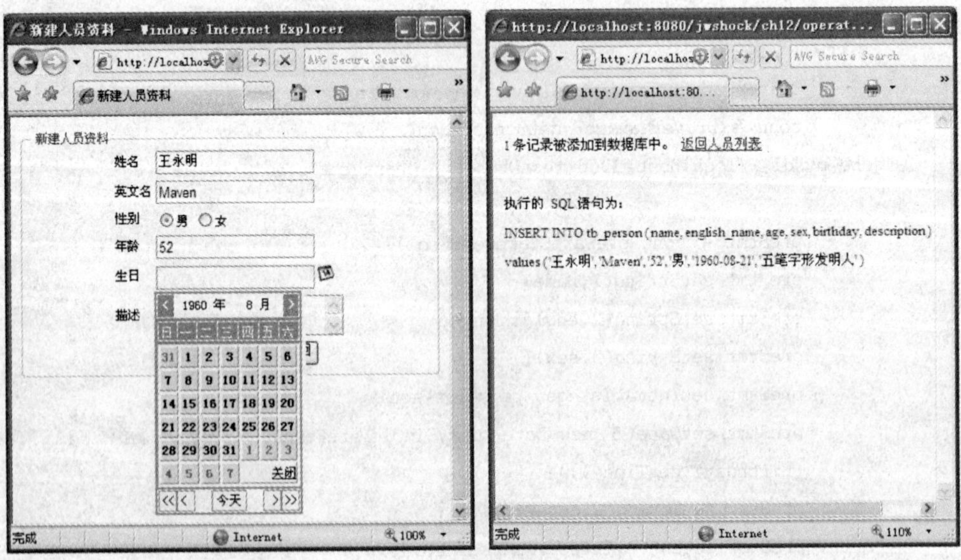

图 12-3 新建人员效果图

12.3.3 获取自动插入的 id

在数据库编程中，自增长类型 id 使用起来非常方便，如根据指定 id 值查询等。开发者不需要编程维护该列的值，而由数据库自己负责维护。但有时候却需要知道数据库自动插入了什么值，如插入了一条人员信息后，需要再插入一条该人员的其他信息，这时就要知道该人员信息的 id。

Statement 提供 getGeneratedKeys()方法以 ResultSet 方式返回所有自动生成的键值，遍历该 ResultSet 对象便可得到插入行的 id。示例代码如下：

```
packageedu. jwshock. jdbc. test
import java. sql. Connection;
import java. sql. DriverManager;
import java. sql. ResultSet;
import java. sql. SQLException;
import java. sql. Statement;
import com. mysql. jdbc. Driver;
public class GetGeneratedKeysTest{
    public static void main(String[] args) throws SQLException {
        new Driver();                                          // 注册驱动
        Connection conn = null;                                // Connection 对象
        Statement stmt = null;                                 // Statement 对象
        ResultSet rs = null;                                   // ResultSet 对象
        try {
            conn = DriverManager. getConnection{               // 创建 Connection
    "jdbc:mysql://localhost:3306/testDbShock? characterEncoding = UTF - 8","root","system");
            stmt = conn. createStatement();                    //获取 Statement
            stmt. executeUpdate(INSERT INTO tb person "        //执行 INSERT 语句
                    + "(name,english_name,age,"
                    + " sex,birthday,description) "
                    + " values ( ' Name ' , ' English Name ' ,"
                    + " ' 17 ' , ' 男 ' ,current_date() , ' ' ) ",
                    Statement. RETURN_GENERATED_KEYS);
                    rs = stmt. getGeneratedKeys ();            //获取自动生成的键值
                    rs. next();                                //滚动到下一条
                    System. out. println("id:  " + rs. getInt(1));      //输出第一列
        } finally {
            if (rs ! = null)  rs. close();                     //关闭 rs
            if (stmt ! = null) stmt. close();                  //关闭 stmt
            if (conn 1 = null) conn. close();                  //关闭 conn
        }
    }
}
```

上面的程序是使用 JDBC 的 Java 应用程序，与 JSP 中使用 JDBC 是一样的，运行结果会输出新增加的行的自增长主键值：

```
id: 26
```

12.3.4 删除人员信息

删除数据也使用 Statement 的 executeUpdate(String sql)方法执行 DELETE 语句。与 INSERT 不同的是，DELETE 必须使用 WHERE 条件指定删除哪一行数据，否则将删除所有数据。对于有主键的表来说，可以使用主键来标识哪一行数据，因为主键值是唯一的，不可重复的。在 tb_person 表中 id 列是主键。

前面 listPerson. jsp 中已经预留了删除数据的接口，并且支持多行删除。多行删除的原理是将这些行的 id 一块提交给程序，代码如下：

```
//代码略…
String action = request. getParameter("action");
if("add". equals(action)){
    //代码略…
}
else if("del". equals(action)){
    //取一个或者多个 ID 值
    String[] id = request. getParameterValues("id");
    if(id = = null || id. length = = 0){
        out. println("没有选中任何行");return;}
    String condition = "";
    for(int i = 0; i<id. length; i + + ){
        if(i = = 0)condition = "" + id[i];
        elsecondition + = "," + id[i];
    }
    String sql = "DELETE FROM tb_person WHERE id IN (" + condition + ") ";
    Connection conn = null;
    Statement stmt = null;
    try{
        DriverManager. registerDriver(new com. mysql. jdbc. Driver());
        conn = DriverManager. getConnection("
    jdbc:mysql://localhost:3306/testDbShock? characterEncoding = UTF - 8","root","sys-
                        tem");
        stmt = conn. createStatement();
        // 使用 Statement 执行 SQL 语句
        int result = stmt. executeUpdate(sql);
    out. println("<html><style>body{font - size:12px;line - height:25px; }</style><body>");
    out. println(result + "条记录被删除。");
    out. println("<a href = 'listPerson. jsp' >返回人员列表</a>");
```

```
    //将执行的 SQL 语句输出到客户端
    out.println("<br/><br/>执行的 SQL 语句为:<br/>" + sql);
    }catch(SQLException e){
        out.println("执行 SQL\"" + sql + "\"时发生异常:" + e.getMessage());
        e.printStackTrace();
    }finally{
        if(stmt ! = null)stmt.close();
        if(conn ! = null)conn.close();
    }
}
```

上述代码可以删除单行数据,也可以删除多行数据。提交请求后,选中的记录将从数据表中删除。打印出来的 SQL 语句可能为

```
DELETE FROM tb_person WHERE id IN (1,3,4,5)
```

12.3.5 修改人员数据

相对于插入删除,修改要麻烦得多。修改数据需要先把原来的数据呈现出来,客户做出修改后再保存数据。也就是说,一个完整的修改操作需要多个子过程。本例中修改流程如图 12-4 所示。整个流程使用 action 参数来区分不同的操作。

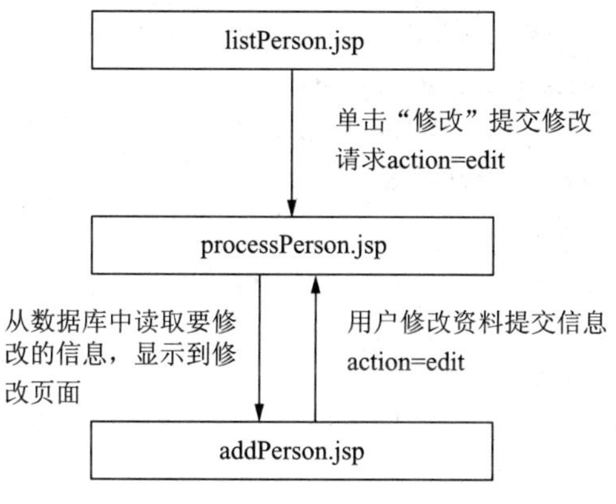

图 12-4 修改流程

人员列表 listPerson.jsp 中已经预留了修改的链接,单击“修改”链接就可以提交修改这一行数据的请求。processPersonData.jsp 处理修改请求的时候需要从数据库读取数据,使用 executeQuery()方法执行 SELECT 语句,将数据显示到修改页面上。保存数据时使用 executeUpdate()方法执行 UPDATE 语句,其中处理修改请求时的代码如下:

```
//代码略…
String action = request.getParameter("action");
if("add".equals(action)){
    //代码略…
} else if("del".equals(action)){
```

```
    //代码略…
}else if("edit".equals(action)){
    String id = request.getParameter("id");
    String sql = "SELECT * FROM tb_person WHERE id = " + id;
    Connection conn = null;
    Statement stmt = null;
    ResultSet rs = null;
    try{
        DriverManager.registerDriver(new com.mysql.jdbc.Driver());
        conn = DriverManager.getConnection("
    jdbc:mysql://localhost:3306/testDbShock? characterEncoding = UTF - 8","root","sys-
                        tem");
        stmt = conn.createStatement();
        rs = stmt.executeQuery(sql);
        if(rs.next()){
            // 有记录,将响应字段从数据库中取出,保存到 request 中,显示到修改页面
            request.setAttribute("id",rs.getString("id"));
            request.setAttribute("name",rs.getString("name"));
            request.setAttribute("englishName",rs.getString("english_name"));
            request.setAttribute("age",rs.getString("age"));
            request.setAttribute("sex",rs.getString("sex"));
            request.setAttribute("birthday",rs.getString("birthday"));
            request.setAttribute("description",rs.getString("description"));
            request.setAttribute("action",action);
            // 转到修改页面
            request.getRequestDispatcher("/editPerson.jsp").forward(request,response);
        }else{
                // 没有数据
                out.println("没有找到 id 为 " + id + " 的记录。");
        }
    }catch(SQLException e){
        out.println("执行 SQL\"" + sql + "\"时发生异常:" + e.getMessage());
        e.printStackTrace();
    }finally{
        if(rs != null)rs.close();
        if(stmt != null)stmt.close();
        if(conn != null)conn.close();
    }
}
```

修改请求处理完毕后,将数据库中读取的字段放到 request 中,然后 forward 到修改页面,修改页面负责显示数据库中的信息。由于本例中修改页面与添加页面是一个程

序，因此需要处理好添加与修改的不同条件。当添加新数据时要提交添加请求(即提交的 action 参数为 add)，修改数据时要显示原信息并提交修改请求(action 参数为 edit 表明提交修改请求)。修改页面代码如下：

```
<%@ page contentType="text/html; charset=UTF-8" %>
<!DOCTYPE html PUBLIC "-//W3C//DTD HTML 4.01 Transitional//EN" "http://www.w3.org/TR/html4/loose.dtd">
<html>
<head>
<meta http-equiv="Content-Type" content="text/html; charset=UTF-8">
<%-- 需要注意是 action 参数不是地址栏参数，而是在 processPersonData.jsp 中使用 request.setAttribute()方法保存的 --%>
<title>${action == "edit" ? "修改人员资料" : "新建人员资料" }</title>
<style type="text/css">body,td{font-size:12px; }</style>
<script type="text/javascript" src="js/calendar.js"></script>
<form action="processPersonData.jsp" method="post">
<input type="hidden" name="action" value="${action == 'edit' ? 'save' : 'add' %}">
<input type="hidden" name="id" value="${id}">
<fieldset>
    <legend>${action == "edit" ? "修改人员资料" : "新建人员资料" }</legend>
    <table align=center>
        <tr>
            <td>姓名</td>
            <td>
<input type="text" name="name" value="${ name }"/>
             </td>
        </tr>
        <tr>
            <td>英文名</td>
            <td><input type="text" name="englishName"value="$ englishName } "/></td>
        </tr>
        <tr>
            <td>性别</td>
            <td>
        <input type="radio" name="sex" value="男" id="sex_male"
        ${sex == "男"? "checked" : "" }/><label for="sex_male">男</label>
        <input type="radio" name="sex" value="女" id="sex_female"
        ${sex == "女"? "checked" : "" }/><label for="sex_female">女</label>
            </td>
        </tr>
        <tr>
            <td>年龄</td>
```

```
            <td>
            <input type = "text" name = "age" value = " ${age}" />
            </td>
        </tr>
        <tr>
            <td>生日</td>
            <td>
            <input type = "text" name = "birthday" onfocus = "setday(birthday)"
                    value = " ${birthday}"/>
            <img src = "images/calendar.gif"
                    onclick = "setday(birthday);" />
            </td>
        </tr>
        <tr>
            <td>描述</td>
            <td>
            <textarea name = "description" > ${description}</textarea>
            </td>
        </tr>
        <tr>
            <td></td>
            <td>
        <input type = "submit" value = " ${action = = 'edit' ? '保存' : '添加人员信息' }"/>
        <input type = "button" value = "返回" onclick = "history.go( - 1); " />
            </td>
        </tr>
    </table>
</fieldset>
</form>
</body>
</html>
```

需要注意的是,修改信息一定要保存 id 与 action 的值,否则保存信息时不知道修改的是哪条数据,是更新还是新增。显示原有信息时比较特别的是 checkbox 域和 textarea 域,与普通的 text 域不太一样,注意观察代码。

保存信息仍然写在 processPersonData.jsp 中,使用 action 区分。当 action 为 save 时执行保存操作,代码如下:

```
//代码略…
String action = request.getParameter("action");
if("add".equals(action)){
    //代码略…
} else if("del".equals(action)){
```

```
        //代码略…
    }else if("edit".equals(action)){
    }else if("save".equals(action)){
        String id = request.getParameter("id");
        String sql = "UPDATE tb_person SET " +
                " name = '" + forSQL(name) + "'," +
                " english_name = '" + forSQL(englishName) + "'," +
                " sex = '" + sex + "'," +
                "age = '" + age + "'," +
                " birthday = '" + birthday + "'," +
                " description = '" + forSQL(description) + "'" +
                " WHERE id = " + id;
        Connection conn = null;
        Statement stmt = null;
        try{
            DriverManager.registerDriver(new com.mysql.jdbc.Driver());
            conn = DriverManager.getConnection("
        jdbc:mysql://localhost:3306/testDbShock?characterEncoding = UTF - 8","root","sys-
                            tem");
            stmt = conn.createStatement();
            // 使用 Statement 执行 SQL 语句
            int result = stmt.executeUpdate(sql);
            out.println("<html><style>body{font - size:12px; line - height:25px; }</style>
            <body>");
            if(result = = 0)out.println("影响数目为 0,修改失败。");
            elseout.println(result + " 条记录被修改。");
            out.println("<a href = 'listPerson.jsp'>返回人员列表</a>");
            // 将执行的 SQL 语句输出到客户端
            out.println("<br/><br/>执行的 SQL 语句为:<br/>" + sql);
        }catch(SQLException e){
            out.println("执行 SQL\"" + sql + "\"时发生异常:" + e.getMessage());
            e.printStackTrace();
        }finally{
            if(stmt ! = null)stmt.close();
            if(conn ! = null)conn.close();
        }
    }
```

由于只修改一条数据,因此返回的影响行数应该为 1。可以通过该返回值判断是否修改成功。修改页面与添加页面使用同一个程序,界面上差不多,此处不再给出效果图。

保存时打印出的 SQL 语句可能为

```
UPDATE  tb_person SET name = '张三'english_name = 'Zhang san',sex - '男',
```

```
age = '23',birthday = '2008-02-23',description = '无描述'  WHERE id = 14
```

说明：修改是 CRUD 操作中最复杂的，因为需要先在界面上恢复旧的数据，然后保存新数据，还要保存 id 等数据标识。

12.3.6 使用 PreparedStatement

上面的例子中查询、插入、删除、修改都是通过 Statement 对象实现的。使用 Statement 是最简单的方式，只需要编写正确的 SQL 语句（SQL 错误会抛出 SQLException），然后执行 excuteQuery 或者 executeUpdate 就可以了。

除了使用 Statement，还可以使用 PreparedStatement。PreparedStatement 接口继承自 Statement 接口，是 Statement 的子类，因此拥有 Statement 接口的所有方法，如 executeQurey()、executeUpdate()、getGeneratedKeys()等。

PreparedStatement 与 Statement 的最大区别是 PreparedStatement 可以使用参数，也就是问号(?)。PreparedStatement 允许使用不完整的 SQL 语句，空缺的部分使用问号(?)代替，执行前将实际的数据设置进去。下面的代码演示了如何使用 PreparedStatement 来保存数据。

```
if ("save".equals (action)) {                    //保存数据
    String id = request.getParameter ("id");     //要保存的数据 ID
    //带参数的 SQL 语句
    String sql = "UPDATE tbyerson SET name = ?,english_name = ?,
    sex = ?,age = ?,birthday = ?,description = ? WHERE id = ?";
    Connection conn = null;                      // Connection 对象
    PreparedStatement preStmt = null;            // PreparedStatement 对象
    try{
        //注册驱动
        DriverManager.registerDriver(new com.mysql.jdbc.Driver());
        conn = DriverManager.getConnection(      //获取连接
                "jdbc:mysql://localhost:3306/testDbShock?
                characterEncoding = UTF-8","root","system");
        SimpleDateFormat f = new SimpleDateFormat("yyyy-MM-dd");
        //日期格式化
        Date d   = new Date(f.parse (birthday).getTime())  // 格式化后的日期
        preStmt = conn.prepareStatement(sql);              // 预编译带参数的 SQL 语句
        prestmt.setString(1,name);                         // 设置第一个参数
        preStmt.setString(2,englishName);                  // 设置第二个参数
        preStmt.setString(3,sex);                          // 设置第三个参数
        preStmt.setInt(4,Integer.parseInt(age));           // 设置第四个参数为 int 类型
        preStmt.setDate(5,d);                              // 设置第五个参数为日期类型
        preStmt.setString(6,description);                  // 设置第六个参数
        preStmt.setInt(7,Integer.parseInt(id));            // 设置第七个参数
        int result = preStmt.executeUpdate(sql);           // 执行 SQL 语句
```

```
        out.println("<html><style>body(font-size:12px;line-height:25px;}
                </style><body>");
        if(result == 0) out.println("影响数目为 0,修改失败。");        // 修改失贩
        else out.println(result +,t 条记录被修改。");                  // 修改成功
        out.println("<a href = 'listPerson.jsp'>返回人员列表</a>") ;
        out.println("<br/><br/>执行的 SQL 语句为:<br/>" + sql);       // 输出 SQL
    } catch(SQLException e){
        out.println("执行 SQL\n" + sql + "时发生异常:" + e.getMessage());
        e.printStackTrace();
    } finally {
        if (preStmt != null) preStmt.close();                          //关闭 preStmt
        if (conn != null) conn.close();                                //关闭 conn
    }
}
```

该段代码与前面使用 Statement 插入人员信息的效果是一样的。由于 PreparedStatement 使用问号代替了 SQL 中所有可变的部分，剩下了不变的部分，因此 JDBC 将 PreparedStatement 的 SQL 中不变的部分进行预编译，再次执行时效率较高。当程序中有大量重复性的 SQL 时，更倾向于使用 PreparedStatement。Statement 与 PreparedStatement 的区别如表 12-2 所示。

表 12-2 Statement 与 PreparedStatement 的区别

	Statement	PreparedStatement
预编译	不预编译，执行效率相对较低	预编译，执行效率相对较高
复杂数据类型	不支持，需要调用数据库函数转化，例如输入日期需要使用 to_date('2008-08-08','yyyy-MM-dd')(Oracle 数据库。MySQL 是可以直接输入'2008-08-08'的)	支持，通过响应的 set 方法可以设置。例如：setDate()，setBinaryStream()
大文本(Clob 类型字段)	不支持，有些数据库中 SQL 语句有长度限制。例如 Oracle 中最长是 4000 字节，超出了长度限制会报错	支持，大文本字段要通过 setClob()方法设置
二进制数据(Blob 类型字段)	不支持	支持，二进制数据要通过 setBlob()方法设置
批处理	支持，不可以设置参数	支持，可以设置参数

12.3.7 Statement 批处理 SQL

批处理 SQL 语句，也就是同时执行多条 SQL 语句。这些 SQL 语句必须是 INSERT、UPDATE、DELETE 等 SQL 语句，它们执行后都返回一个 int 类型数，表示影响的行数。Statement 与 PreparedStatement 通过 addBatch 方法添加一条 SQL 语句，通过 executeBatch()方法批量执行 SQL 语句，返回一个 int 数组，代表各句 SQL 的返回值。

先看 executeBatch 执行批处理语句的例子：

```
package edu.jwshock.jdbc.test;
import java.sql.Connection;
import java.sql.DriverManager;
import java.sql.ResultSet;
import java.sql.SQLException;
import java.sql.Statement;
import com.mysql.jdbc.Driver;
public class BatchTest {
    public static void main(String[] args) throws SQLException {
        new Driver();
        Connection conn = null;
        Statement stmt = null;
        ResultSet rs = null;
        try {
            conn = DriverManager.getConnection("
    jdbc:mysql://localhost:3306/testDbShock? characterEncoding = UTF - 8","root","sys-
                        tem");
            stmt = conn.createStatement();
            for (int i = 0; i<5; i++) {
                // 完整的 SQL 语句
                String sql = "insert into tb_person "+ " ( name,english_name,age,"
                    + " sex,birthday,description) " + " values ( 'Name "
                    + i + "','English Name " + i + "',"
                    + "'17','男',current_date(),'') ";
                // 批量添加
                stmt.addBatch(sql);
            }
            // 批量执行,将每句 SQL 执行的结果组织成 int[] 数组
            int[] result = stmt.executeBatch();
            // 输出
            System.out.print("影响的行数分别为:");
            for (int i = 0; i<result.length; i++) {
                System.out.print(result[i] + ",");
            }
        } finally {
            if (rs != null)
                rs.close();
            if (stmt != null)
                stmt.close();
            if (conn != null)
```

```
                conn.close();
            }
        }
    }
```

运行的结果可能为

```
影响的行数分别为：1,1,1,1,1
```

表示这 5 句 SQL 语句各自影响了一条记录。

说明：批量处理 SQL 将多条语句提交给数据库一块执行，效率更高一些，但是如果数据比较多，如 4 万条 SQL，就需要分批次执行，而 100 条只执行一次。

12.3.8 PreparedStament 批处理 SQL

Statement 的批处理 SQL 必须为完整的 SQL 语句，而 PreparedStatement 就灵活得多，既可以用完整的 SQL(因为它继承 Statement)，又可以用带参数的不完整的 SQL，例如：

```
package edu.jwshock.jdbc.test;
import java.sql.Connection;
import java.sql.DriverManager;
import java.sql.PreparedStatement;
import java.sql.ResultSet;
import java.sql.SQLException;
import com.mysql.jdbc.Driver;
public class PreparedBatchTest {
    public static void main(String[] args) throws SQLException {
        new Driver();
        Connection conn = null;
        PreparedStatement preStmt = null;
        ResultSet rs = null;
        try {
            conn = DriverManager.getConnection("
    jdbc:mysql://localhost:3306/testDbShock?characterEncoding = UTF - 8","root","sys-
                            tem");
            preStmt = conn.prepareStatement("insert into tb_person " + " ( name,english_name,age,"
                    + " sex,birthday,description) " + " values (?,?,?,?,?) ");
            for (int i = 0; i<5; i + + ) {
                int index = 1;
                preStmt.setString(index + + ,"Name " + i);
                preStmt.setString(index + + ,"English Name" + i);
                preStmt.setInt(index + + ,25);
                preStmt.setString(index + + ,"男");
                preStmt.setDate( index + + , new java.sql.Date ( System.currentTimeMillis
```

```
                    ()));
            preStmt.setString(index++,"");
            // 添加同一条带参数值的 SQL 语句
            preStmt.addBatch();
        }
        // 批量执行,将每句 SQL 执行的结果组织成 int[] 数组
        int[] result = preStmt.executeBatch();
        // 输出
        System.out.print("影响的行数分别为:");
        for (int i = 0; i<result.length; i++) {
            System.out.print(result[i] + ",");
        }
    } finally {
        if (rs != null)
            rs.close();
        if (preStmt != null)
            preStmt.close();
        if (conn != null)
            conn.close();
    }
  }
}
```

运行的结果可能为

```
影响的行数分别为:1,1,1,1,1
```

表示这 5 句 SQL 语句各自影响了一条记录。

说明:能够批量执行的 SQL 必须是 INSERT、UPDATE、DELETE 等返回 int 类型的 SQL,因为 Statement 或者 PreparedStatement 的 executeBatch()方法都返回 int[]数组。如果批量执行 SELECT 语句,会报错。另外批量执行 SQL 需要数据库的支持,某些数据库有可能不支持。

12.4 处理结果集

对数据库查询的结果都保持在 ResultSet 结果集中,遍历结果集便可取到查询的数据。

12.4.1 查询多个结果集

实际应用中,一般会查询多个数据表。查询多个表可以使用同一个 Statement 或者 PreparedStatement 实现,均返回同一个 ResultSet 对象,例如:

```
rs = stmt.executeQuery(" select * from tb_peron");
```

```
while (rs.next()) {
…//遍历 ResultSet
}
//中间不需要执行 rs.close(),JDBC 默认自动关闭前一次查询的 ResultSet
rs = stmt.executeQuery("select * from tb_user");
while (rs.next()) {
…//遍历 ResultSet
}
```

进行第一次查询时,stmt 会返回一个 ResultSet 对象。进行第二次查询时,stmt 会返回一个全新的对象,中间不需要执行 rs.close()关闭第一个对象。这是因为 Statement 与 PreparedStatement 有一个特性,在返回 ResultSet 结果集时,会自动关闭上一次查询的结果集。

12.4.2 可以滚动的结果集

除了常用的 next()方法,ResultSet 接口还有其他的方法,如 previous()、first()、last()等。如果后面还有记录,next()会返回 true,同时自动向下滚动一条记录,否则返回 false。previous()方法刚好相反,如果前面还有记录,previous()会返回 true,同时自动向上滚动一条记录,否则返回 false。first()滚动到第一条记录,如果第一条记录存在的话,last()则滚动到最后一条。

出于效率方面的考虑,Statement 默认返回的 ResultSet 是只能向后滚动的,因此只有 next()、last()方法是可用的。要想使用 previous()、first()方法,需要这样创建 Statement:

```
stmt = conn.createStatement(
    ResultSet.TYPE_SCROLL_INSENSITIVE,
    ResultSet.CONCUR_UPDATABLE);
rs = stmt.executeQuery("…");
```

第一个参数指定 Statement 创建的 ResultSet 可以自由滚动,第二个参数指定 Statement 创建的 ResultSet 可以直接修改。

12.4.3 分页显示

数据量大时需要分页显示。分页显示的机制是从数据库取出本页要显示的记录,而不必把所有的记录都取出来。MySQL 中实现分页是利用 LIMIT 实现的,如 SELECT * FROM tb_person LIMIT 21,10,只取出从第 21 行开始的 10 行记录(即开始的记录行与记录数目,而不是从第 21 行到第 10 行)。

分页显示时需要先查询记录总数,执行形如 SELECT count(*) FROM tb_person 的 SQL 语句,将返回只有一行一列的 ResultSet,即总记录数;然后计算总页数、本页第一条记录在数据表中的行数等。当前的页数将作为地址栏参数传递给服务器。分页显示还要生成导航的信息,比如第一页、上一页、下一页、最后一页等,看下面的例子:

```
<%@ page language="java" pageEncoding="UTF-8"
contentType="text/html;charset=UTF-8" %>
<%@ page import="java.sql.Connection" %>
<%@ page import="java.sql.ResultSet" %>
<jsp:directive.page import="java.sql.Date"/>
<jsp:directive.page import="java.sql.Timestamp"/>
<jsp:directive.page import="java.sql.SQLException"/>
<jsp:directive.page import="edu.jwshock.jdbc.util.DbManager"/>
<jsp:directive.page import="java.sql.PreparedStatement"/>
<jsp:directive.page import="edu.jwshock.jdbc.util.Pagination"/>
<!DOCTYPE HTML PUBLIC "-//W3C//DTD HTML 4.01 Transitional//EN">
<html>
    <head>
      <title>My JSP 'listPagedPersonBypage.jsp' for JDBC</title>
      <meta http-equiv="pragma" content="no-cache">
      <meta http-equiv="cache-control" content="no-cache">
      <meta http-equiv="expires" content="0">
      <style type="text/css">body,td,th,input {font-size:12px; text-align:center; }
      </style>
    </head>
    <body>
<%
      final int pageSize = 10;      // 一页显示 10 条记录
      int pageNum = 1;              // 当前页数
      int pageCount = 1;            // 总页数
      int recordCount = 0;          // 总记录数
      try{
          // 从地址栏参数取当前页数
          pageNum = Integer.parseInt(request.getParameter("pageNum"));
      }catch(Exception e){}
      String sql = null;
      Connection conn = null;
      PreparedStatement preStmt = null;
      ResultSet rs = null;
      try{
          sql = "SELECT count(*) FROM tb_person";
          recordCount = DbManager.getCount(sql);
          // 计算总页数
          pageCount = (recordCount + pageSize - 1) / pageSize;
          // 本页从 startRecord 行开始
          int startRecord = (pageNum - 1) * pageSize;
          // MySQL 使用 limit 实现分页
```

```
            sql = "SELECT * FROM tb_person LIMIT ?,? ";
            conn = DbManager.getConnection();
            preStmt = conn.prepareStatement(sql);
            DbManager.setParams(preStmt,startRecord,pageSize);
            rs = preStmt.executeQuery();
%>
<form action = "operatePerson.jsp" method = get>
  <table bgcolor = "#CCCCCC" cellspacing = 1 cellpadding = 5 width = 100 %>
    <tr bgcolor = #DDDDDD>
        <th>ID</th>
        <th>姓名</th>
        <th>英文名</th>
        <th>性别</th>
        <th>年龄</th>
        <th>生日</th>
        <th>备注</th>
        <th>记录创建时间</th>
        <th>操作</th>
    </tr>
<%
        // 遍历结果集。rs.next() 返回结果集中是否还有下一条记录。如果有,自动滚动到下
          一条记录并返回 true
        while(rs.next()){
            int id = rs.getInt("id");     // 整型类型
            int age = rs.getInt("age");
            String name = rs.getString("name");     // 字符串类型
            String englishName = rs.getString("english_name");
            String sex = rs.getString("sex");
            String description = rs.getString("description");
            //日期类型,只有日期信息而没有时间信息
            Date birthday = rs.getDate("birthday");
            //时间戳类型,既有日期又有时间。
            Timestamp createTime = rs.getTimestamp("create_time");
            out.println("<tr bgcolor = #FFFFFF>");
            out.println("<td>" + id + "</td>");
            out.println("<td>" + name + "</td>");
            out.println("<td>" + englishName + "</td>");
            out.println("<td>" + sex + "</td>");
            out.println("<td>" + age + "</td>");
            out.println("<td>" + birthday + "</td>");
            out.println("<td>" + description + "</td>");
            out.println("<td>" + createTime + "</td>");
```

```
                out.println("<td>");
                out.println ("<a href = 'processPersonData.jsp? action = del&id = " + id +
                            "' onclick = 'return confirm(\"确定删除记录? \"); '>删除</a>");
                out.println("<a href = 'processPersonData.jsp? action = edit&id = " + id + "'>
                            修改</a>");
                out.println("</td>");
                out.println("</tr>");
            }
    %>
       </table>
       <table align = right> <tr> <td> <% = Pagination.getPagination ( pageNum, pageCount,
       recordCount,request.getRequestURI()) %> </td></tr></table>
       <br/><br/><br/>
       <table align = left><tr><td>SQL: <% = sql %> </td></tr></table>
       </form>
    <%
        }catch(SQLException e){
            out.println("执行 SQL:" + sql + "时发生异常:" + e.getMessage());
            e.printStackTrace();
        }finally{
            if(rs ! = null)rs.close();
            if(preStmt ! = null)preStmt.close();
            if(conn ! = null)conn.close();
        }
    %>
       </body>
    </html>
```

代码中使用 DbManager 与 Pagination。DbManager 封装了一些常用的 JDBC 代码，代码如下：

```
package edu.jwshock.jdbc.util;
import java.sql.Connection;
import java.sql.Date;
import java.sql.DriverManager;
import java.sql.PreparedStatement;
import java.sql.ResultSet;
import java.sql.SQLException;
import java.sql.Statement;
import java.sql.Timestamp;
import java.sql.Types;
import com.mysql.jdbc.Driver;
public class DbManager {
```

```
/ * * .
 * 获取默认数据库连接
 *
 * @return
 * @throws SQLException
 * /
public static Connection getConnection() throws SQLException {
    return getConnection("testDbShock","root","system");
}
/ * *
 * 获取数据库连接
 *
 * @param dbName
 * @param userName
 * @param password
 * @return
 * @throws SQLException
 * /
public static Connection getConnection(String dbName,String userName,
        String password) throws SQLException {
    String url = "jdbc:mysql://localhost:3306/" + dbName + "? characterEncoding = UTF - 8";
    DriverManager. registerDriver(new Driver());
    return DriverManager. getConnection(url,userName,password);
}
/ * *
 * 设置 PreparedStatement 参数
 *
 * @param preStmt
 * @param params
 * @throws SQLException
 * /
public static void setParams(PreparedStatement preStmt,Object…params)
        throws SQLException {
    if (params = = null || params. length = = 0)
        return;
    for (int i = 1; i <= params. length; i + + ) {
        Object param = params[i - 1];
        if (param = = null) {
            preStmt. setNull(i,Types. NULL);
        } else if (param instanceof Integer) {
            preStmt. setInt(i,(Integer) param);
        } else if (param instanceof String) {
```

```
                preStmt.setString(i,(String) param);
            } else if (param instanceof Double) {
                preStmt.setDouble(i,(Double) param);
            } else if (param instanceof Long) {
                preStmt.setDouble(i,(Long) param);
            } else if (param instanceof Timestamp) {
                preStmt.setTimestamp(i,(Timestamp) param);
            } else if (param instanceof Boolean) {
                preStmt.setBoolean(i,(Boolean) param);
            } else if (param instanceof Date) {
                preStmt.setDate(i,(Date) param);
            }
        }
    }
    /**
     * 执行 SQL,返回影响的行数
     *
     * @param sql
     * @return
     * @throws SQLException
     */
    public static int executeUpdate(String sql) throws SQLException {
        return executeUpdate(sql,new Object[] {});
    }
    /**
     * 带参数执行 SQL,返回影响的行数
     *
     * @param sql
     * @param params
     * @return
     * @throws SQLException
     */
    public static int executeUpdate(String sql,Object...params)
            throws SQLException {
        Connection conn = null;
        PreparedStatement preStmt = null;
        try {
            conn = getConnection();
            preStmt = conn.prepareStatement(sql);
            setParams(preStmt,params);
            return preStmt.executeUpdate();
        } finally {
```

```
            if (preStmt ! = null)
                preStmt. close();
            if (conn ! = null)
                conn. close();
        }
    }
    /* *
     * 获取总数
     *
     * @param sql  格式必须为 SELECT count( * ) FROM …
     * @return
     * @throws SQLException
     */
    public static int getCount(String sql) throws SQLException {
        Connection conn = null;
        Statement stmt = null;
        ResultSet rs = null;
        try {
            conn = getConnection();
            stmt = conn. createStatement();
            rs = stmt. executeQuery(sql);
            rs. next();
            return rs. getInt(1);
        } finally {
            if (rs ! = null)
                rs. close();
            if (stmt ! = null)
                stmt. close();
            if (conn ! = null)
                conn. close();
        }
    }
}
```

Pagination 用于输出第一页、上一页、下一页、最后一页等信息，代码如下：

```
package edu. jwshock. jdbc. util;
public class Pagination {
    /* *
     * @param pageNum 当前页数
     * @param pageCount 总页数
     * @param recordCount 总记录数
     * @param pageUrl 页面 URL
```

```
     * @return
     */
    public static String getPagination(int pageNum,int pageCount,
            int recordCount,String pageUrl) {
        String url = pageUrl.contains("?") ? pageUrl : pageUrl + "?";
        if(! url.endsWith("?") && ! url.endsWith("&")){
            url + = "&";
        }
        StringBuffer buffer = new StringBuffer();
        buffer.append("第").append(pageNum).append("/").append(pageCount).append(" 页
        共 ").append(recordCount).append(" 记录 ");
        if (pageNum = = 1) {
            buffer.append(" 第一页  上一页 ");
        } else {
            buffer.append(" <a href = '").append(url).append("pageNum = 1'>第一页</a> ");
            buffer .append(" <a href = '").append(url).append("pageNum = ")
                    .append(pageNum - 1).append("'>上一页</a> ");
        }
        if (pageNum = = pageCount) {
            buffer.append(" 下一页  最后一页 ");
        } else {
            buffer .append(" <a href = '").append(url).append("pageNum = ")
                    .append(pageNum + 1).append("'>下一页</a> ");
            buffer .append(" <a href = '").append(url).append("pageNum = ")
                    .append(pageCount).append("'>最后一页</a> ");
        }
        return buffer.toString();
    }
}
```

程序执行效果如图 12 - 5 所示。

一般使用整除操作计算总页数。例如，总记录数为 12，每页记录数为 10，则总页数应该为 12/10+1=2；但如果总记录数为 10，每页记录数为 10，总页数应该为 1。不同之处是余数不一样，因此计算总页数代码应该分别对待：

```
pageCount = recordCount / pageSize;
if (recordCount % pageSize ! = 0) pageCount + = 1;
```

这需要两行代码。listPagedPerson.jsp 中使用另一种更简单的方式：

```
pageCount = (recordCount + pageSize - 1)/ pageSize;
```

读者可以自行验证一下，二者是等效的。

说明：SQL 并没有对分页显示制定标准，因而不同的数据库采用不同的方式实现分

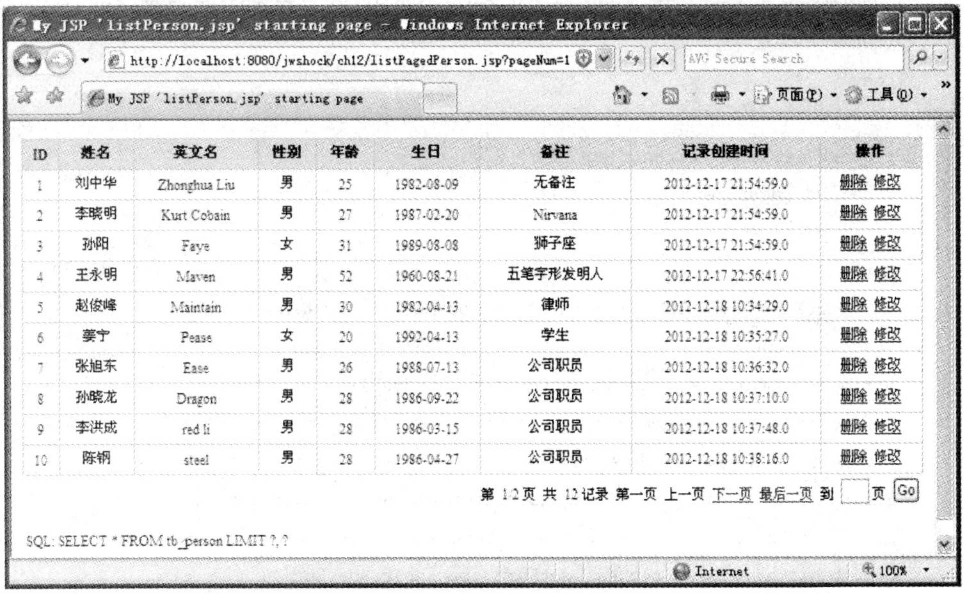

My JSP 'listPerson.jsp' starting page - Windows Internet Explorer

http://localhost:8080/jwshock/ch12/listPagedPerson.jsp?pageNum=1

ID	姓名	英文名	性别	年龄	生日	备注	记录创建时间	操作
1	刘中华	Zhonghua Liu	男	25	1982-08-09	无备注	2012-12-17 21:54:59.0	删除 修改
2	李晓明	Kurt Cobain	男	27	1987-02-20	Nirvana	2012-12-17 21:54:59.0	删除 修改
3	孙阳	Faye	女	31	1989-08-08	狮子座	2012-12-17 21:54:59.0	删除 修改
4	王永明	Maven	男	52	1960-08-21	五笔字形发明人	2012-12-17 22:56:41.0	删除 修改
5	赵俊峰	Maintain	男	30	1982-04-13	律师	2012-12-18 10:34:29.0	删除 修改
6	姜宁	Pease	女	20	1992-04-13	学生	2012-12-18 10:35:27.0	删除 修改
7	张旭东	Ease	男	26	1988-07-13	公司职员	2012-12-18 10:36:32.0	删除 修改
8	孙晓龙	Dragon	男	28	1986-09-22	公司职员	2012-12-18 10:37:10.0	删除 修改
9	李洪成	red li	男	28	1986-03-15	公司职员	2012-12-18 10:37:48.0	删除 修改
10	陈钢	steel	男	28	1986-04-27	公司职员	2012-12-18 10:38:16.0	删除 修改

第 1/2 页 共 12 记录 第一页 上一页 下一页 最后一页 到 页 Go

SQL: SELECT * FROM tb_person LIMIT ?, ?

图 12-5 分页显示效果

页，如 MySQL 使用 LIMIT，而 Oracle 中使用 ROWNUM，语法也不一样。JDBC 编程中实现分页时要根据数据库选择不同的 SQL 语句。如果数据库不支持分页，需要使用 ResultSet. next()滚动到当前位置。

12.4.4 带条件的查询

实用的查询页面能够设置复杂的查询条件。其基本原理是把查询条件转化为对应的 WHERE 子句，然后使用包含该 WHERE 子句的 SQL 语句查询数据库。下面的例子是对 tb_person 表进行复杂的查询：

```
<%@ page language = "java" pageEncoding = "UTF-8"contentType = "text/html;charset = UTF-8" %>
<%!
    public String forSQL(String sql){
        return sql.replace("'","\\'");
    }
%>
<!DOCTYPE HTML PUBLIC "-//W3C//DTD HTML 4.01 Transitional//EN">
<html>
  <head>
    <title>My JSP 'searchPerson.jsp' for JDBC</title>
    <meta http-equiv = "pragma" content = "no-cache">
    <meta http-equiv = "cache-control" content = "no-cache">
    <meta http-equiv = "expires" content = "0">
    <meta http-equiv = "keywords" content = "keyword1,keyword2,keyword3">
    <meta http-equiv = "description" content = "This is my page">
```

```
    <style type = "text/css">body,td,th{font - size:12px; text - align:center; }</style>
  </head>
  <body>
<%
    request.setCharacterEncoding("UTF - 8");
    final int pageSize = 5;
    int pageNum = 1;
    try{
        pageNum = new Integer(request.getParameter("pageNum"));
    }catch(Exception e){}
    String nameSearch = request.getParameter("name");
    String sexSearch = request.getParameter("sex");
    String englishNameSearch = request.getParameter("englishName");
    String descriptionSearch = request.getParameter("description");
    String birthdayStart = request.getParameter("birthdayStart");
    String birthdayEnd = request.getParameter("birthdayEnd");
    String whereClause = "";
    //模糊匹配
    if(nameSearch! = null && nameSearch.trim().length()! = 0){
        if(whereClause.length() = = 0)
            whereClause + = " name LIKE ' %" + forSQL(nameSearch) + "% '";
    else
            whereClause + = " AND name LIKE ' %" + forSQL(nameSearch) + "% '";
    }
    //精确匹配
    if(sexSearch! = null && sexSearch.trim().length()! = 0){
        if(whereClause.length() = = 0)
            whereClause + = " sex = '" + forSQL(sexSearch) + "'";
        else
            whereClause + = " AND sex = '" + forSQL(sexSearch) + "'";
    }
    if(englishNameSearch! = null && englishNameSearch.trim().length()! = 0){
        if(whereClause.length() = = 0)
            whereClause + = " english_name LIKE ' %" + forSQL(englishNameSearch) + "% '";
        else
            whereClause + = " AND english_name LIKE ' %" + forSQL(englishNameSearch) + "% '";
    }
    if(descriptionSearch! = null && descriptionSearch.trim().length()! = 0){
        if(whereClause.length() = = 0)
            whereClause + = " description LIKE ' %" + forSQL(descriptionSearch) + "% '";
        else
            whereClause + = " AND description LIKE ' %" + forSQL(descriptionSearch) + "% '";
```

```
    }
    if(birthdayStart! = null && birthdayStart.trim().length()! = 0){
        if(whereClause.length() = = 0)
            whereClause + = " birthday >= '" + birthdayStart + "'";
        else
            whereClause + = " AND birthday >= '" + birthdayStart + "'";
    }
    if(birthdayEnd! = null && birthdayEnd.trim().length()! = 0){
        if(whereClause.length() = = 0)
            whereClause + = " birthday <= '" + birthdayEnd + "'";
        else
            whereClause + = " AND birthday <= '" + birthdayEnd + "'";
    }
    if(whereClause.length() ! = 0){
        whereClause = " WHERE " + whereClause;
    }
    String countSQL = " SELECT count( * ) FROM tb_person " + whereClause;
    int recordCount = DbManager.getCount(countSQL);
    int pageCount = (recordCount + pageSize) / pageSize;
    String querySQL = " SELECT * FROM tb_person " + whereClause +
                      " LIMIT " + (pageNum - 1) * pageSize + "," + pageSize;
    Connection conn = null;
    Statement stmt = null;
    ResultSet rs = null;
    try{
        conn = DbManager.getConnection();
        stmt = conn.createStatement();
        rs = stmt.executeQuery(querySQL);
%>
<form action = "searchPerson.jsp" method = get>
  <fieldset style = 'width:80% '>
      <legend>查询条件</legend>
      <table >
          <tr>
              <td style = "text-align:right; ">姓名</td>
              <td style = "text-align:left; ">
                  <input type = 'text' name = 'name' value = "${param.name}"/>
              </td>
              <td style = "text-align:right; ">性别</td>
              <td style = "text-align:left; ">
                  <select name = 'sex' />
                      <option value = "">无限制</option>
```

```
                    <option value="男" ${'男'==param.sex?'selected':''}>男
                    </option>
                    <option value="女" ${'女'==param.sex?'selected':''}>女
                    </option>
                </select>
            </td>
        </tr>
        <tr>
            <td style="text-align:right;">英文名</td>
            <td style="text-align:left;">
                <input type='text' name='englishName'
                        value="${param.englishName}"/>
            </td>
            <td style="text-align:right;">备注</td>
            <td style="text-align:left;">
                <input type='text' name='description' value="${
                param.description}"/>
            </td>
        </tr>
        <tr>
            <td colspan=4>
                出生日期从
<input type='text' name='birthdayStart' onfocus="setday(birthdayStart);" value="${
param.birthdayStart}"/>
                <img src="images/calendar.gif"
onclick="setday(birthdayStart);" />  
                到<input type='text' name='birthdayEnd'
onfocus="setday(birthdayEnd);" value="${param.birthdayEnd}"/>
                <img src="images/calendar.gif"
onclick="setday(birthdayEnd);" />
            </td>
        </tr>
        <tr>
            <td colspan=4>
                <input type="submit" value="提交查询">
                <input type="reset" value="复位">
            </td>
        </tr>
    </table>
  </fieldset>
  <br/>
  <table bgcolor="#CCCCCC" cellspacing=1 cellpadding=5 width=100%>
```

```
        <tr bgcolor = #DDDDDD>
            <th>ID</th>
            <th>姓名</th>
            <th>英文名</th>
            <th>性别</th>
            <th>年龄</th>
            <th>生日</th>
            <th>备注</th>
            <th>记录创建时间</th>
        </tr>
<%
        //遍历结果集。rs.next() 返回结果集中是否还有下一条记录。如果有，自动滚动到下
          一条记录并返回 true
        while(rs.next()){
            int id = rs.getInt("id");                 // 整型类型
            int age = rs.getInt("age");
            String name = rs.getString("name");   // 字符串类型
            String englishName = rs.getString("english_name");
            String sex = rs.getString("sex");
            String description = rs.getString("description");
            // 日期类型，只有日期信息而没有时间信息
            Date birthday = rs.getDate("birthday");
            //时间戳类型，既有日期又有时间
            Timestamp createTime = rs.getTimestamp("create_time");
            out.println("<tr bgcolor = #FFFFFF>");
            out.println("<td>" + id + "</td>");
            out.println("<td>" + name + "</td>");
            out.println("<td>" + englishName + "</td>");
            out.println("<td>" + sex + "</td>");
            out.println("<td>" + age + "</td>");
            out.println("<td>" + birthday + "</td>");
            out.println("<td>" + description + "</td>");
            out.println("<td>" + createTime + "</td>");
            out.println("</tr>");
        }
%>
    </table>
    <table align = right><tr><td>
    <% = Pagination.getPagination(pageNum,pageCount,recordCount,
    request.getRequestURI()) %>
    </td></tr></table><br/><br/>
    <table width= '100%'><tr><td style= 'text-align:center;'>
```

```
        <br/><br/> <% = "Count SQL:" + countSQL %>
        <br/><br/> <% = "Query SQL:" + querySQL %>
      </td></tr></table>
      </form>
    <%
        }catch(SQLException e){
            out.println("执行 SQL:" + querySQL + "时出错:" + e.getMessage());
        }finally{
            if(rs != null)rs.close();
            if(stmt != null)stmt.close();
            if(conn != null)conn.close();
        }
    %>
      <script type="text/javascript" src="js/calendar.js"></script>
    </body>
    </html>
```

程序中对 name 参数做了判断,如果 name 为空则不查询 name。另外,还要注意把用户填写的查询条件显示在查询结果页面上。其运行效果如图 12 - 6 所示。

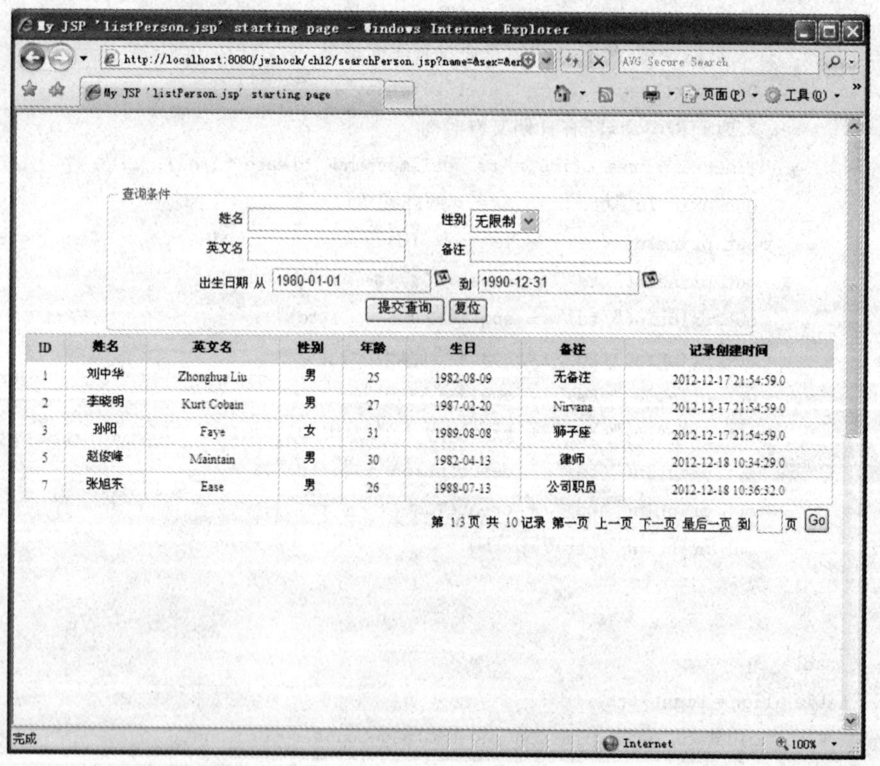

图 12 - 6　复杂查询效果图

程序输出的 SQL 语句可能为

```
SELECT count( * ) FROM tb_person WHERE name LIKE ' %李% ' AND sex = '男' AND birthday >=
'1980-01-01'
SELECT count( * ) FROM tb_person WHERE name LIKE ' %李% ' AND sex = '男' AND birthday >=
'1980-01-01' LIMIT 0,5
```

12.4.5 ResultsetMetaData 元数据

前面的查询都是预先知道列的名字，如 name 列，然后通过 rs.getString("name")来获取当前行中 name 列的内容。实际上，JDBC 可以获取 ResultSet 对象的列名。根据获取的列名，可以动态显示各列内容。

ResultSet 对象的列名可由 ResultSetMetaData 元数据获得。ResultSetMetaData 可以返回元数据，遍历元数据即可获知 ResultSet 中有哪些列，每一列是什么类型，例如：

```
<%@ page language="java" contentType="text/html; charset=UTF-8" %>
<jsp:directive.page import="java.sql.Connection"/>
<jsp:directive.page import="java.sql.Statement"/>
<jsp:directive.page import="java.sql.ResultSet"/>
<jsp:directive.page import="java.sql.SQLException"/>
<jsp:directive.page import="edu.jwshock.jdbc.util.DbManager"/>
<%
    request.setCharacterEncoding("UTF-8");
%>
<! DOCTYPE HTML PUBLIC "-//W3C//DTD HTML 4.01 Transitional//EN">
<html>
  <head>
    <title>My JSP 'showMetaData.jsp' for JDBC</title>
    <meta http-equiv="pragma" content="no-cache">
    <meta http-equiv="cache-control" content="no-cache">
    <meta http-equiv="expires" content="0">
    <meta http-equiv="keywords" content="keyword1,keyword2,keyword3">
    <meta http-equiv="description" content="This is my page">
    <style type="text/css">
        textarea { width: 300px; height: 100px; font-size: 12px; }
        body {font-size: 12px; }
        table,td,th {font-size: 12px; }
        table {border-collapse: collapse; border: 1px solid #000000; }
        th {background: #CCCCCC; }
        td,th {border: 1px solid #000000; padding: 2px; text-align: center; padding-
        left:4px; padding-right:4px; }
        .error {font-size:12px; color: #FF0000; }
    </style>
```

```
    </head>
    <body>
      <form action = "${pageContext.request.requestURL}" method = "get">
          <textarea name = "sql">${param.sql}</textarea> <input type = "submit">
      </form>
  <%
      String sql = request.getParameter("sql");
      out.println("SQL 语句:" + sql);
      if(sql != null && sql.trim().length() > 0){
          Connection conn = null;
          Statement stmt = null;
          ResultSet rs = null;
          try{
              conn = DbManager.getConnection();
              stmt = conn.createStatement();
              rs = stmt.executeQuery(sql);
              int columnCount = rs.getMetaData().getColumnCount();
              String[] columns = new String[columnCount];
              for(int i = 1; i <= columnCount; i++){
                  columns[i - 1] = rs.getMetaData().getColumnLabel(i);
              }
              StringBuffer buffer = new StringBuffer();
              buffer.append("<table>");
              buffer.append("<tr>");
              for(String column : columns){
                  buffer.append("<th>" + column + "</th>");
              }
              buffer.append("</tr>");
              while(rs.next()){
                  buffer.append("<tr>");
                  for(String column : columns){
                      buffer.append("<td>" + rs.getString(column) + "</td>");
                  }
                  buffer.append("</tr>");
              }
                  buffer.append("</table>");
                  out.println(buffer.toString());
          }catch(SQLException e){
              out.println("<div class = error>执行 SQL:" + sql + "时出错:" +
              e.getMessage() + "</div>");
              e.printStackTrace();
          }finally{
```

```
                if(rs ! = null)rs.close();
                if(stmt ! = null)stmt.close();
                if(conn ! = null)conn.close();
            }
        }
    %>
  </body>
</html>
```

该程序不仅能够执行诸如“SELECT * FROM tb_person”的常规 SQL 语句，显示任意数据表的数据（前提是有读取权限），还能执行如“SHOW DATABASES”、“SHOW VARIABLES”等非标准的 SQL。执行“SHOW VARIABLES”将显示 MySQL 数据库的所有变量。其运行效果如图 12－7 所示。

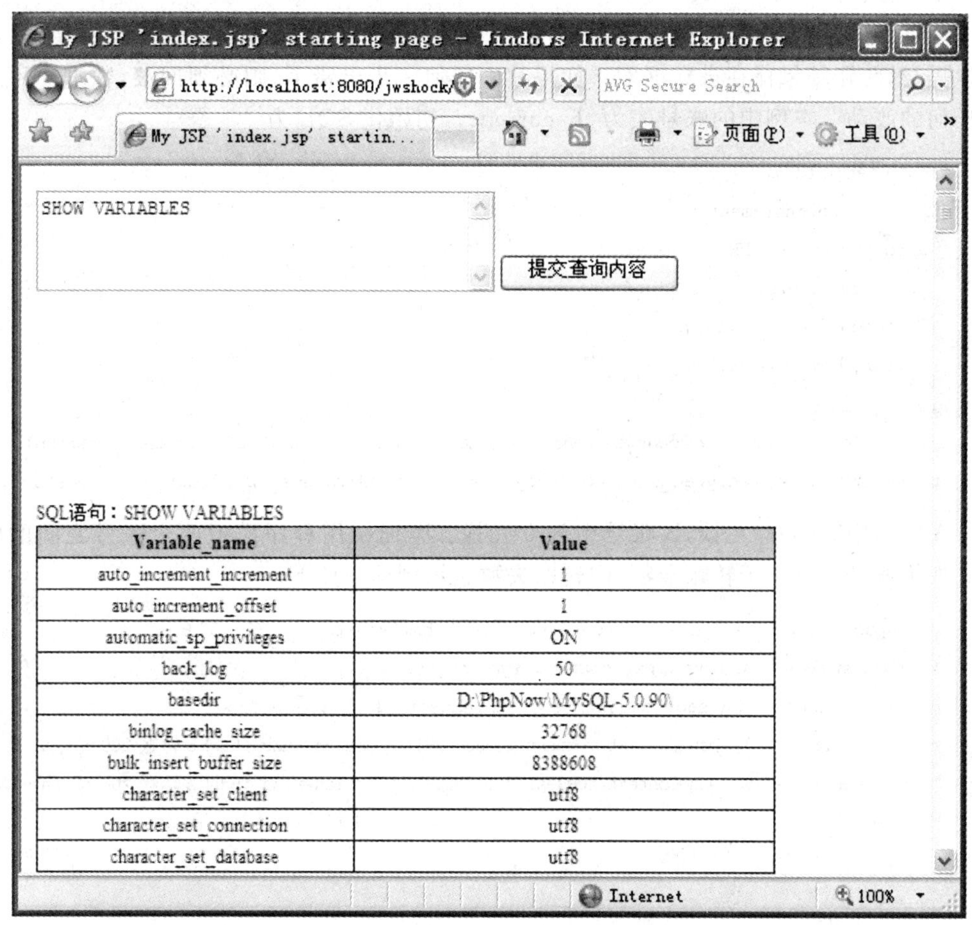

图 12－7　searchConsole.jsp 运行效果图

说明：ResultSetMetaData 元数据中还包括其他信息，如列名称、列类型、列长度等，可根据需要获取相应的信息。

12.5 JDBC 高级应用

上面介绍了利用 JDBC 编程对数据库进行的常用操作，开发者还须掌握操作数据库的一些高级应用。其中事务处理与使用数据源是最常用的两个。

12.5.1 事务实例：转账

数据库具有事务性，这是数据库不同于其他存储方式的区别之一。一个事务内可以执行多个操作，这些操作要么全部执行成功，要么全部执行失败。例如，用户 A 要向用户 B 账号内转账 200 元钱，该转账业务要分两步：第一步，A 账号内减 200 元；第二步，B 账号内加 200 元，这两步操作要么都执行成功，要么都没有执行成功，否则会造成损失，这就是事务性。

事务有两个结果，提交(Commit)与回滚(Rollback)。如果两步转账都没有错误，则可以提交，转账结果保存进数据库。如果其中任何一步出错了，则必须回滚，数据库不会有任何的改动。本例中的账号表为 tb_currency，初始化 SQL 为

```
create table tb_currency
( id int auto_increment,
  account varchar(255) unique,
  currency double,
  last_modified timestamp,
  primary key (id)
);
insert into tb_currency(account,currency,last_modified)values('A',1000,current_timestamp);
insert into tb_currency(account,currency,last_modified)values('B',0,current_timestamp);
```

A 账号中有 1000 元钱，B 账号中为 0 元钱。下面使用程序模拟两个账号之间的转账。如果账号余额小于转账金额，则转账失败。示例程序如下：

```
<%@ page language="java" contentType="text/html;charset=UTF-8" %>
    <div style="padding: 2px; text-align: right; ">
        <a href="${ pageContext.request.requestURI }">只显示余额</a> |
        <a href="${ pageContext.request.requestURI }?action=a2b">A 向 B 转账 200 元</a> |
        <a href="${ pageContext.request.requestURI }?action=b2a">B 向 A 转账 200 元</a>
    </div>
    <br/>
    <%
        String action = request.getParameter("action");
        if("a2b".equals(action)){
            out.println("业务:A 向 B 转账 200 元。<br/>");
            Connection conn = null;
            Statement stmt = null;
```

```
            try{
                conn = DbManager.getConnection();
                // 将自动提交设置为 false
                conn.setAutoCommit(false);
                stmt = conn.createStatement();
                int result1 = stmt.executeUpdate(" UPDATE tb_currency SET currency =
                currency - 200,last_modified = current_timestamp WHERE account = 'A'
                and currency >= 200 ");
                out.println("A 账号扣款 200 元,结果:" + (result1 == 1 ? "成功" : "失
                        败") + "<br/>");
                int result2 = stmt.executeUpdate(" UPDATE tb_currency SET currency =
                currency + 200,last_modified = current_timestamp WHERE account = 'B'");
                out.println("B 账号冲款 200 元,结果:" + (result2 == 1 ? "成功" : "失
                        败") + "<br/>");
                if(result1 == 1 && result2 == 1){
                    // 提交
                    conn.commit();
                    out.println("转账成功,事务提交。<br/>");
                }
                else{
                    // 回滚
                    conn.rollback();
                    out.println("转账失败,事务回滚。<br/>");
                }
            }finally{
                if(stmt != null)stmt.close();
                if(conn != null)conn.close();
            }
            out.println("<br/>");
        }
        else if("b2a".equals(action)){
            // 类同于 A 向 B 转账,略
        }
    %>
    账号余额:<% // 显示表 tb_currency 中的内容,代码略 %>
```

注意粗体代码。先使用 conn.setAutoCommit(false)将自动提交设置为 false,默认为 true,即执行完一条 SQL 后便自动提交。自动提交设置为 false 也称手工事务,执行多条 SQL 语句需要明确使用指令完成事务提交。当多条 SQL 语句执行完毕,确认没有错误发生时,通过执行 conn.commit()提交。如果有异常抛出或者返回值不对,执行 conn.rollback()回滚。

由于 A 账号与 B 账号总共只有 1000 元钱,连续转账就会因为余额不足导致转账失

败，这时事务就会回滚。运行效果如图 12 - 8 所示。

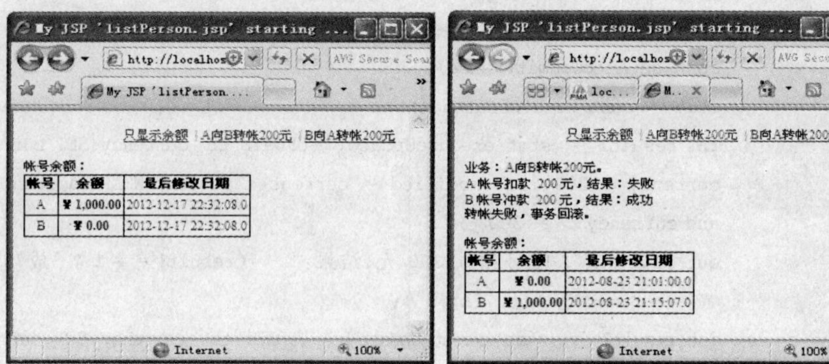

图 12 - 8 转账事务提交与回滚

说明：手工事务开始前使用 conn. setAutoCommit(false)将自动提交置为 false，事务结束后要使用 conn. commit() 显式地提交数据。MySQL 控制台也可以使用 setAutoComit=false 开启手工事务，结束后执行 commit 提交或者 rollback 回滚。

> **注意：**
>
> 使用 MySQL 数据库进行事务处理时，必须注意数据库、表存储引擎的类型，默认的类型是 MyISAM，对事务支持不完善。须使用 InnoDB 类型的存储引擎。

12.5.2 抛出异常自动回滚

设置自动提交为 false 后，手工事务的提交必须显式执行 conn. commit()，而事务的回滚不一定要显式地执行 conn. rollback()。如果程序最后没有执行 conn. commit()，事务也会回滚。一般是通过抛出异常，终止本段程序的正常运行，例如：

```
try{
    conn = DbManager.getConnection();
    conn.setAutoCommit(false);
    stmt = conn.createStatement();
    int i = stmt.executeUpdate("…");
    int j = stmt.executeUpdate("…");
    if(i ! = 1 || j ! = 1)
        throw new Exception("数据更新失败。");
    conn.commit();
} finally {
    stmt.close();
    conn.close();
}
```

如果抛出了异常，事务就回滚。

说明：事务性是数据库区分与其他存储技术的重要特征之一。普通文件也能存储数据，但在文件存储中，同一个数据可能被多个线程同时修改，因此有潜在的数据不一致性。基本上所有的数据库编程都会涉及事务编程。

12.5.3 数据源(连接池)

在前面的 JDBC 编程中，每操作一次数据库，都会经过下面的过程：创建 Connection、创建 Statement 对象、获取 ResultSet、销毁 ResultSet、销毁 Statement、断开 Connection，即每操作一次数据库，都会创建连接、断开连接。

在实际的使用中，创建与断开 Connection 都会消耗一定的时间、资源，在大量的并发访问时尤其明显。为了避免频繁地创建、断开数据库连接，工程师们提出了数据源技术 Data Source，也称为连接池(Database Connection Pool，DBCP)。

使用连接池操作数据库时，程序并不是直接创建 Connection，而是向连接池"申请"一个 Connection，如果连接池中有空闲的 Connection，则返回该 Connection，否则创建新的 Connection。使用完毕，Servlet 会"释放"该 Connection，连接池会将该 Connection 回收，并交付其他的线程使用，达到减少创建、断开连接次数的目的。

数据源一般实现 java.sql.DataSource 接口。许多开源程序框架都有自己的数据源实现，Tomcat 中也内置了数据源支持。Tomcat 使用 Jakarta Commons Database Connection Pool 作为数据源实现，使用时只需按照 Tomcat 文档配置即可，例如：

```
<Context cookies = "true">
    <Resource name = "jdbc/testDbShock"
        auth = "Container"
        type = "javax.sql.DataSource"
        maxActive = "100" maxIdle = "30" maxWait = "10000"
        username = "root" password = "system"
        driverClassName = "com.mysql.jdbc.Driver"
    url = "jdbc:mysql://localhost:3306/testDbShock? characterEncocling = utf - 8"/>
</Context>
```

说明：数据源可以配置在"tomcat/conf/server.xml"中，也可以配置在"tomcat/conf/context.xml"中，这里将数据源配置在"tomcat/conf/context.xml"中。注意，此时要把 MySQL 驱动放到 Tomcat 全局 lib 里面(如 tomcat - 6.0.36/lib)，而不能放在本 Web 应用下面。

然后要在 Web 程序的"web.xml"(不是"tomcat/conf/web.xml")中配置数据源引用，这样才能在 Web 程序中使用该数据源。配置代码如下：

```
<? xml version = "1.0" encoding = "UTF - 8"?>
<web - app version = "2.5" xmlns = "http://java.sun.com/xml/ns/javaee"
    xmlns:xsi = "http://www.w3.org/2001/XMLSchema - instance"
    xsi:schemaLocation = "http://java.sun.com/xml/ns/javaee
```

```
    http://java.sun.com/xml/ns/javaee/web-app_2_5.xsd">
    <resource-ref>
        <description>DB Connection</description>
        <res-ref-name>jdbc/testDbShock</res-ref-name>
        <res-type>javax.sql.DataSource</res-type>
        <res-auth>Container</res-auth>
    </resource-ref>
    <welcome-file-list>
        <welcome-file>index.jsp</welcome-file>
    </welcome-file-list>
</web-app>
```

数据源的名称为“jdbc/testDbShock”。这是一个JNDI资源，Java程序中可以通过查找该JNDI资源获取该数据源。例如JSTL代码：

```
<%@ page contentType="text/html; charset=UTF-8" %>
<%@ taglib uri="http://java.sun.com/jsp/jstl/sql" prefix="sql" %>
<%@ taglib uri="http://java.sun.com/jsp/jstl/core" prefix="c" %>
<html><head><title>测试数据源-JSTL SQL标签查找数据源</title></head><body>
<sql:query var="rs" dataSource="jdbc/testDbShock">
    select id,name,sex from tb_person
</sql:query>
<c:forEach var="row" items="${rs.rows}">
    ${row['id']},${row['name']},${row['sex']}<br/>
</c:forEach>
</body></html>
```

或者使用Java代码查找JNDI：

```
<%@ page contentType="text/html; charset=UTF-8" %>
<jsp:directive.page import="javax.sql.DataSource" />
<jsp:directive.page import="javax.naming.Context"/>
<jsp:directive.page import="javax.naming.InitialContext"/>
<jsp:directive.page import="java.sql.Connection"/>
<jsp:directive.page import="java.sql.Statement"/>
<jsp:directive.page import="java.sql.ResultSet"/>
<%
    Context initContext = new InitialContext();
    Context envContext = (Context) initContext.lookup("java:/comp/env");
    DataSource ds = (DataSource) envContext.lookup("jdbc/testDbShock");
    Connection conn = ds.getConnection();
    Statement stmt = conn.createStatement();
    ResultSet rs = stmt.executeQuery("select id,name,sex from tb_person");
    out.println("<html><head><title>);
```

```
    out.println("测试数据源 - Java 代码查找 JNDI");
    out.println("</title></head><body>");
    while(rs.next()) {
        out.print(rs.getInt("id"));
        out.print(" | ");
        out.print(rs.getString("name"));
        out.print(" | ");
        out.print(rs.getString("sex"));
        out.print("<br/>");
    }
    out.println("</body></html>");
    rs.close();
    stmt.close();
    conn.close();
%>
```

说明:Servlet 使用数据源时可以直接注射到 Servlet 中。方法见 Servlet 相关章节。

小 结

Java 程序通过 JDBC 执行 SQL 语句操作数据库。每个数据库都需要特定的驱动。操作数据库都遵循下面步骤:创建数据库连接、创建 Statement 或者 PerparedStatement 对象、查询返回 ResultSet 对象或者执行 SQL 语句更新数据、销毁 ResultSet、销毁 Statement 或者 PerparedStatement 对象、断开数据库连接。执行 SQL 语句时,可以批处理进行,即同时执行多条 SQL 语句。

数据源(连接池)会维护打开的 Connection,利用一定的算法进行优化,而不会频繁地创建、关闭 Connection。数据源一般配置在 Web 服务器中,一般的 Web 服务器如 Tomcat 都支持配置数据源。

思 考 题

1. 什么是 JDBC 驱动程序,它常见的接口有哪些,如何使用它们?
2. 在应用程序中,如何连接到不同的数据库,如何进行简单的查询?
3. JDBC 中 Statement 和 PreparedStatement 有什么不同?
4. 在 JDBC 编程时为什么要常释放连接? 请简要描述数据库连接池的工作原理。

参考文献

[1] 赵俊峰,姜宁,焦学理.Java Web 应用开发案例教程[M]. 北京:清华大学出版社,2012
[2] 张跃平,耿祥义.JSP 程序设计[M]. 北京:清华大学出版社,2009
[3] 孙鑫.Java Web 开发详解——XML＋XSLT＋Servlet＋JSP 深入剖析与实例应用[M]. 北京:电子工业出版社,2006
[4] 林上杰,林康司.JSP 2.0 技术手册[M]. 北京:电子工业出版社,2004
[5] 吴建,张旭东.JSP 网络开发入门与实践[M]. 北京:人民邮电出版社,2006
[6] 黄明,梁旭.JSP 信息系统设计与开发实例[M]. 北京: 机械工业出版社,2004
[7] 孙晓龙,赵莉.JSP 动态网站技术入门与提高[M]. 北京: 人民邮电出版社,2001
[8] 孙卫琴,李洪成.Tomcat 与 Java Web 开发技术详解[M]. 北京: 电子工业出版社,2004
[9] Todd Cook. JSP 从入门到精通[M]. 谷雨,阎隽,高春蓉,等,译. 北京:电子工业出版社,2003
[10] Marty Hall,Larry Brown. Servlet 与 JSP 核心编程(第 2 版)[M]. 赵学良,译. 北京:清华大学出版社, 2004
[11] 张孝祥. 深入体验 Java Web 开发内幕:核心基础[M]. 北京:电子工业出版社,2006
[12] 飞思科技产品研发中心.JSP 应用开发详解[M]. 北京:电子工业出版社,2002
[13] 陈刚.Eclipse 从入门到精通[M]. 北京:清华大学出版社,2005
[14] Simon Brown,et al. JSP 编程指南(第二版)[M]. 王军,刘芳,等,译. 北京:电子工业出版社, 2002
[15] Simon Brown. JSP 标志库编程指南[M]. 邱仲潘,等,译. 北京:电子工业出版社,2002
[16] David Harms. JSP、Servlets 与 MySQL 开发指南. 黄习福,梁桂霞,朱国庆,译. 北京:电子工业出版社,2001
[17] Ben Forta,et al. JSP 应用程序开发指南[M]. 章明,吴疆,译. 北京:清华大学出版社,2001
[18] 徐林林,等.Java Web 编程从入门到实践[M]. 北京:清华大学出版社,2010
[19] 尹继平,聂庆亮. 跟我学 Java Web[M]. 北京:清华大学出版社,2010
[20] 卜炟,等.21 天学通 Java Web 开发[M]. 北京:电子工业出版社,2009
[21] 刘聪,等. 零基础学 Java Web 开发[M]. 北京:清华大学出版社,2009